国家级技工教育规划教材
全国技工院校化工类专业教材

化工机械基础

任永胜　主编
匡照忠　徐廷国　戴　雪　副主编
孔磊磊　王立娟　主审

中国劳动社会保障出版社

图书在版编目（CIP）数据

化工机械基础／任永胜主编．--北京：中国劳动社会保障出版社，2024
全国技工院校化工类专业教材
ISBN 978－7－5167－6342－1

Ⅰ.①化… Ⅱ.①任… Ⅲ.①化工机械－技工学校－教材 Ⅳ.①TQ05

中国国家版本馆 CIP 数据核字（2024）第 071655 号

中国劳动社会保障出版社出版发行
（北京市惠新东街 1 号　邮政编码：100029）
*
北京市科星印刷有限责任公司印刷装订　　新华书店经销

787 毫米×1092 毫米　16 开本　16.5 印张　349 千字
2024 年 5 月第 1 版　　2024 年 5 月第 1 次印刷
定价：44.00 元

营销中心电话：400－606－6496
出版社网址：http://www.class.com.cn

《化工机械基础》编审委员会

主　　编　任永胜

副 主 编　匡照忠　徐廷国　戴　雪

编　　者　**（以姓氏笔画为序）**

王　冲　任永胜　匡照忠　陈　伟　胡修栋

徐廷国　戴　雪

主　　审　孔磊磊　王立娟

总前言

为了深入贯彻党的二十大精神和习近平总书记关于大力发展技工教育的重要指示精神，落实中共中央办公厅、国务院办公厅印发的《关于推动现代职业教育高质量发展的意见》，推进技工教育高质量发展，全面推进技工院校工学一体化人才培养模式改革，适应技工院校教学模式改革创新，同时为更好地适应技工院校医药类专业的教学要求，全面提升教学质量，我们组织有关学校的一线教师和行业、企业专家，在充分调研企业生产和学校教学情况、广泛听取教师意见的基础上，吸收和借鉴各地技工院校教学改革的成功经验，组织编写了本套全国技工院校化工类专业教材。

本套教材具有以下特色：

第一，坚持知识性、准确性、适用性、先进性，体现专业特点。教材编写过程中，努力做到以市场需求为导向，根据医药行业发展现状和趋势，合理选择教材内容，做到“适用、管用、够用”。同时，在严格执行国家有关技术标准的基础上，尽可能多地在教材中介绍化工行业的新知识、新技术、新工艺和新设备，突出教材的先进性。

第二，突出职业教育特色，重视实践能力的培养。以职业能力为本位，根据化工专业毕业生所从事职业的实际需要，适当调整专业知识的深度和难度，合理确定学生应具备的知识结构和能力结构。同时，进一步加强实践性教学的内容，以满足企业对技能型人才的要求。

第三，创新教材编写模式，激发学生学习兴趣。按照教学规律和学生的认知规律，合理安排教材内容，并注重利用图表、实物照片辅助讲解知识点和技能点，为学生营造生动、直观的学习环境。部分教材采用工作手册式、新型活页式，全流程体现产教融合、校企合作，实现理论知识与企业岗位标准、技能要求的高度融合。部分教材在印刷工艺上采用了四色印刷，增强了教材的表现力。

本套教材配有习题册和多媒体电子课件等教学资源，方便教师上课使用，可以通过技工教育网（https://jg.class.com.cn）下载。另外，在部分教材中针对教学重点和难点制作了演示视频、音频等多媒体素材，学生可扫描二维码在线观看或收听相应内容。

本套教材的编写工作得到了北京、河南、山东、云南、江苏、江西、四川、广西、广东等省、自治区、直辖市的人力资源和社会保障厅（局）及有关学校的大力支持，教材编审人员做了大量的工作，在此我们表示诚挚的谢意。同时，恳切希望广大读者对教材提出宝贵的意见和建议。

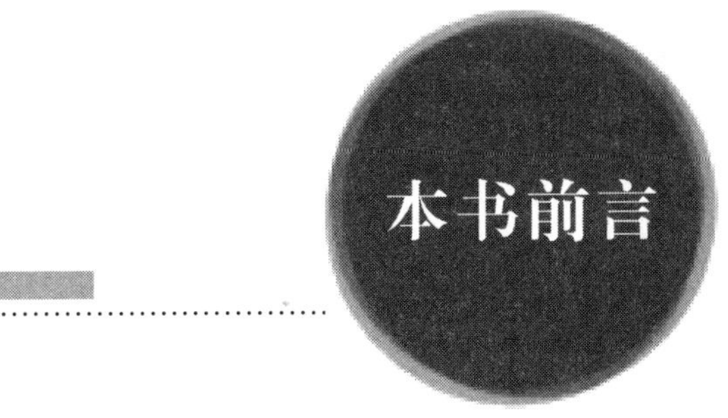

本书前言

随着我国化学工业的迅速发展，化工企业对从业人员的知识和技能以及相关的职业教育和职业培训提出了更高的要求。为了更好地适应技工院校及职业院校化工工艺专业的教学需要和企业的人才要求，我们共同编写了本教材。本教材结构紧凑、内容简明、脉络清晰，力求在呈现形式上有所创新。

本教材重点介绍化工生产中的机械基础知识，共分为三篇，第一篇为机械基础，共两章内容，重点介绍构成机械的基本零部件，以及化工机械常用的材料及其腐蚀与防护知识。第二篇为化工机器，共四章内容，重点介绍化工生产常用的机器，包括流体输送机器、固体输送机器、分离机器以及工业汽轮机、烟气轮机和燃气轮机的基本构造、运行原理与维护保养技术。第三篇为化工设备，共四章内容，重点介绍化工企业常见设备，包括压力容器、换热器、塔、反应器的基本构造、工作原理、特性与分类及其生产布置情况等知识。为了贴近教学与学习实践，本教材中在每章设置了学习目标、思考与练习，使内容力求符合技工教学需求，做到实用、适用。

本教材由山东化工技师学院的任永胜任主编，山东医药技师学院的匡照忠、山东化工技师学院的徐廷国和戴雪任副主编，山东化工技师学院的王冲、陈伟、胡修栋参加编写。其中，第一篇由戴雪、王冲编写；第二篇由徐廷国、陈伟编写；第三篇由任永胜、匡照忠、胡修栋、王冲编写。本教材由山东化工技师学院的孔磊磊、王立娟任主审。

本教材可作为全国技工院校及职业院校化工工艺及其相关专业的通用课程教材，也可作为化工专业各类职业培训教材。

在教材编写过程中，我们认真构思验证和反复审核修改，但仍存在一些内容上和文字上的遗憾，衷心希望广大教师、学生提出宝贵的意见和建议。

编者

2024 年 1 月

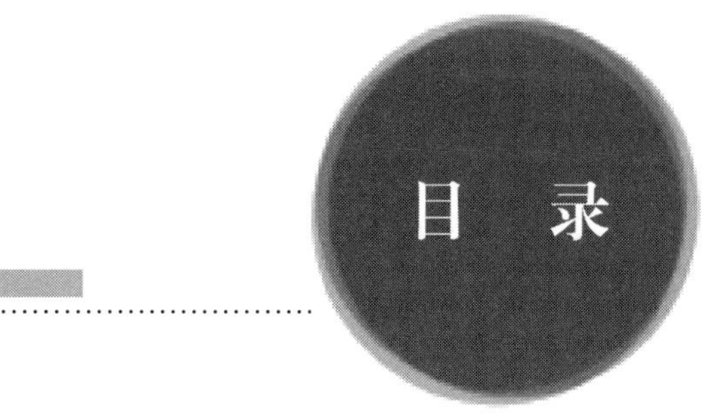

目录

第一篇　机械基础

第二篇　化工机器

第三篇　化工设备

第一篇

机械基础

第一章

机械零件与传动

在生产实践中所用的机械种类有很多，它们的外部形状和用途各不相同。机械通常是由动力部分、工作部分、辅助部分和传动部分组成的。

1. 动力部分

动力部分为工作部分提供动力（能量），如生产和日常生活中广泛使用的电动机，汽车、拖拉机用的内燃机，机车用的蒸汽机等。

2. 工作部分

工作部分利用动力部分提供的能量完成各种操作，如泵、起重机、空气压缩机、通风机、机床、印刷机等完成既定功能的所有组成部分。

3. 辅助部分

辅助部分通常包括控制系统和辅助系统，其作用是保证机械正常工作和寿命，如操作控制系统、冷却润滑系统、照明系统等。

4. 传动部分

传动部分将能量由动力部分传递到工作部分。组成传动部分的装置称为传动装置。传动装置不仅可以完成能量的传递，同时还可以用来变换速度和方向，如增速、减速以及转向等。传动装置主要有以下四种传动方式。

（1）机械传动

机械传动是指利用机械传递动力和运动的方式。常见的机械传动有带传动、链传动、齿轮传动等类型。

（2）液压传动

液压传动是指采用液压元件，以液体（油或水）为工作介质传递动力和运动的方式。

（3）气压传动

气压传动是指采用气压元件，以气体为工作介质传递动力和运动的方式。

（4）电力传动

电力传动是指采用电力设备和电器元件，利用调整其（电压、电流、电阻）参数来实现传递动力和运动的方式。

在各种传动方式中，机械传动的应用最为广泛，所以本教材只介绍机械传动的基础知识。机械传动按传动原理可分为摩擦传动和啮合传动两大类。

（1）摩擦传动

依靠零件接触面间的摩擦力来传递动力和运动的方式称为摩擦传动，如带传动等。

（2）啮合传动

依靠零件之间的相互啮合来传递动力和运动的方式称为啮合传动，如齿轮传动、蜗轮蜗杆传动、螺旋传动等。

传动装置中，输出动力和运动的零部件称为主动件，如主动轴、主动轮等；接受主动件传来的动力和运动的零部件称为从动件，如从动轴、从动轮等。主动轮（轴）的转速 n_1 和从动轮（轴）的转速 n_2 之比，称为传动比，一般用 i 表示，即：$i=\frac{n_1}{n_2}$。

在机械传动中，把输出功率 P_2 与输入功率 P_1 之比称为机械传动效率，用 η 表示，即：$\eta=\frac{P_2}{P_1}$。机械传动效率是评定传动质量的主要指标。

§1-1　轴

学习目标

1. 了解轴的分类和应用；
2. 掌握轴的结构；
3. 熟悉轴上零件的固定方法。

轴是组成机械最基本和最重要的零件之一，其作用是支承转动的零件（如齿轮、带轮、链轮、蜗轮等）及传递运动和动力。

一、轴的分类和应用

轴的分类方式主要有两种，即按轴的外形分类和按轴的承载情况分类。

1. 按轴的外形分类

（1）直轴

机械上大多数轴都是直轴，其轴心线是一条直线。直轴按照其外形不同，又可分为光轴和阶梯轴，如图 1－1 所示。光轴（见图 1－1a）形状简单，加工方便，但轴上零件不易定位和装配；阶梯轴（见图 1－1b）各段截面直径不等，便于零件的安装和固定，因此应用广泛。直轴一般都是实心的，只有当机器结构要求在轴内装设其他零件，或者需要减轻轴的重

量时，才被制成空心的，称为空心轴，如图 1－2 所示。

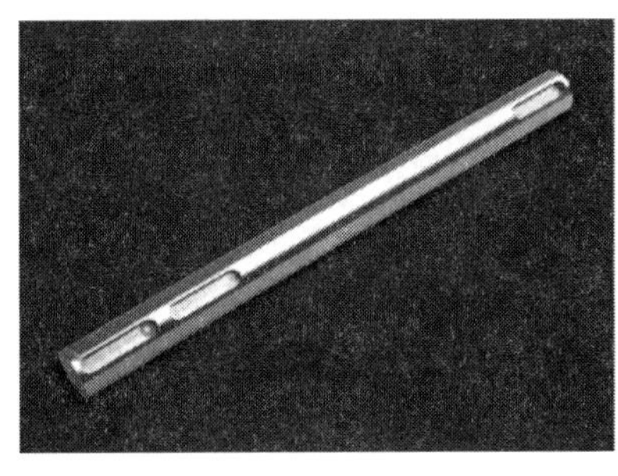

a）光轴

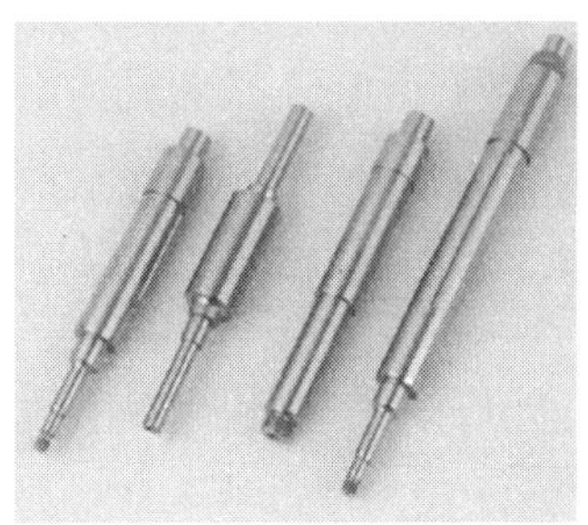

b）阶梯轴

图 1－1　光轴和阶梯轴

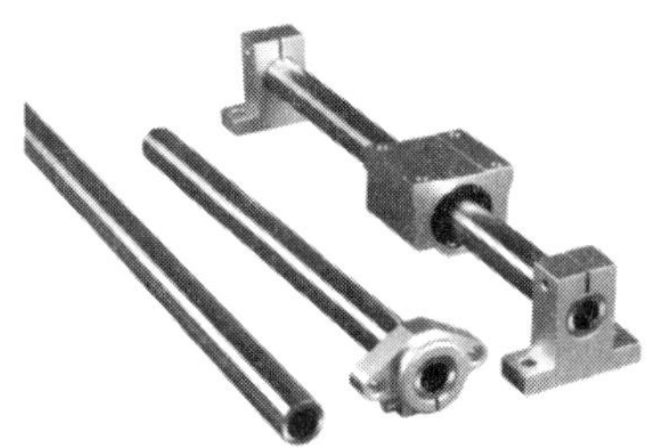

图 1－2　空心轴

（2）曲轴

曲轴（见图 1－3）的轴心线为折线，如活塞式压缩机的曲轴、缝纫机大带轮处的曲轴等。曲轴用于将回转运动转变为往复直线运动或将往复直线运动转变为回转运动。

图 1－3　曲轴

2. 按轴的承载情况分类

（1）心轴

仅用来支承转动零件，只受弯曲作用的轴称为心轴。固定不转的心轴，称为固定心轴（见图 1－4）。常见的支承滑轮的轴、自行车的前轮轴都是固定心轴。随着转动零件一同转动的心轴称为转动心轴，如图 1－5 所示火车的轮轴即为转动心轴。

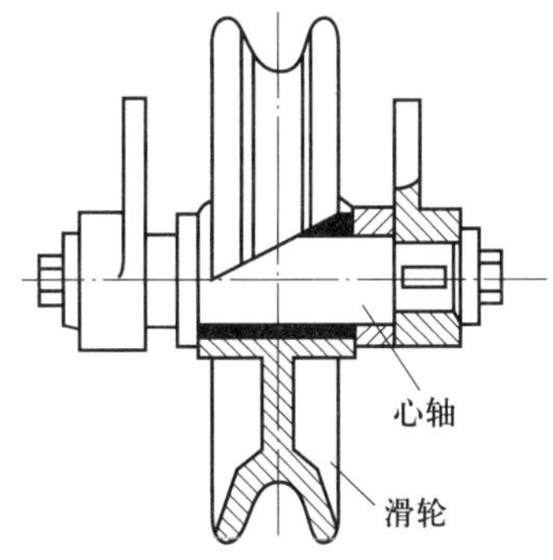

图 1－4　固定心轴

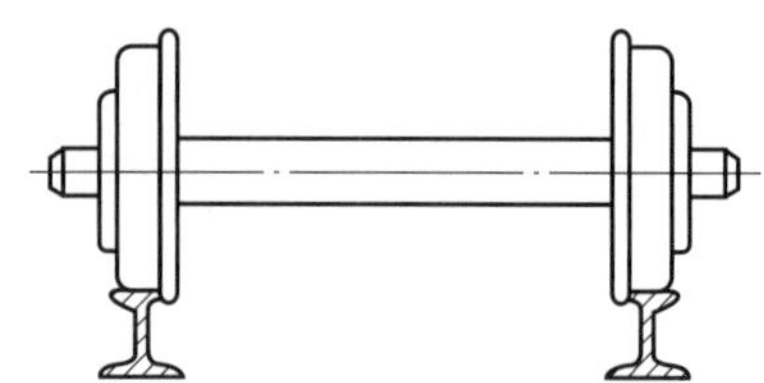

图 1 – 5　转动心轴

(2) 转轴

工作时既承受弯曲载荷又承受扭转载荷的轴，称为转轴。如图 1 – 6 所示，减速器中支承齿轮并传递转动的三根轴都属于转轴。转轴在机械传动设备中应用极为广泛。

图 1 – 6　转轴

(3) 传动轴

工作时只传递动力，只受扭转作用而不受弯曲作用，或者弯曲作用很小的轴称为传动轴。汽车变速箱与后桥间的轴就是传动轴，如图 1 – 7 所示。

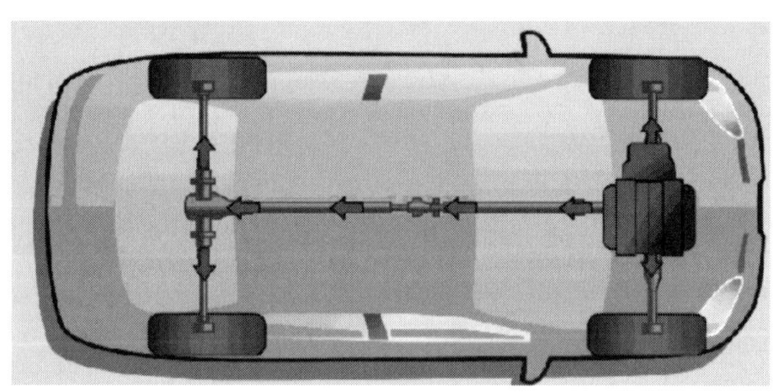

图 1 – 7　传动轴

二、轴的结构

阶梯轴在机械设备中的应用较为广泛，下面以图 1 – 8 所示的减速器中的阶梯轴为例，来认识一下轴的结构。

1. 轴头

轴与轴上传动零件轮毂配合的部分称为轴头，如图 1 – 8 所示的齿轮和联轴器等零件与轴的配合部分。

2. 轴颈

轴与轴承配合的部分称为轴颈，如图 1 – 8 中的轴与滚动轴承的配合处。

3. 轴肩

阶梯轴的单向截面变化处称为轴肩，如图 1 – 8 中 Ⅱ 处所示。

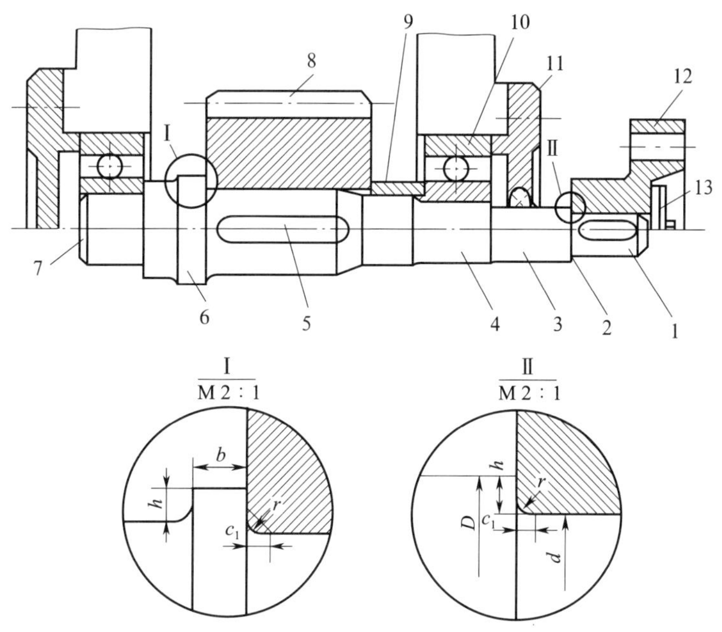

图 1－8　减速器中的阶梯轴的结构

1—轴头；2—轴肩；3—轴身；4—轴颈；5—轴槽；6—轴环；7—倒角；8—齿轮；
9—套筒；10—滚动轴承；11—轴承盖；12—联轴器；13—轴端挡圈

4. 轴环

阶梯轴双向截面变化处称为轴环，如图 1－8 中 I 处所示。

5. 轴槽

轴上开的键槽称为轴槽，如图 1－8 中联轴器、齿轮与轴配合处的长槽，轴槽内可装入键使轴上转动零件传动并做周向固定。

6. 轴身

轴上连接轴头和轴颈的部分称为轴身。

7. 倒角

在轴的两端加工出倒角，其作用是为了装配零件方便，不致擦伤安装零件的表面，起导向定心作用。

8. 过渡圆角

在阶梯轴的截面积变化处都有过渡圆角，其作用是为了减少因截面积改变产生的应力集中现象，如图 1－8 中的 I 、II 部分所示。

此外，轴头的长度应稍短于被安装零件孔的长度（图 1－8 中安装齿轮处），以便使零件的端面与定位面靠紧，防止窜动。

三、轴上零件的固定方法

轴上零件的固定是指轴上传动零件（齿轮、链轮、带轮、蜗轮等）和轴承的固定。

1. 轴上零件的轴向固定

轴向固定的作用是保证传动零件在轴上有确定的轴向位置，防止其在轴上做轴向移动，并能承受轴向载荷。一般采用的方法是利用轴肩、轴环和轴套（轴上挡圈或套筒）、圆螺母和轴端挡圈（压板）等，作为轴上传动零件的轴向固定零件。

（1）利用轴肩和轴环固定

利用轴肩和轴环固定是一种最常用的轴向固定方式，它具有结构简单、定位可靠和能承受较大轴向载荷等优点。如图 1-8 中的Ⅰ和Ⅱ处所示，Ⅰ处轴环可以使齿轮轴向定位，Ⅱ处轴肩可使联轴器实现轴向定位。

（2）利用轴端挡圈、轴套固定

轴端挡圈只适用于轴端零件的固定，而且其承受的轴向载荷不大。如图 1-8 中的联轴器，就是用轴端挡圈来固定的。

如图 1-9 所示为轴端挡圈的常用类型。为防止轴端挡圈和螺钉松动，可应用如图 1-9a 所示带有锁紧装置的固定型。对于无轴肩的，则可应用如图 1-9b 所示锥形轴头和轴端挡圈联合使用的固定型。

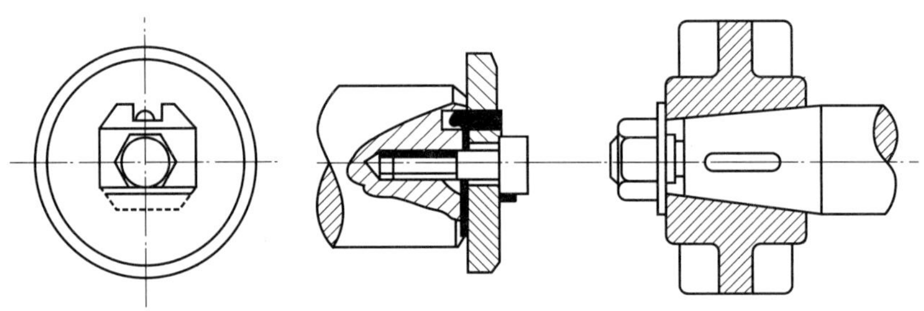

a）带有锁紧装置的固定型　　b）锥形轴头和轴端挡圈联合使用的固定型

图 1-9　轴端挡圈的常用类型

轴套（也称套筒）在用来作轴向固定零件时，一般是用在两个零件间距离较小的场合，主要是对位置已定的零件进行固定。如图 1-8 所示的齿轮的轴向定位和固定，就是依靠Ⅰ处的轴环和套筒来实现的。利用套筒固定，可以减小轴直径的变化，在轴上也不需要开槽、钻孔和切制螺纹，避免削弱轴的强度。

（3）利用圆螺母固定

圆螺母固定零件如图 1-10 所示。这种方法一般是在无法采用套筒或套筒太长时选用的。用圆螺母固定零件的优点是装拆方便、固定可靠，能承受较大的轴向载荷；缺点是需在轴上切制螺纹。为了防止圆螺母松脱，常需要采用双螺母或加锁紧装置防松。

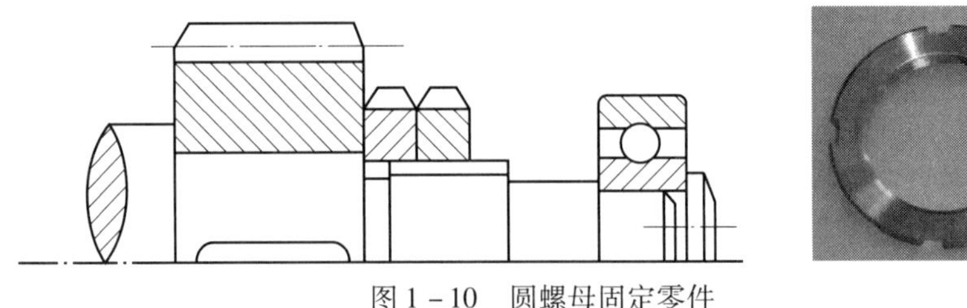

图 1-10　圆螺母固定零件

(4) 轴向固定的其他类型

对于轴向载荷不大或仅仅是为了防止零件偶然沿轴向窜动的场合，可应用圆锥销固定、弹性挡圈固定和紧定螺钉固定等类型，如图 1 - 11 所示。其中圆锥销和紧定螺钉，还可以兼作周向固定用。

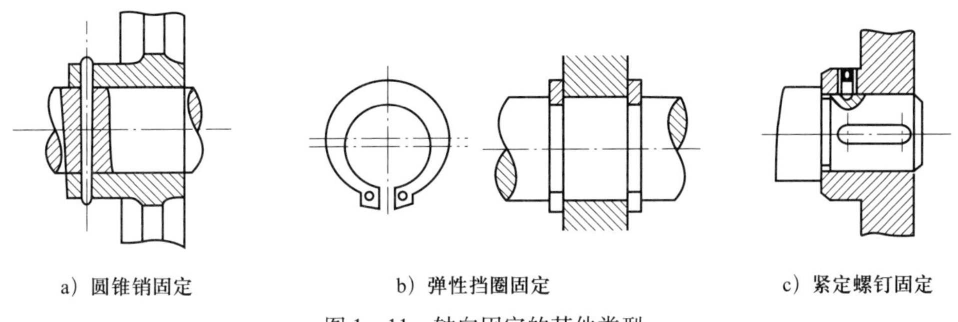

图 1 - 11　轴向固定的其他类型

2. 轴上零件的周向固定

轴上零件的周向固定的作用是保证传动零件传递扭转载荷和防止零件与轴产生相对的转动，在实际使用时，大多数是采用键或过盈配合等固定类型。图 1 - 8 中的联轴器，齿轮和轴的周向固定就是用键连接来实现的。

用过盈配合作周向固定，常用于轴与轮毂之间的连接。它的工作原理是使包容件轮毂的配合尺寸小于被包容件轴的配合尺寸，这样装配以后，在两者之间产生挤压力，工作时依靠此挤压力产生的摩擦力来传递扭转载荷。如图 1 - 12 所示即为过盈配合固定。

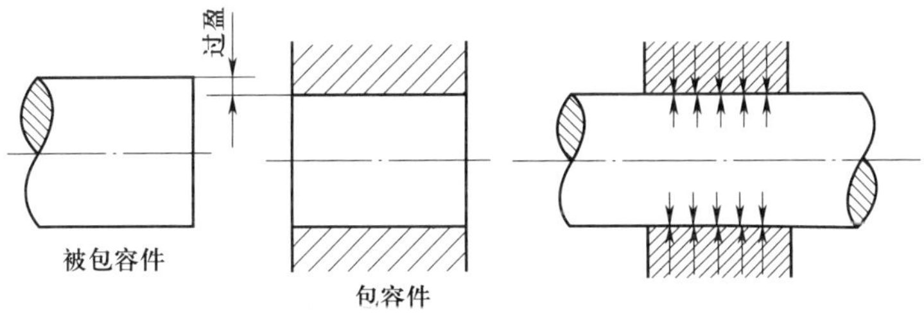

图 1 - 12　过盈配合固定

思考与练习

1. 按照轴的外形和承载情况，可将其分为哪几种类型？分别应用在哪些场合？

2. 简述轴上零件的轴向固定的作用和目的，以及一般阶梯轴上零件的轴向固定的常用方法。

3. 简述轴上零件的周向固定的作用和目的，以及一般轴上零件的周向固定的常用方法。

§1－2　轴承

学习目标

1. 了解滑动轴承的分类及应用特点；
2. 掌握滚动轴承的结构、类型、应用及代号。

轴承是轴的支承件，有时也可以支承绕轴转动的零件。轴承按照工作表面的摩擦性质，可分为滑动轴承和滚动轴承两大类。轴承按照所受载荷的性质，又可分为三种类型：一是向心轴承，它主要承受径向载荷；二是推力轴承，它只能承受轴向载荷；三是向心推力轴承，它可以同时承受径向载荷和轴向载荷。

一、滑动轴承

如图 1－13 所示为滑动轴承的组成，主要由轴承座（或壳体）和轴瓦组成，其中，图 1－13a～图 1－13c 分别表示向心滑动轴承、推力滑动轴承和向心推力滑动轴承，其中 F_1 表示向心力，F_2 表示推力。

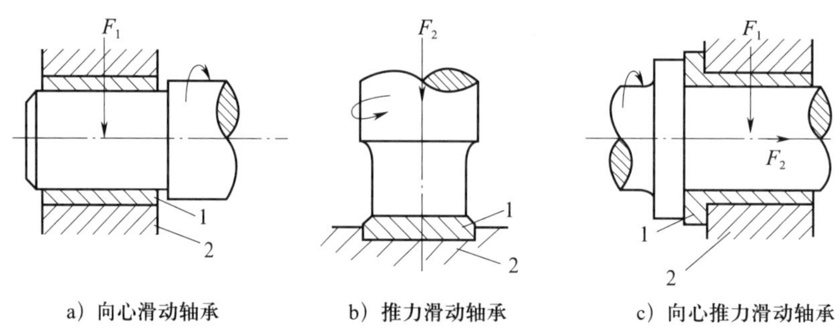

a）向心滑动轴承　　b）推力滑动轴承　　c）向心推力滑动轴承

图 1－13　滑动轴承的组成

1—轴瓦；2—轴承座

为了减轻轴瓦与轴颈表面之间的摩擦，降低表面磨损，保持机械的工作精度，除了使轴颈和轴瓦的接触表面有较高的加工精度，并选用减摩材料（如青铜等）制作轴瓦外，还必须在滑动轴承内加入润滑剂，对滑动表面进行润滑。

滑动轴承的润滑可以有非液体摩擦状态和液体摩擦状态两种不同的状态（见图 1－14）。非液体摩擦状态如图 1－14a 所示，在轴颈和轴瓦的表面间形成一层极薄的不完全的油膜，它使轴颈和轴瓦表面有一部分隔开，但还有一部分直接接触，这时滑动面的摩擦大为减轻。一般滑动轴承中的摩擦都处于这种状态。

液体摩擦状态如图 1－14b 所示，在轴颈和轴瓦的表面之间形成一层较厚的油膜，将滑动表面完全隔开。这是一种理想的润滑状态，它使滑动表面之间的摩擦和磨损降到很少的程度。

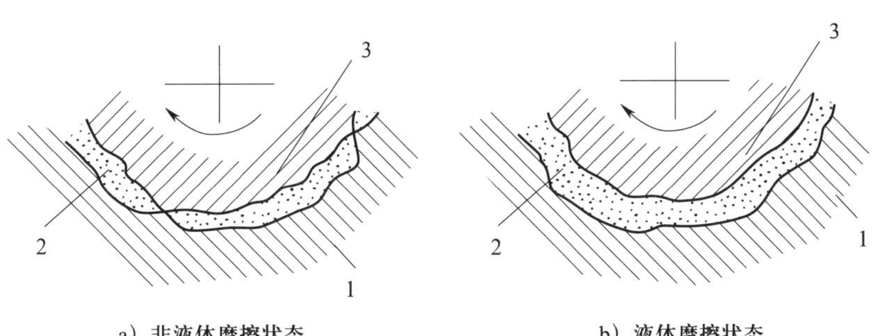

图 1－14　滑动轴承的润滑状态

1—轴瓦；2—油膜；3—轴颈

在滑动轴承中，用得最多的是向心滑动轴承。向心滑动轴承主要有如下三种类型：

1. 整体式向心滑动轴承

整体式向心滑动轴承如图 1－15 所示，它是在机架（或壳体）上直接制孔并在孔内镶以筒形轴瓦做成的。它的优点是结构简单；缺点是轴颈只能从端部装拆，造成安装检修困难，轴承工作表面磨损后无法调整轴承间隙，必须更换新轴瓦。这种轴承通常只用于轻载、低速或间歇性工作的机器设备中。

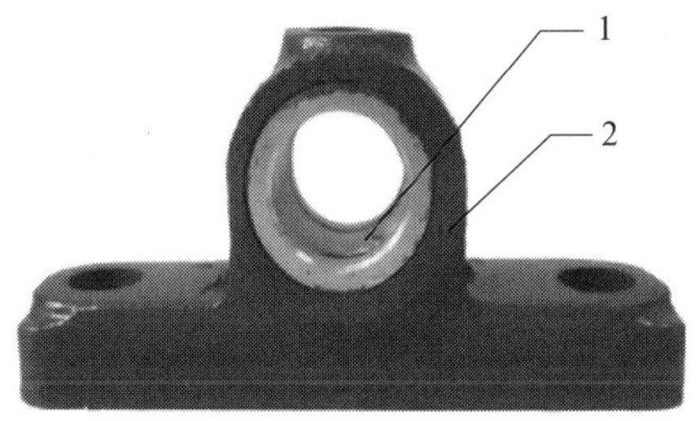

图 1－15　整体式向心滑动轴承

1—轴瓦；2—机架

2. 剖分式向心滑动轴承

剖分式向心滑动轴承如图 1－16 所示，它主要由轴承座、轴承盖及剖分的上下两块轴瓦以及螺栓等组成。一般情况下将轴承座与轴承盖的剖分面做成阶梯形的配合止口，以便定位。剖分面可以放置调整垫片，以便安装时或工作表面磨损后调整轴承的间隙。这种轴承克服了整体式向心滑动轴承的缺点，且装拆方便，故应用较广。

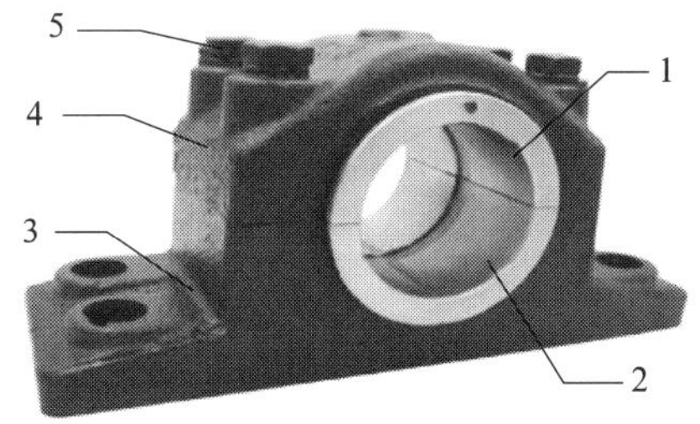

图 1－16　剖分式向心滑动轴承

1—上轴瓦；2—下轴瓦；3—轴承座；4—轴承盖；5—螺栓

3. 调心式向心滑动轴承

当轴颈很长［长径比 $l/d \geqslant (1.5 \sim 1.75)$］或轴的挠度较大时，由于轴颈偏斜易使轴瓦端部严重磨损，如图 1－17 所示。这时，可采用如图 1－18 所示的调心式向心滑动轴承。这种轴承利用轴瓦和轴承座间的球面支架来适应轴的偏斜。

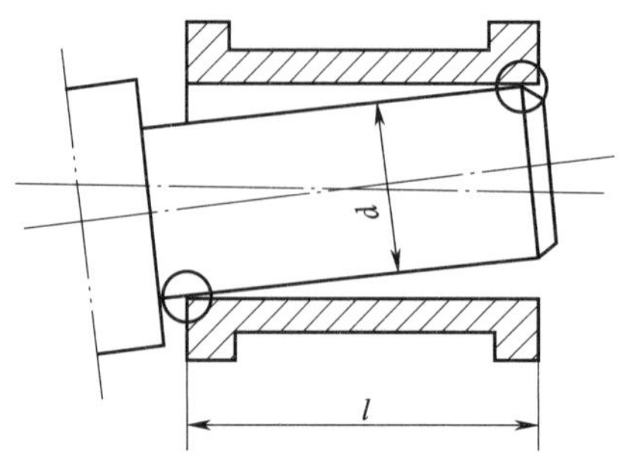

图 1－17　轴颈偏斜使轴瓦磨损

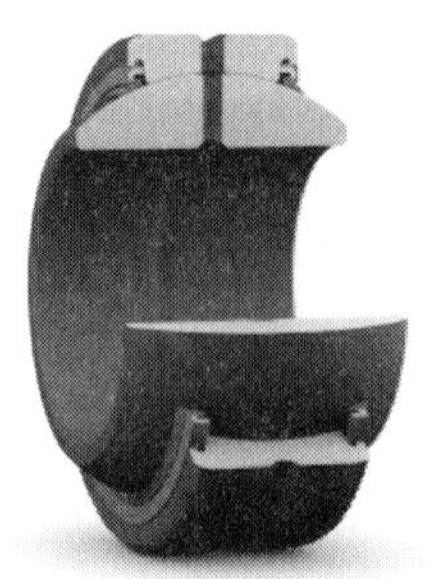

图 1－18　调心式向心滑动轴承

二、滚动轴承

1. 滚动轴承的结构

滚动轴承由外圈、内圈、滚动体和保持架等组成，如图 1－19所示。内圈、外圈上的凹槽形成滚动体做圆周运动的滚道；保持架的作用是把滚动体均匀隔开，以避免它们相互摩擦或聚集到一起；滚动体是滚动轴承的主体，它的大小、数量和形状与轴承的承载能力密切相关。常见滚动体的形状如图 1－20 所示。在使用滚动轴承时，内圈装在轴颈上，外圈装入机架孔内（或轴承座孔内）。通常内圈随轴一起旋转，而外圈固定不动。也有外圈随工作零件旋转而内圈固定不动的。

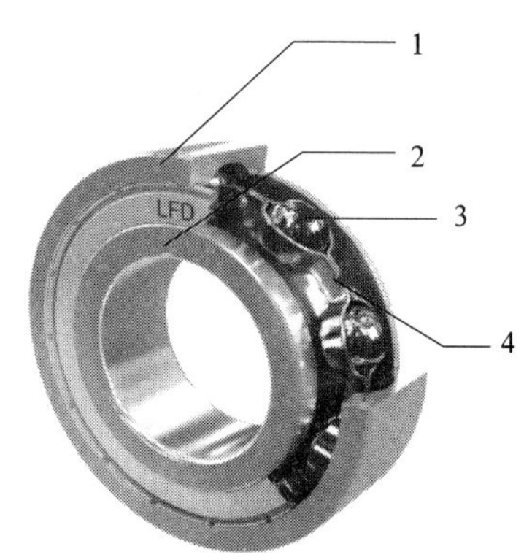

图 1－19　滚动轴承的结构
1—外圈；2—内圈；
3—滚动体；4—保持架

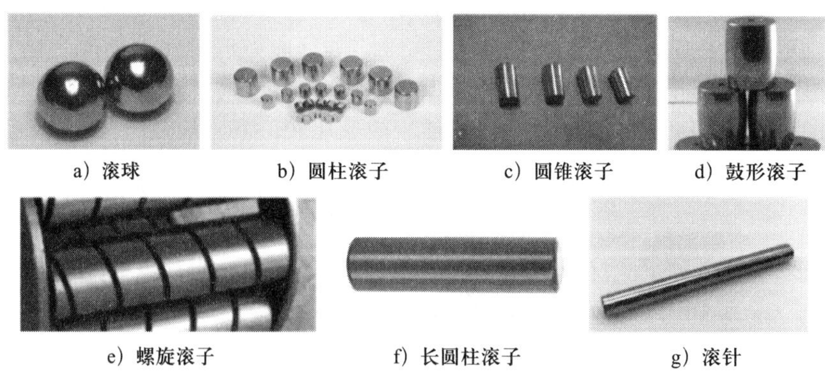

图 1－20　常见滚动体的形状

2. 滚动轴承的优缺点

（1）优点

与滑动轴承相比较，滚动轴承的主要优点如下：

1）摩擦阻力小，因而灵敏、效率高、发热量小，并且润滑简单，耗油量少，维护保养方便。

2）轴承径向间隙小，并且可用预紧的方法调整间隙，以提高旋转精度。

3）轴向尺寸小，某些滚动轴承可同时承受径向载荷与轴向载荷，故可使机械结构简化、紧凑。

4）滚动轴承是标准件，可由专门工厂大批生产供应，使用、更换方便。

（2）缺点

滚动轴承的主要缺点如下：

1）抗冲击性能差。

2）高速时噪声大。

3）工作寿命较短。

3. 滚动轴承的类型、特性及应用

滚动轴承的类型很多，常用滚动轴承的类型、主要特性及其应用场合见表 1－1。

表 1－1　　常用滚动轴承的类型、主要特性及其应用场合

类型	结构简图	类型代号	尺寸系列代号	基本代号	主要特性及其应用场合
调心球轴承		1 （1） 1 （1）	（0）2 22 （0）3 23	1200 2200 1300 2300	主要承受径向载荷，同时也能承受少量的轴向载荷，因为外圈滚道表面是以轴承中点为圆心的球面，故能自动调心。适用于多支点传动轴、刚性较小的轴及难以对中的轴
调心滚子轴承		2 2 2 2 2 2	22 23 30 31 32 40	22200 22300 23000 23100 23200 24000	和调心球轴承特性基本相同，但承载能力比调心球轴承大。常用于其他种类轴承不能胜任的重载场合，如轧钢机、大功率减速器、吊车车轮等
单向推力球轴承		5 5 5 5	11 12 13 14	51100 51200 51300 51400	只能承受轴向载荷，而且载荷作用线必须与轴线重合，不允许有角偏位。有单向和双向两种类型，单向承受单向推力，双向承受双向推力。高速时，因滚动体离心力大，球与保持架发热严重。常用于起重机吊钩、蜗杆轴、立式车床主轴的支承等

续表

类型	结构简图	类型代号	尺寸系列代号	基本代号	主要特性及其应用场合
深沟球轴承		6 6 6 6 6	18 19 (1) 0 (0) 2 (0) 3	61800 61900 6000 6200 6300	主要承受径向载荷，同时也可以承受一定量的轴向载荷，当转速很高而轴向载荷不太大时，可代替单向推力球轴承承受纯轴向载荷。常用于小功率电机、减速器、运输机、滑轮等
角接触球轴承		7 7 7 7 7	19 (1) 0 (0) 2 (0) 3 (0) 4	71900 7000 7200 7300 7400	能同时承受径向、轴向联合载荷，接触角越大轴向承载能力越大，接触角 α 有 15°、25°、40°三种，通常成对使用。常用于蜗杆减速器、离心机、电钻、穿孔机等
圆锥滚子轴承		3 3 3 3 3 3	13 20 22 23 29 30	31300 32000 32200 32300 32900 33000	特性与角接触球轴承相似，但承载能力比角接触球轴承大，内外圈可分离，间隙容易调整。装拆方便，能同时承受较大的径向、轴向联合载荷。常用于斜齿轮轴、蜗轮、减速器轴、机床主轴等
双列深沟球轴承		4 4	(2) 2 (2) 3	4200 4300	比深沟球轴承承载能力大

4. 滚动轴承代号

滚动轴承代号是指用字母或数字来表示滚动轴承的结构、尺寸、公差等级、技术性能等特征的产品符号，由基本代号、前置代号和后置代号构成。

（1）基本代号表示滚动轴承的基本类型、结构和尺寸，由类型代号、尺寸系列代号及内径代号构成，是滚动轴承代号的基础。

1）类型代号：用阿拉伯数字（以下简称数字）或大写拉丁字母（以下简称字母）表示。常用滚动轴承的类型代号见表 1－1。

2）尺寸系列代号：由滚动轴承的宽度系列代号和直径系列代号组合而成，见表 1－1。滚动轴承的宽度系列代号是指同一内径的滚动轴承有各种不同的宽度（见图 1－21），滚动轴承的直径系列代号是指滚动轴承内径相同时有各种不同的外径（见图 1－22）。

3）内径代号：滚动轴承公称内径为 20～480 mm（22 mm、28 mm、32 mm 除外）时，其代号用公称内径除以 5 的商数表示，商数为个位数时，需在商数左边加“0”，如 08 表示滚动轴承内径为 40 mm。

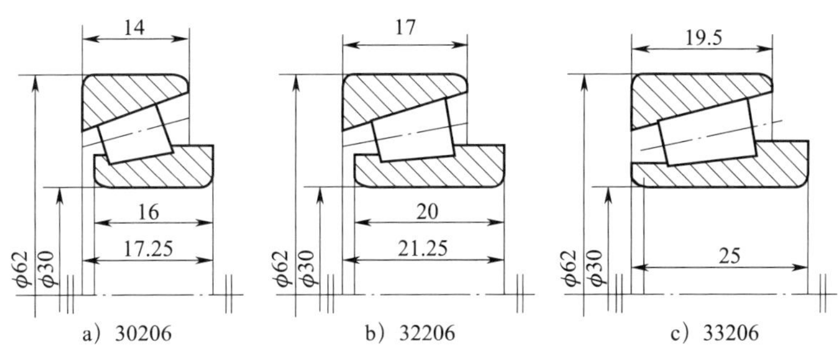

图 1－21　滚动轴承的宽度系列代号

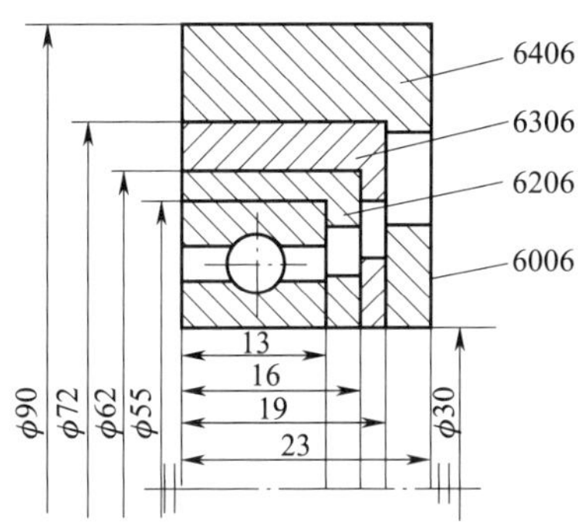

图 1－22　滚动轴承的直径系列代号

（2）前置代号和后置代号：前置代号和后置代号是滚动轴承在结构、尺寸、公差等级、技术性能等有改变时，在其基本代号左右（前后）添加的补充代号。其中，前置代号用字母表示，后置代号用字母（或加数字）表示。代号及其含义见《滚动轴承 代号方法》（GB/T 272—2017）的规定。

示例：

6205：6 为滚动轴承类型代号，表示深沟球轴承；宽度系列代号 0 省略，2 表示直径系列代号；05 表示内径代号，内径为 05 ×（5 ~ 25）mm。

22308：2 表示滚动轴承类型为调心滚子轴承；2 表示宽度系列代号；3 表示直径系列代号；08 表示内径代号，内径为 40 mm。

思考与练习

1. 向心滑动轴承主要有哪几种结构类型？各自特点是什么？
2. 滚动轴承主要由哪几部分组成？按照承载情况，滚动轴承可分为哪几种？
3. 说明滚动轴承代号 6203、61812、32313、7311B 的意义。

§1－3　键连接和销连接

学习目标

1. 了解键连接的类型和应用；
2. 了解销连接的类型和应用。

一、键连接

键连接是用键把两个零件连接在一起，主要用于轴和轴上零件（如齿轮、链轮等）之间的周向固定，有的键还能起到轴向固定和导向作用。这种连接结构简单、工作可靠、装拆方便，因此获得了广泛的应用。

按照键的结构类型不同，键连接可分为平键连接、半圆键连接、楔键连接和切向键连接。

1. 平键连接

平键的上下表面和两侧面各互相平行，两侧面与轴及轮毂键槽配合，工作时靠键与键槽侧面的挤压传递运动和转矩。平键的上表面与轮毂键槽底面留有间隙，如图1－23所示，装配时不需要打紧，不影响轴与轮毂的同心精度，装拆方便，结构简单，但它不能承受轴向载荷。平键连接适用于高速及精密机械上。

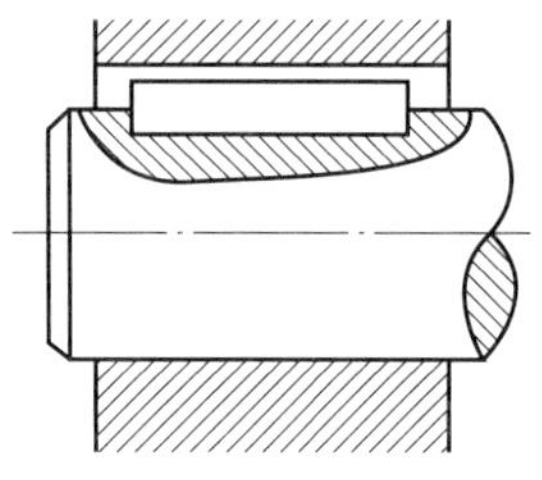
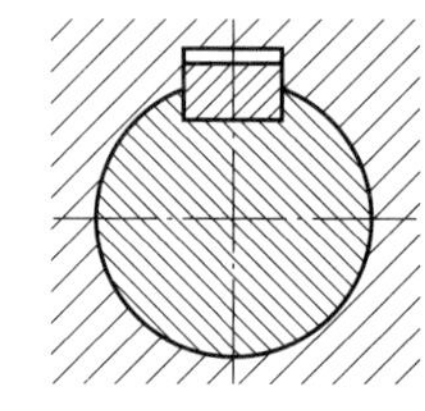

图1－23　平键连接

按用途不同，平键分为普通平键、导向平键和滑键三种类型。

普通平键用于静连接，应用最广。根据头部结构不同，普通平键分为圆头（A型）、平头（B型）和单圆头（C型）三种类型，如图1－24所示。

导向平键用于动连接，当轴上零件需沿轴向滑动时，可采用如图1－25所示的导向平键连接。导向平键用螺钉固定在轴上，工作时键对轴上滑动零件起导向作用。

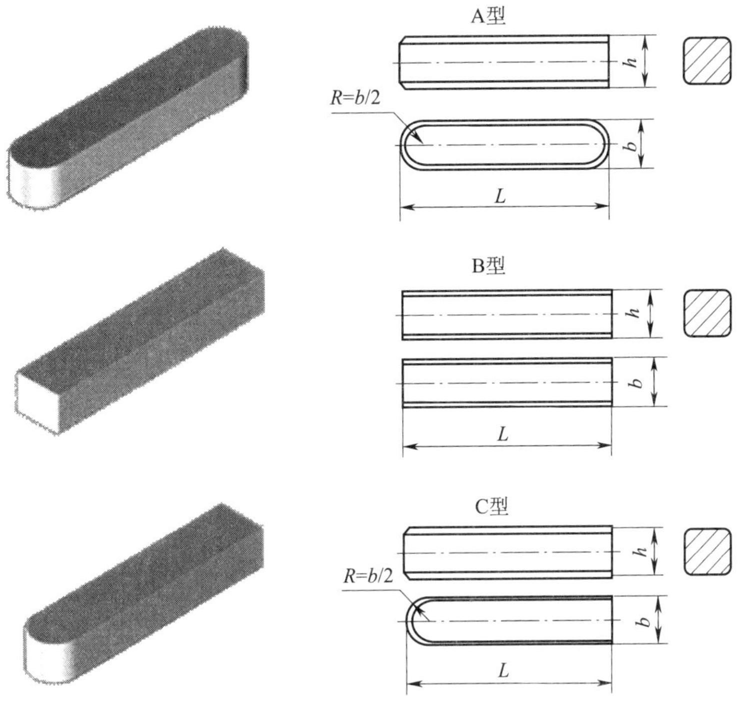

图 1－24　普通平键的类型

图 1－25　导向平键连接

当零件轴向移动距离较大时，可采用如图 1－26 所示的滑键连接。滑键与轮毂装在一起，移动时滑键和轮毂一起沿轴上的键槽滑动。

图 1－26　滑键连接

2. 半圆键连接

如图 1－27 所示为半圆键连接，键在轴槽中能绕其几何中心摆动，以适应轮毂上键槽的倾斜，键的上表面与轮毂键槽底面有间隙，靠键的侧面挤压传递运动和转矩。这种键连接的主要优点是轴和轮毂同心精度好，安装方便，结构紧凑等；主要缺点是对轴的强度削弱较大，一般只用于轻载荷或锥形轴端连接。

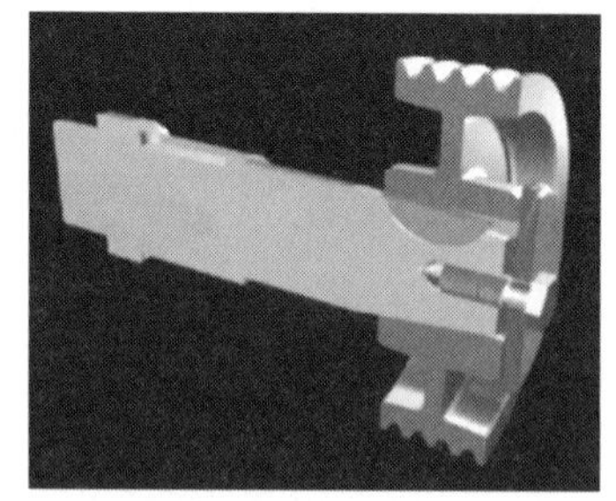

图 1－27 半圆键连接

3. 楔键连接

如图 1－28 所示为楔键连接，其中图 1－28a 为普通楔键连接，图 1－28b 为钩头楔键连接。楔键的上表面和轮毂键槽底面均有 1∶100 的斜度，装配时将键打入轴、轮毂之间，键的上下表面分别与轮毂和键槽底面压紧，工作时靠压紧面上的摩擦力传递运动和转矩，并能承受单方向的轴向力。因键打入会造成轴、轮毂偏心，致同心精度差，故这种连接多用于对同心精度要求不高的低速机械上。

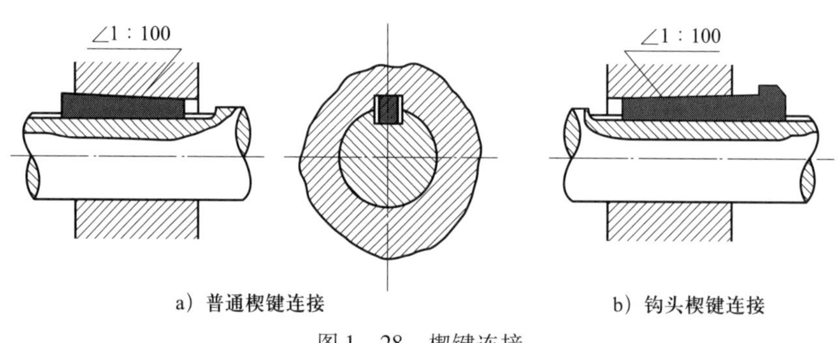

图 1－28 楔键连接

4. 切向键连接

如图 1－29 所示为切向键连接。它由两个普通楔键组成，装配时楔键的斜面相对分别自轮毂两端打入，共同楔紧在轴和轮毂之间。键的上下两面为工作面，键与轴相接触的工作面必须处于包含轴线的平面之内，以便工作时使工作面上的挤压力沿轴的切线方向传递运动和转矩。用一组切向键只能传递一个方向的转矩，若需要传递双向转矩则应装成两个互成 120°～130°的双组切向键。切向键连接传动性能好，但由于打紧过程会造成轴、轮毂偏心，因此主要用于对同心精度要求不高的重型机械上。

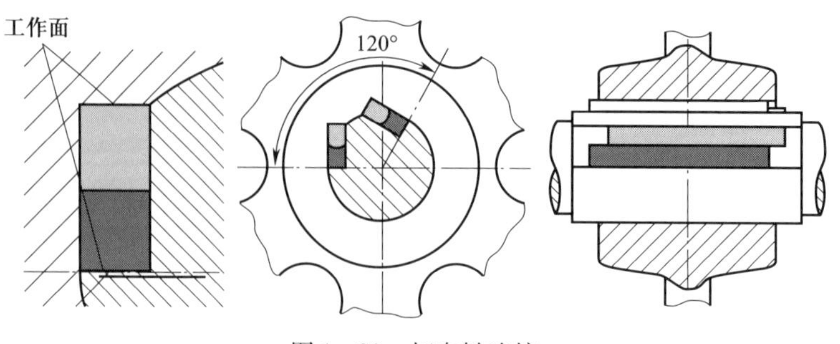

图 1－29 切向键连接

二、销连接

销的主要用途是确定零件间的相互位置，可传递较小的载荷，销连接如图 1－30 所示。如图 1－30a 所示为定位销，由销确定轴承座和机架间的相互位置，能起到定位的作用，然后用螺栓将两者连接起来用。如图 1－30b 所示为传递销，可以传递较小的载荷，并传递轮毂与轴间的转矩。如图 1－30c 所示为过载剪断销，主要起到过载剪断作用。

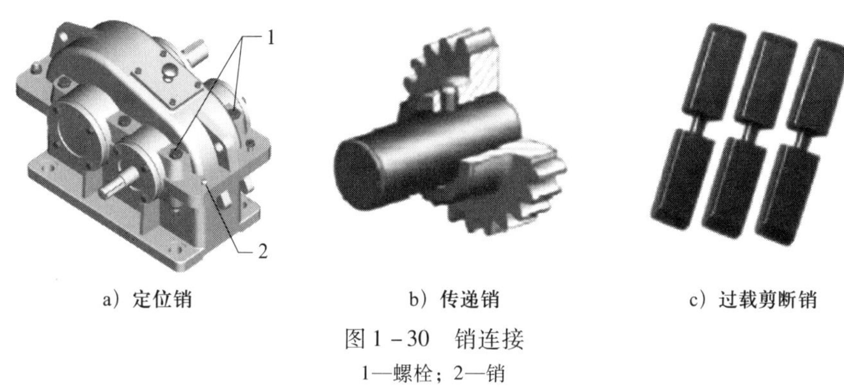

a）定位销　　b）传递销　　c）过载剪断销

图 1－30　销连接

1—螺栓；2—销

如图 1－31 所示为销的种类，根据销的形状可将其分为普通圆柱销、内螺纹圆柱销、普通圆锥销、内螺纹圆锥销、槽销和开口销。

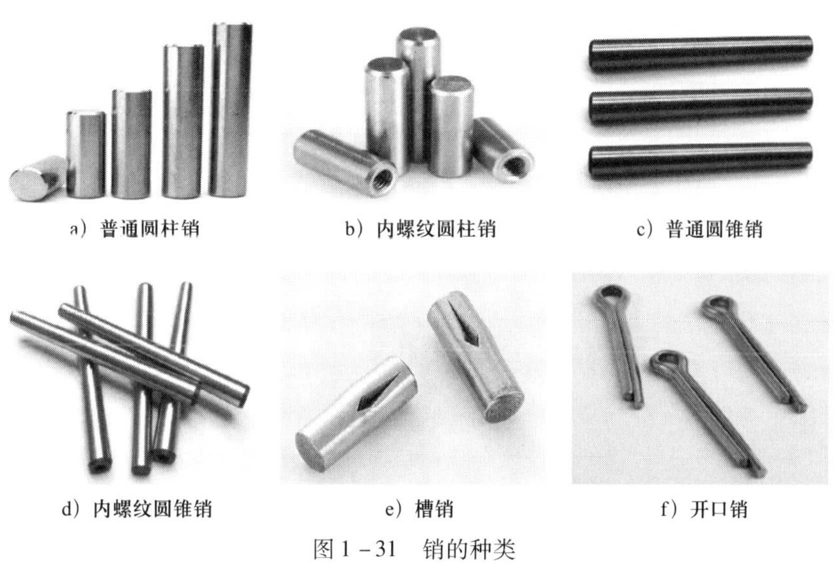
a）普通圆柱销　　b）内螺纹圆柱销　　c）普通圆锥销

d）内螺纹圆锥销　　e）槽销　　f）开口销

图 1－31　销的种类

普通圆柱销和普通圆锥销的结构如图 1－32 所示。普通圆柱销（见图 1－32a）又可分为 A、B、C、D 共 4 种不同型号，适用于不常拆卸的零件定位。普通圆锥销（见图 1－32b），可分为 A、B 两种型号，A 型精度高，适用于经常拆卸的零件定位，B 型精度低，适用于不常拆卸的零件定位。

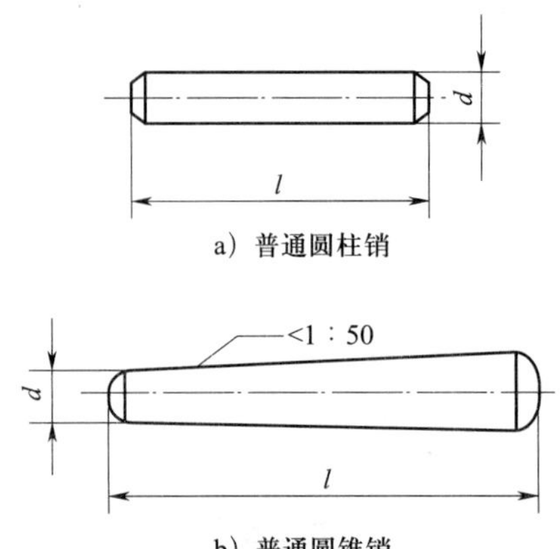

图 1－32　普通圆柱销和普通圆锥销的结构

思考与练习

1. 键连接有哪几种类型？分别有哪些应用特点？
2. 常用的销有哪几种？销连接有哪些应用特点？

§1－4　联轴器、离合器、制动器

学习目标

1. 了解联轴器的类型和应用特点；
2. 了解离合器的类型和应用特点；
3. 了解制动器的类型和应用特点。

联轴器和离合器主要是用来连接不同机械（或其部件）的两根轴，使它们一起回转并传递转矩。用联轴器连接的两根轴只有在机器停车时用拆卸的方法才能使它们分离，用离合器连接的两根轴在机器运转过程中就能方便地使它们分离或接合。制动器是利用摩擦阻力矩降低机械运动部件的转速或使其停止回转的装置。

一、联轴器

按照结构特点，联轴器可分为刚性联轴器和弹性联轴器两大类。

1. 刚性联轴器

刚性联轴器是通过若干刚性零件将两轴连接在一起的，它有多种多样的结构类型。

如图 1－33 所示是一种常用的刚性联轴器，称为凸缘联轴器。凸缘联轴器主要由两个分别装在两轴端部的凸缘盘和连接它们的螺栓所组成。为使被连接两轴的中心线对准，可在联轴器的一个凸缘盘上车出凸肩，在另一个凸缘盘上制成相配合的凹槽。如图 1－34 所示的套筒联轴器也是一种常用的刚性联轴器。如图 1－35 所示是万向联轴器，主要由两个叉形接头和一个十字体通过刚性铰链连接而成，故又称铰链联轴器。它广泛应用于两轴中心线相交成较大角度的连接。

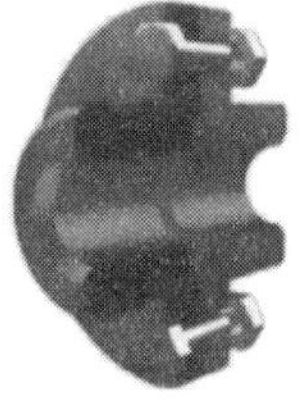

图 1－33　凸缘联轴器

图 1－34　套筒联轴器

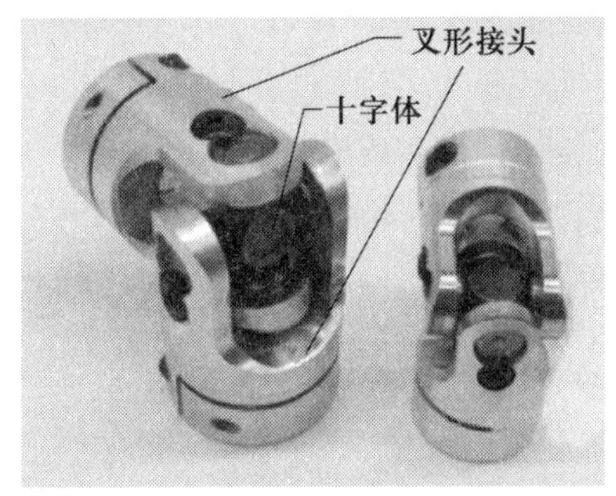

图 1－35　万向联轴器

2. 弹性联轴器

弹性联轴器包含有各种弹性零件，因而在工作中具有较好的缓冲与吸振能力。

弹性圈柱销联轴器是机械中常用的一种弹性联轴器，如图 1－36 所示。它的主要零件是弹性橡胶圈、柱销和两个法兰盘。每个柱销上装有若干橡胶圈，插到法兰盘的销孔中，从而传递转矩。弹性圈柱销联轴器适用于正反转变化多、启动频繁的高速轴连接，如电动机、水泵等轴的连接，可获得较好的缓冲和吸振效果。

图 1－36　弹性圈柱销联轴器

尼龙柱销联轴器（见图1－37）和上述弹性圈柱销联轴器相似，只是用尼龙柱销代替了橡胶圈和钢制柱销，其性能及用途与弹性圈柱销联轴器相同。由于尼龙柱销联轴器具有结构简单、制作容易、维护方便等优点，所以常用来代替弹性圈柱销联轴器。

图1－37　尼龙柱销联轴器

二、离合器

离合器有很多类型，常用的有嵌入式离合器和摩擦式离合器。嵌入式离合器依靠齿的嵌合来传递转矩，摩擦式离合器则依靠工作表面间的摩擦力来传递转矩。

离合器的操纵方式可以是机械的、电磁的、液压的等，此外还可以制成自动离合的机构。自动离合器不需要外力操纵即能根据一定的条件自动分离和接合。

1. 嵌入式离合器

常用的嵌入式离合器有牙嵌离合器和齿轮离合器。

（1）牙嵌离合器

牙嵌离合器主要由两个端面带有牙齿的套筒（半离合器）组成，如图1－38所示。其中，一个半离合器用键和螺钉固定在主动轴上，另一个半离合器则用导向平键（或花键）与从动轴构成动连接，利用操纵机构可使其沿轴向移动来实现离合器的接合和分离。

牙嵌离合器结构简单，两轴连接后无相对运动，但在接合时有冲击，只能在低速或停车状态下接合，否则容易将牙齿打坏。

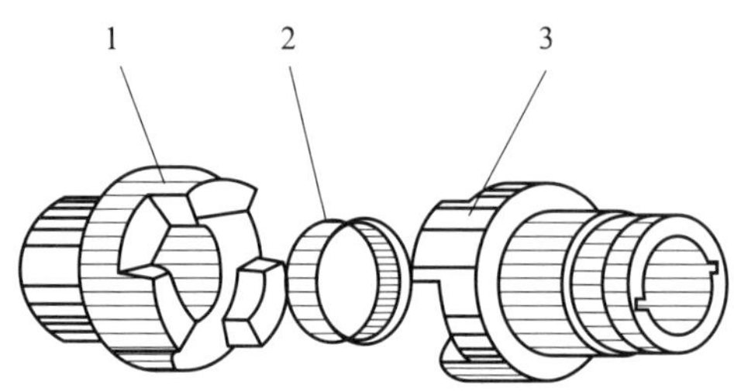

图1－38　牙嵌离合器

1—半离合器；2—对中环；3—半离合器

（2）齿轮离合器

齿轮离合器由一个内齿套和一个外齿套组成，如图1－39所示。齿轮离合器除具有牙嵌离合器的特点外，其传递转矩的能力更强。

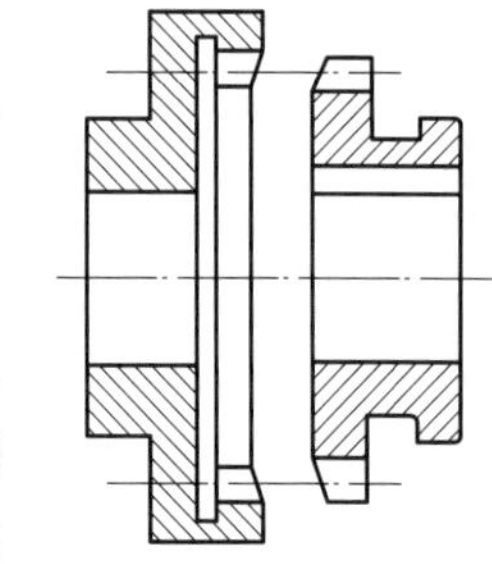

图1－39　齿轮离合器

2. 摩擦式离合器

根据结构形状的不同，摩擦式离合器可分为圆盘式摩擦离合器、圆锥式摩擦离合器和多片式摩擦离合器等类型。圆盘式和圆锥式摩擦离合器结构简单，但传递转矩的能力较弱，应用受到一定的限制。在机械中，特别是在金属切削机床中，广泛使用的是多片式摩擦离合器。

如图1－40所示为一种常用的多片式摩擦离合器及其结构。其外套和内套分别用键连接于两个轴端，各摩擦片之间借助摩擦力传递转矩。当操纵拨叉使滑环向左移动时，曲臂压杆摆动，使内外摩擦片相互压紧，内套和外套相连，两轴就接合在一起。当滑环向右移动复位后，两组摩擦片松开，两轴即可分开。

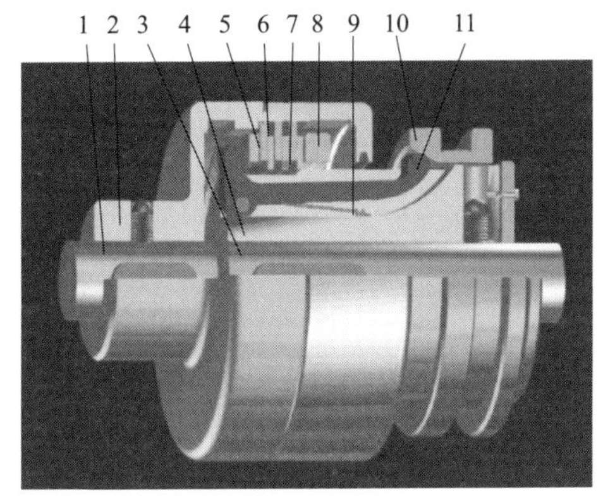

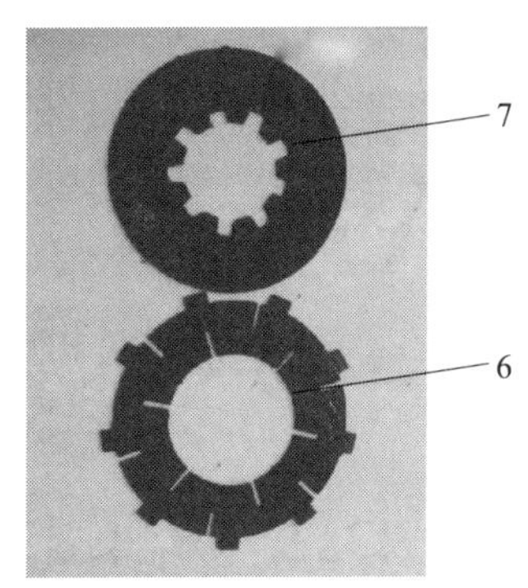

图 1－40　多片式摩擦离合器及其结构

1—主动轴；2—外套；3—从动轴；4—内套；5—压板；6—外摩擦片；7—内摩擦片；8—调节螺母；9—弹簧片；10—滑环；11—曲臂压杆

与嵌入式离合器相比较，摩擦式离合器的主要优点是：在运动过程中能平稳地接合和分离；当从动轴发生过载时，离合器摩擦表面之间发生打滑，因而能保护其他零件免于损坏。摩擦离合器的主要缺点是：摩擦表面之间存在相对滑动，以致发热问题严重，且磨损较大。

三、制动器

制动器是具有使运动部件（或运动机械）减速、停止或保持停止状态等功能的装置，俗称刹车、闸。制动器一般设置在机械中转速较高的轴上（转矩小），以减少制动器的尺寸。

制动器是利用摩擦力矩降低机械运动部件的转速或使其停止逆转的装置。对制动器的基本要求是：制动力矩大；动作迅速，操作灵活，工作可靠；结构简单紧凑；摩擦部件有较高的耐磨性和散热性；维护、检修方便。

制动器可分为摩擦式制动器和非摩擦式制动器两类。其中，摩擦式制动器可分为盘式制动器、锥形制动器、带式制动器、内胀式制动器、外抱块式制动器、固定钳式制动器、浮动式制动器等，非摩擦式制动器可分为磁粉制动器、磁涡流制动器、水涡流制动器等。

以下介绍几种常用的摩擦式制动器。

1. 盘式制动器

如图 1－41 所示，盘式制动器主要由液压控制，主要零部件有活塞、制动衬块、卡钳、转子等。制动衬块在活塞的作用下压向转子，从而产生制动摩擦力矩，广泛应用于小型汽车的车轮制动系统。现在大部

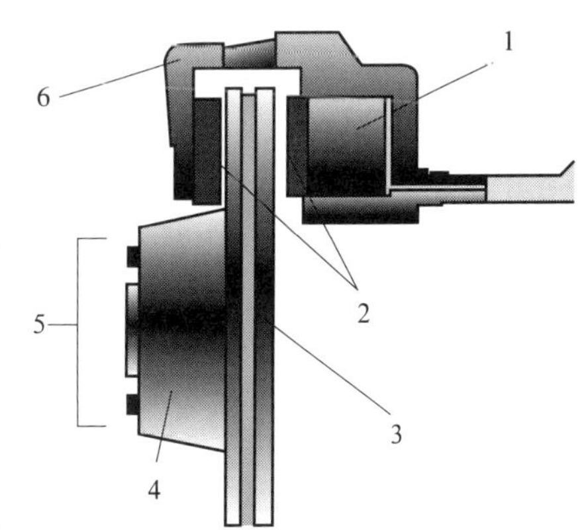

图 1－41　盘式制动器

1—活塞；2—制动衬块；3—转子；4—轮毂；5—车轮连接处；6—卡钳

分轿车所有车轮都使用盘式制动器，少数轿车只将其作为前轮制动器，与后轮的鼓式制动器配合，以使轿车在制动时有较高的方向稳定性。在大型商用汽车中，目前盘式制动器在新车型及高端车型中逐渐被采用。

2. 锥形制动器

锥形制动器如图 1 – 42 所示，其外锥体固定在箱体壁上，内锥体用导向平键与传动轴连接，通过操纵手柄将内锥体推向外锥体，使内外锥面贴紧，依靠摩擦力矩对传动轴实现制动。锥形制动器接触面大，制动效果好，主要应用于转矩较小的机械制动。

3. 带式制动器

带式制动器如图 1 – 43 所示，由制动轮、制动带和杠杆组成。制动轮用平键与轴连接，在其外缘圆周上绕一条内衬橡胶（或石棉、皮革、帆布）材料的制动带。当杠杆受外力作用时，收紧制动带，通过制动带与制动轮之间的摩擦力实现对轴的制动。带式制动器的优点是结构简单，制动效果好，容易调节；缺点是磨损不均匀，散热不良。

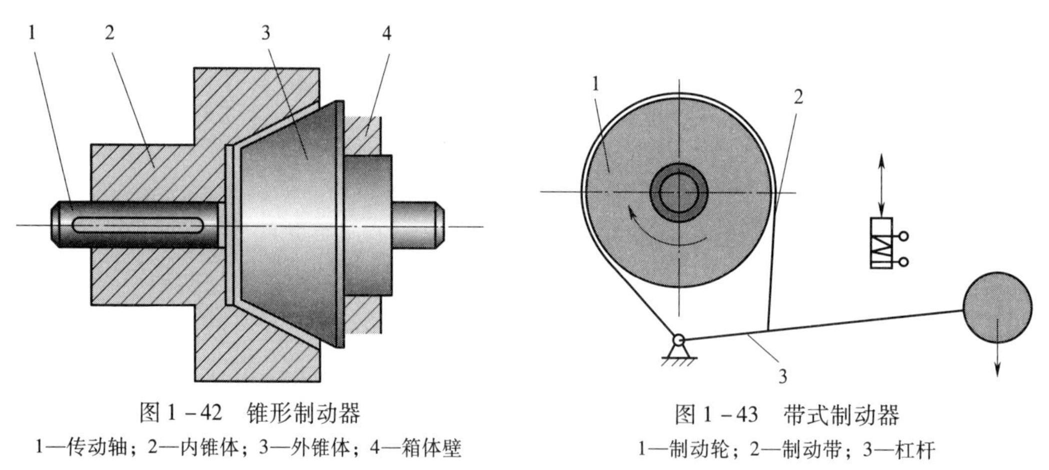

图 1 – 42　锥形制动器

1—传动轴；2—内锥体；3—外锥体；4—箱体壁

图 1 – 43　带式制动器

1—制动轮；2—制动带；3—杠杆

4. 内胀式制动器

内胀式制动器如图 1 – 44 所示，由两个制动蹄分别通过两个销轴与机架铰接，制动蹄表面装有摩擦片，制动轮与需制动的轴固定连接。制动时，由泵产生推力克服弹簧力使制动蹄压紧制动轮（或轴），从而使制动轮制动。这种制动器结构紧凑，广泛应用于各种车辆以及结构尺寸受到限制的机械中。

5. 外抱块式制动器

外抱块式制动器如图 1 – 45 所示，在制动轮缸的作用下，制动蹄抱住制动鼓，制动鼓处于制动状态。当松闸器通入电流时，在电磁力的作用下，通过推杆松开制动鼓两边的制动蹄。松闸器也可以用人力、液压、气压控制。外抱块式制动器分为常闭式制动器和常开式制动器两种，其优点是制动和开启迅速，尺寸小，质量轻；缺点是制动时冲击大。这种制动器主要应用于制动力矩小且不需要频繁启动的场合。

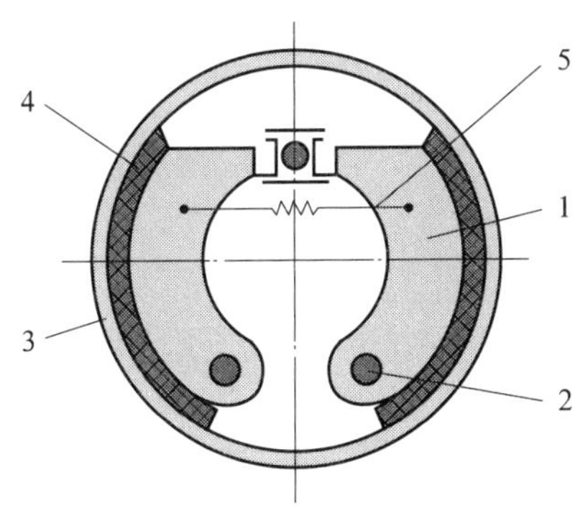

图 1－44　内胀式制动器

1—制动蹄；2—销轴；3—制动轮；4—摩擦片；5—制动蹄回位弹簧

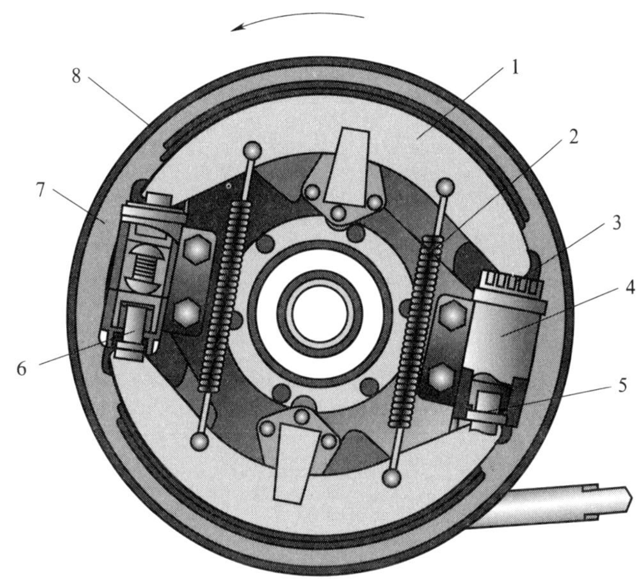

图 1－45　外抱块式制动器

1　制动蹄；2—回位弹簧；3—调整螺母；4—制动轮缸；5—支座；6—可调支座；7—制动底板；8—制动鼓

思考与练习

1. 联轴器、离合器的主要功能是什么？二者有什么不同？
2. 根据结构不同，联轴器可以分为哪几种？各自有什么特点？
3. 常用的离合器有哪几种？各自的主要特点是什么？
4. 制动器的主要作用是什么？有什么基本要求？

§1－5　带传动

学习目标

1. 了解带传动的工作原理、类型和特点；
2. 掌握 V 带的结构；
3. 掌握带传动的张紧方法；
4. 掌握 V 带传动的使用和维护。

一、带传动的工作原理和类型

1. 带传动的工作原理

带传动如图 1－46 所示，由主动轮、从动轮（带轮）和张紧在两轮上的环形传动带组成，根据工作原理不同，可分为摩擦式带传动和啮合式带传动两种。如图 1－46a 所示为摩擦式带传动，工作时，依靠传动带和带轮接触面间产生的摩擦力来传递运动和动力。如图 1－46b 所示为啮合式带传动，工作时，依靠传动带工作面的齿槽和带轮上轮齿的啮合作用来传递运动和动力，由于其传动带与带轮间没有相对滑动，故又称为同步带传动。带与带轮间的摩擦因数、张紧力的大小和包角（带与带轮接触弧长所对应的中心角，一般要求小带轮上的包角 $\alpha_1 \geqslant 120°$）是影响带传动的主要因素。

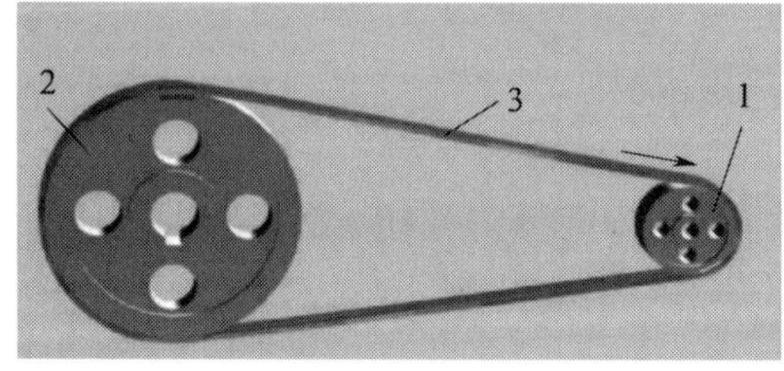

a）摩擦式带传动

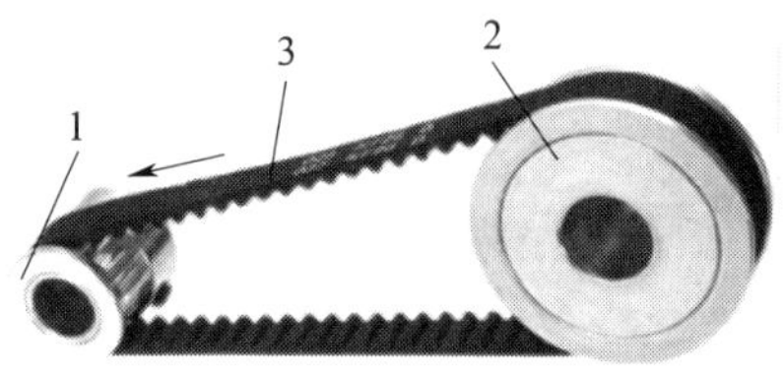

b）啮合式带传动

图 1－46　带传动

1—主动轮；2—从动轮；3—传动带

由图 1－46a 可知，如果带和带轮之间无相对滑动，则主动轮的圆周速度 v_1 和从动轮的圆周速度 v_2 是相等的，都等于带的移动速度。设主动轮和从动轮的直径分别为 D_1 和 D_2，转速分别为 n_1 和 n_2，由 $v_1 = v_2$ 得 $\pi D_1 n_1 = \pi D_2 n_2$，所以带传动的传动比 i 为：

$$i = \frac{n_1}{n_2} = \frac{D_2}{D_1} \tag{1-1}$$

从式（1－1）可知，带传动的传动比等于从动轮直径与主动轮直径之比，即转速与直

径成反比。这说明从动轮直径越大，主动轮直径越小，输出轴转速就越低。

2. 带传动的类型

根据带的横截面形状不同，摩擦式带传动可分为平带传动、V 带传动、多楔带传动、圆形带传动等类型，如图 1－47 所示。

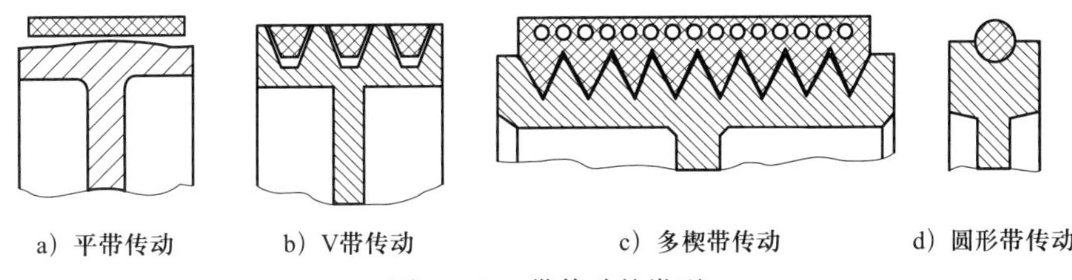

图 1－47　带传动的类型

平带的横截面为扁矩形，其内表面与轮面接触，结构简单，带轮制造容易，由于带比较薄，挠曲性好，扭转柔性较好，适用于高速运转的传动，并可形成平行轴的交叉传动和相错轴的半交叉传动。V 带的横截面为等腰梯形，其两侧面与轮槽接触，由于轮槽的楔形效应，在同样的张紧力下，V 带传动较平带传动可产生更大的摩擦力。多楔带可以看成是将若干根 V 带做成一体，可以传递更大的动力。圆带的横截面为圆形，只用来传递较小功率机械动能。

二、带传动的特点

与其他传动相比，带传动有以下特点：

（1）由于传动带具有弹性，故能缓冲、吸振，传动平稳，噪声小。

（2）过载时，带在带轮上打滑，这样可防止其他零件因过载而遭到破坏，起安全保护作用。

（3）结构简单，制造、安装、维护方便，成本低廉，适于两轴中心距较大的场合。

（4）传动比不准确，效率较低，外廓尺寸较大，不适于高温和有化学腐蚀物质的场合。

由于带具有弹性，受拉力后要产生弹性变形，这种由带的弹性变形而引起的滑动称为弹性滑动。弹性滑动是带传动中不可避免的现象，从而使带传动的传动比不能准确，所以带传动多用于传动比要求不严格的场合。

三、V 带传动

V 带一般制成无接头的环形，其结构如图 1－48 所示。从横截面看，V 带由顶胶层、抗拉体层、底胶层和包布层组成。抗拉体层是拉力承载的主体，其结构有帘布芯结构和线绳芯结构两种，帘布芯结构的 V 带抗拉强度较大，制造方便，应用广泛；线绳芯结构的 V 带柔韧性好，适宜转速较高和带轮直径较小的场合。

根据《带传动　普通 V 带和窄 V 带　尺寸（基准宽度制）》（GB/T 11544—2012），V 带有普通 V 带和窄 V 带两种，其中普通 V 带应用广泛。根据横截面大小，普通 V 带由小到

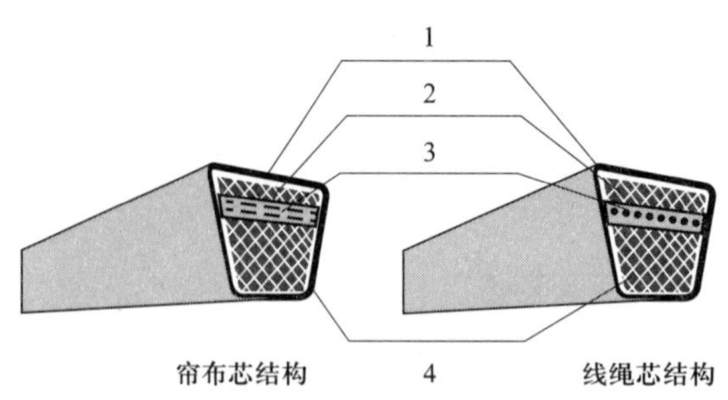

图 1－48　V 带的结构

1—包布层；2—顶胶层；3—抗拉体层；4—底胶层

大可分为 Y、Z、A、B、C、D、E 共 7 种型号，详见表 1－2。V 带的截面积越大，则其传递的功率也越大。

表 1－2　　普通 V 带的横截面尺寸

型号	Y	Z	A	B	C	D	E
节宽 b_d/mm	5.3	8.5	11.0	14.0	19.0	27.0	32.0
顶宽 b/mm	6.0	10.0	13.0	17.0	22.0	32.0	38.0
高度 h/mm	4.0	6.0	8.0	11.0	14.0	19.0	25.0
楔角 ψ_0	40°						

当 V 带在工作中绕过带轮弯曲处时，顶胶层伸长，底胶层缩短，在二者之间有一层既不伸长也不缩短，长度和宽度均保持不变的纤维层称为中性层，其宽度称为节宽 b_d，其测量长度称为基准长度，即 V 带的公称长度 L_d。

在工程上，V 带的标记由型号、基准长度和标准编号三部分组成。例如某 V 带标记为“A1600 GB/T 1171”，表示符合 GB/T 1171，A 型号，基准长度为 1 600 mm。V 带的标记在生产时压印在带的外表面上，以供识别和选用。

四、带传动的张紧

在初始安装传动带时，需将两带轮的中心距调小，把传动带装上后，再把中心距逐渐调大，直至带的张紧力适当为止。经过一段时间工作后，传动带会因塑性变形而变得松弛，造成张紧力减小，为了保证带传动的传动能力，需重新张紧传动带。带传动常见的张紧装置有以下 3 种。

1. 定期张紧装置

定期张紧装置如图 1－49 所示，可通过调节螺钉使电动机沿滑轨移动（见图 1－49a），或通过调节螺杆使电动机所在的摆动架摆动（见图 1－49b），以调大两带轮间的中心距，使传动带张紧。

a）调节螺钉张紧

b）调节螺杆张紧

图 1－49 定期张紧装置

2. 自动张紧装置

自动张紧装置如图 1－50 所示，将电动机安装在浮动摆架上，利用电动机和浮动摆架的自重可自动张紧。

图 1－50 自动张紧装置

3. 张紧轮装置

如图 1－51 所示，当带传动的中心距不可调时，可采用张紧轮装置。为了避免带受双向弯曲力，且不影响小带轮的包角，张紧轮应放置在松边的内侧，并尽量靠近大带轮的位置。

图 1－51 张紧轮装置

五、V 带传动的使用和维护

正确使用和维护带传动是保证其正常工作和延长其寿命的有效措施。其中常用的 V 带在使用和维护上必须注意以下事项。

（1）选用的 V 带型号和长度应正确，以保证 V 带截面在轮槽中的正确位置，如图 1－52 所示。V 带的外边缘应与带轮的轮缘平齐。这样 V 带的工作面与轮槽的工作面才能很好地接触，充分发挥 V 带传动摩擦力较大的优点。

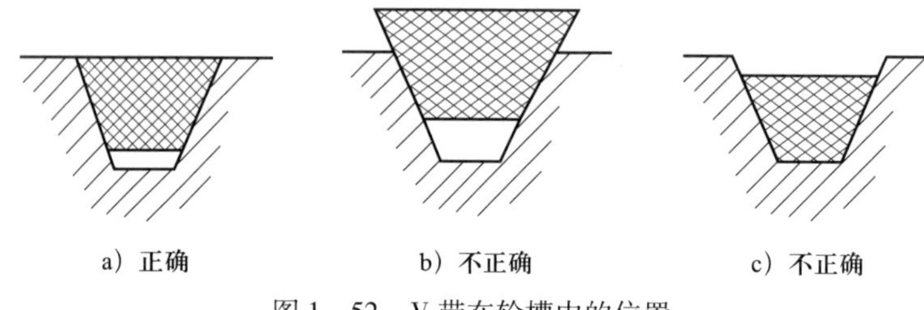

图 1－52　V 带在轮槽中的位置

（2）两带轮轴的中心线应保持平行，与轮槽中心线必须调整在同一平面内，以防止 V 带爬出轮槽或带与轮槽的强烈磨损，使 V 带过早损坏。

（3）V 带的张紧程度要调整适当，否则将严重影响其传动能力。生产实践中常根据经验来调整。

（4）应对 V 带进行定期检查、及时调整，如发现有不能使用的，应及时更换。更换 V 带时必须使一组带中的各条带的实际长度尽量接近相等，以使各条带传动时受力均匀。不同厂家生产的或新旧不同的带不宜同组使用。

（5）为了保证运行安全，带传动必须装安全防护罩。

思考与练习

1. 什么是包角？它对带传动有何影响？一般要求不得小于多少度？
2. 根据带的截面形状不同，摩擦式带传动可以分为哪几种？各自有什么特点？
3. V 带由哪几部分组成？
4. 为什么带传动要有张紧装置？常用的张紧装置有哪几种？
5. 简述 V 带传动的使用和维护具体要求。

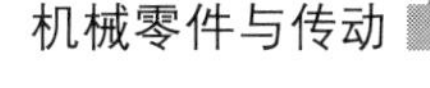

§1－6　链传动

学习目标

1. 了解链传动的工作原理；
2. 掌握链条的种类；
3. 掌握链传动的应用特点。

一、链传动的工作原理

链传动是由链条和具有特殊齿形的链轮组成的传递运动和动力的传动装置，是一种具有中间挠性件（链条）的啮合传动。如图 1－53 所示，当主动链轮回转时，依靠链条与两链轮之间的啮合力，使从动链轮回转，进而实现运动和动力的传递。

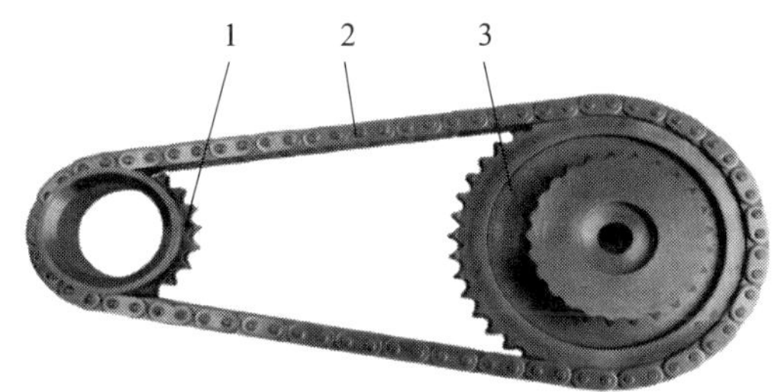

图 1－53　链传动
1—从动链轮；2—链条；3—主动链轮

链节是组成链条的基本结构单元，每个链节在链条的纵向（链条的长度方向）含有一个节距。节距是两相邻链节铰链副理论中心间的距离。设计给定的节距称为基本节距（公称节距），用符号 P 表示，它是链条的主要参数之一。

二、链条的种类

最常用的链条分为滚子链和齿形链两种。

1. 滚子链

如图 1－54 所示为滚子链（套筒滚子链），由内链板、外链板、销轴、套筒和滚子组成。销轴与外链板、套筒与内链板分别采用过盈配合连接组成外链节、内链节，销轴与套筒之间采用间隙配合构成外链节、内链节的铰链副（转动副），当链条屈伸时，内链节、外链节之间就能相对转动。滚子装在套筒上，可以自由转动，当链条与链轮啮合时，滚子与链轮轮齿相对滚动，两者之间主要是滚动摩擦，从而减少了链条和链轮轮齿的磨损。

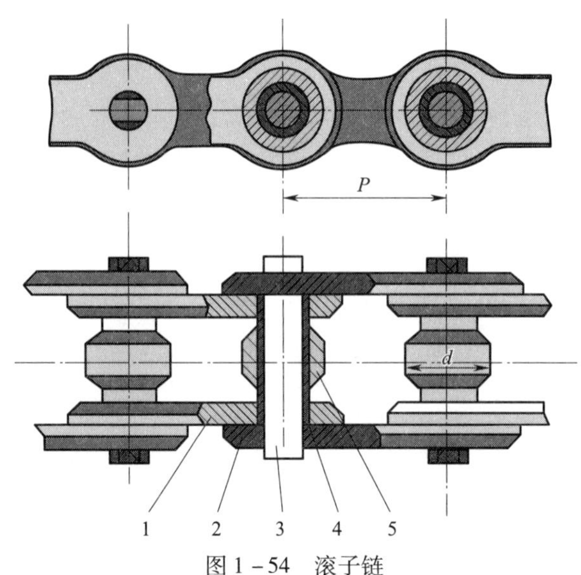

图 1－54　滚子链
1—内链板；2—外链板；3—销轴；4—套筒；5—滚子

当需要承受较大载荷、传递较大功率时，可使用多排链，如图 1－55 所示。多排链相当于几个普通的单排链彼此之间用长销轴连接而成，其承载能力与排数成正比。但排数越多，越难使各排受力均匀，因此排数不宜过多，常用的有双排链和三排链。

图 1－55　多排链

如图 1－56 所示，滚子链的连接类型为连接链节或过渡链节：当链条两端均为内链节时使用由外链板和销轴组成的可拆卸连接链节，用开口销（钢丝锁销）或弹性锁片连接（见图 1－56a、图 1－56b），连接后链条的链节数为偶数。当链条一端为内链节另一端为外链节时，使用过渡链节连接（见图 1－56c），连接后链条的链节数为奇数。由于过渡链节的抗拉强度较低，因此应尽量不采用或少采用。

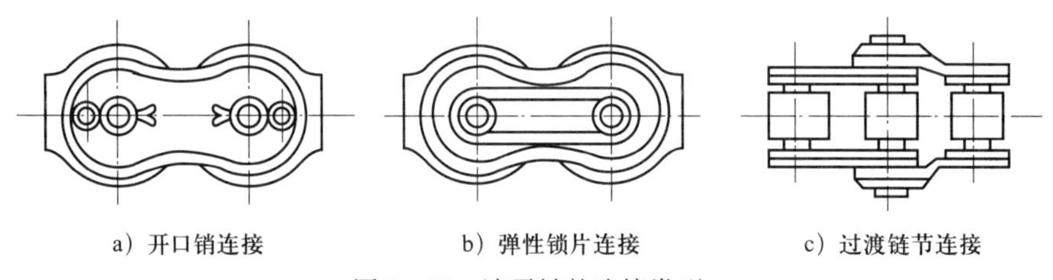
a）开口销连接　　b）弹性锁片连接　　c）过渡链节连接
图 1－56　滚子链的连接类型

2. 齿形链

如图 1－57 所示为圆销铰链式齿形链，其主要由套筒、齿形板、销轴和外链板组成。销轴与套筒为间隙配合。这种铰链的承压面仅为宽度的一半，故容易磨损。但与滚子链相比，齿形链传动的平稳性较高、噪声小、工作可靠且承受冲击性能好，多用于高速（速度可达

40 m/s）或运动精度要求较高的传动装置中。

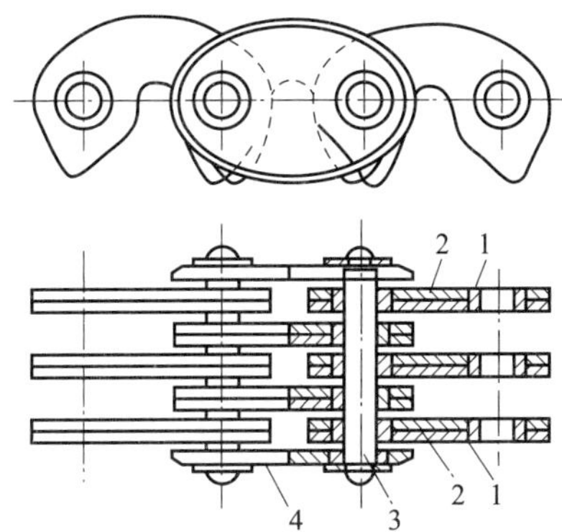

图 1－57　圆销铰链式齿形链

1—套筒；2—齿形板；3—销轴；4—外链板

三、链传动的主要特点

与带传动相比，链传动具有下列主要特点：

（1）能保证准确的平均传动比。

（2）传递功率大且张紧力小，作用在轴和轴承上的力小。

（3）传动效率高，一般可达 95% ~98% 。

（4）能在低速、重载荷和高温条件下，以及尘土飞扬、淋水、淋油等不良环境中工作。

（5）能用一条链条同时带动几根彼此平行的轴转动。

（6）由于链节的多边形运动，所以瞬时传动比是变化的，瞬时链速不是常数，传动中会产生动载荷和冲击力，因此不宜用于要求精密传动的机械上。

（7）安装和维护要求较高。

（8）链条的铰链磨损后，使链条节距变大，传动中链条容易脱落。

（9）无过载保护作用。

链传动用于两轴平行、中心距较远、传递功率较大、平均传动比要求准确、不宜采用带传动或齿轮传动的场合，在轻工机械、农业机械、石油化工机械、运输起重机械及机床、汽车、摩托车和自行车等的机械传动中得到广泛应用。

思考与练习

1. 滚子链由哪几部分组成？各组成部分之间存在什么样的配合关系？

2. 试述链传动的主要特点。

§1－7　齿轮传动

学习目标

1. 了解齿轮传动的类型；
2. 熟悉齿轮传动的特点；
3. 掌握直齿圆柱齿轮的基本参数和几何尺寸。

齿轮传动由主动轮、从动轮和机架组成，依靠主动轮的轮齿与从动轮的轮齿相互啮合来传递运动和动力，是应用广泛的一种机械传动方式。

一、齿轮传动的类型

齿轮传动可按照两齿轮轴线间的相互位置、齿向和啮合情况进行分类。其分类及齿轮的类型如图1－58所示。

图1－58　齿轮传动的分类及齿轮的类型

按照齿轮的齿廓曲线不同，齿轮传动可分为渐开线齿轮传动、摆线齿轮传动、圆弧齿轮传动三种。其中，渐开线齿轮传动应用最为广泛。

二、齿轮传动的特点

与其他传动相比，齿轮传动具有以下特点：

（1）能保证准确的传动比，平稳性较高，传递运动准确可靠。

（2）传动效率高（92% ~99%）。

（3）工作可靠，使用寿命长。

（4）结构紧凑。

（5）适用范围广，可实现平行轴、相交轴、相错轴之间的传动，传递的功率和圆周速度范围宽。

（6）对制造和安装精度的要求较高，故成本较高。

（7）不适宜远距离两轴之间的传动。

三、直齿圆柱齿轮的基本参数和几何尺寸

1. 直齿圆柱齿轮各部分的名称

直齿圆柱齿轮各部分的名称如图 1－59 所示。

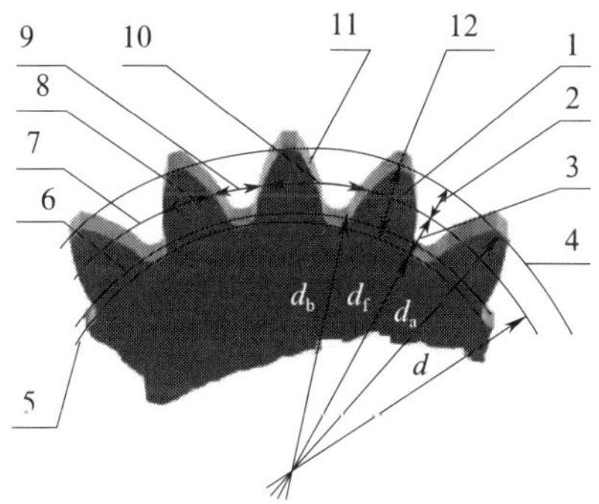

图 1－59　直齿圆柱齿轮各部分的名称

1—齿全高 h；2—齿顶高 h_a；3—齿根高 h_f；4—齿顶圆；5—齿根圆；6—基圆；7—分度圆；8—齿厚 s；9—齿槽宽 e；10—齿距 p；11—齿廓曲面；12—齿宽 b

（1）齿数

在整个圆周上轮齿的总数称为齿数，以 z 表示。

（2）齿顶圆、齿根圆

过齿轮的齿顶所作的圆称为齿顶圆，直径以 d_a 表示；过齿轮齿槽的槽底所作的圆称为齿根圆，直径以 d_f 表示。

（3）齿厚、齿槽宽、齿距

相邻两齿间的空间为齿槽。直径为 d 的圆周上齿槽间的弧长为齿槽宽 e，沿直径为 d 的圆周上量得轮齿的厚度（弧长）称为齿厚 s，齿槽宽与齿厚之和为齿距 p。

(4) 分度圆、模数、压力角

在齿顶圆与齿根圆之间，作为计算齿轮尺寸基准的圆称为分度圆，其直径用 d 表示。在分度圆上齿厚等于齿槽宽，即 $s=e$。

分度圆周长为 $pz=\pi d$，其中 z 为齿轮齿数，p 为分度圆齿距，则 $d=\frac{p}{\pi}z$。由于 π 是一个无理数，故 d 也是无理数，这给齿轮的设计、制造和检验都带来不便，因此工程上将 $\frac{p}{\pi}$ 规定为一些简单的有理数并且标准化，称为模数，以 m 表示，单位为 mm。渐开线圆柱齿轮的标准模数系列见表 1－3。模数是决定齿轮几何尺寸的重要参数，模数越大，轮齿越大，承载能力也越大。

渐开线圆柱齿廓曲面与分度圆交点处的压力角称为分度圆的压力角 α，为标准值。我国规定标准压力角 $\alpha=20°$。

分度圆也可定义为具有标准模数和标准压力角的圆。

表 1－3 **渐开线圆柱齿轮的标准模数系列** 单位：mm

第一系列	1	1.25	1.5	2	2.5	3	4	5	6
	8	10	12	16	20	25	32	40	50
第二系列	1.75	2.25	2.75	(3.25)	3.5	(3.75)	4.5	5.5	(6.5)
	7	9	(11)	(14)	18	22	28	36	45

注：优先选用第一系列，括号内的模数尽可能不用。

(5) 齿顶高、齿根高、齿全高

分度圆与齿顶圆之间的径向距离称为齿顶高，以 h_a 表示；分度圆与齿根圆之间的径向距离称为齿根高，以 h_f 表示；齿顶圆与齿根圆之间的径向距离称为齿全高，以 h 表示。显然：

$$h=h_a+h_f \tag{1-2}$$

$$h_a=h_a^* m \tag{1-3}$$

$$h_f=(h_a^*+c^*)\ m \tag{1-4}$$

式中，h_a^* 为齿顶高系数，c^* 为顶隙系数。正常标准齿轮：$h_a^*=1$，$c^*=0.25$。短齿轮：$h_a^*=0.8$，$c^*=0.3$。

2. 标准齿轮及其几何尺寸计算

具有标准模数、标准压力角、标准齿顶高系数和标准顶隙系数，且分度圆上齿厚与齿槽宽相等的齿轮称为标准齿轮。齿数 z、模数 m、压力角 α、齿顶高系数 h_a^* 和顶隙系数 c^* 是标准直齿圆柱齿轮的基本参数，是计算齿轮几何尺寸的基础。

标准直齿圆柱齿轮几何尺寸的计算公式见表 1－4。

表 1－4　　标准直齿圆柱齿轮几何尺寸的计算公式

名　称	符　号	计算公式
齿距	p	$p=\pi m=s+e$
齿厚	s	$s=\pi m/2$
齿槽宽	e	$e=\pi m/2$
齿顶高	h_a	$h_a=h_a^* m$
齿根高	h_f	$h_f=(h_a^*+c^*)\ m$
齿全高	h	$h=h_a+h_f$
分度圆直径	d	$d=mz$
齿顶圆直径	d_a	$d_a=d+2h_a$
齿根圆直径	d_f	$d_f=d-2h_f$
中心距	a	$a=m\ (z_2+z_1)\ /2$

思考与练习

1. 齿轮传动如何分类？具有哪些特点？
2. 什么叫齿轮的模数？它的大小对齿轮的传动有什么影响？
3. 标准直齿圆柱齿轮的基本参数有哪些？
4. 已知一对标准直齿圆柱齿轮，其 $z_1=21$，$z_2=63$，$m=3.5$ mm，试求出两轮的 d_1、d_2、d_{a1}、d_{a2}、d_{f1}、d_{f2}、h_a 和 a 的值。
5. 已知一标准直齿圆柱齿轮 $z=50$，全齿高 $h=22.5$ mm，求齿顶圆直径 d_a。

§1－8　螺旋传动

学习目标

1. 了解螺纹的类型；
2. 掌握圆柱螺纹的主要参数及螺纹的代号；
3. 掌握螺旋传动的类型及特点。

一、螺纹

螺纹是指在圆柱或圆锥表面上，沿着螺旋线所形成的具有规定牙型的连续凸起。凸起是指螺纹两侧面间的实体部分，又称为牙。

螺纹的种类较多，在圆柱或圆锥外表面上所形成的螺纹称为外螺纹（见图 1－60）；在圆柱或圆锥内表面上所形成的螺纹称为内螺纹（见图 1－61）。在圆柱表面上所形成的螺纹称为圆柱螺纹（见图 1－60a、图 1－61a），在圆锥表面上所形成的螺纹称为圆锥螺纹（见图 1－60b、图 1－61b）。按螺纹的旋向不同，顺时针旋转时旋入的螺纹称为右旋螺纹；逆时针旋转时旋入的螺纹称为左旋螺纹。一般常用右旋螺纹。按螺旋线的数目不同，又可分成单线螺纹和多线螺纹。在通过螺纹轴线的剖面上，螺纹的轮廓形状称为螺纹牙型。按螺纹的牙型不同，可将其分为矩形螺纹、三角形螺纹、梯形螺纹和锯齿形螺纹等，如图 1－62 所示；按牙的大小，可将其分为粗牙螺纹和细牙螺纹。按螺纹的用途，可将其分为连接螺纹和传动螺纹两大类，连接螺纹的牙型多为三角形，传动螺纹的牙型多为矩形、梯形或锯齿形。

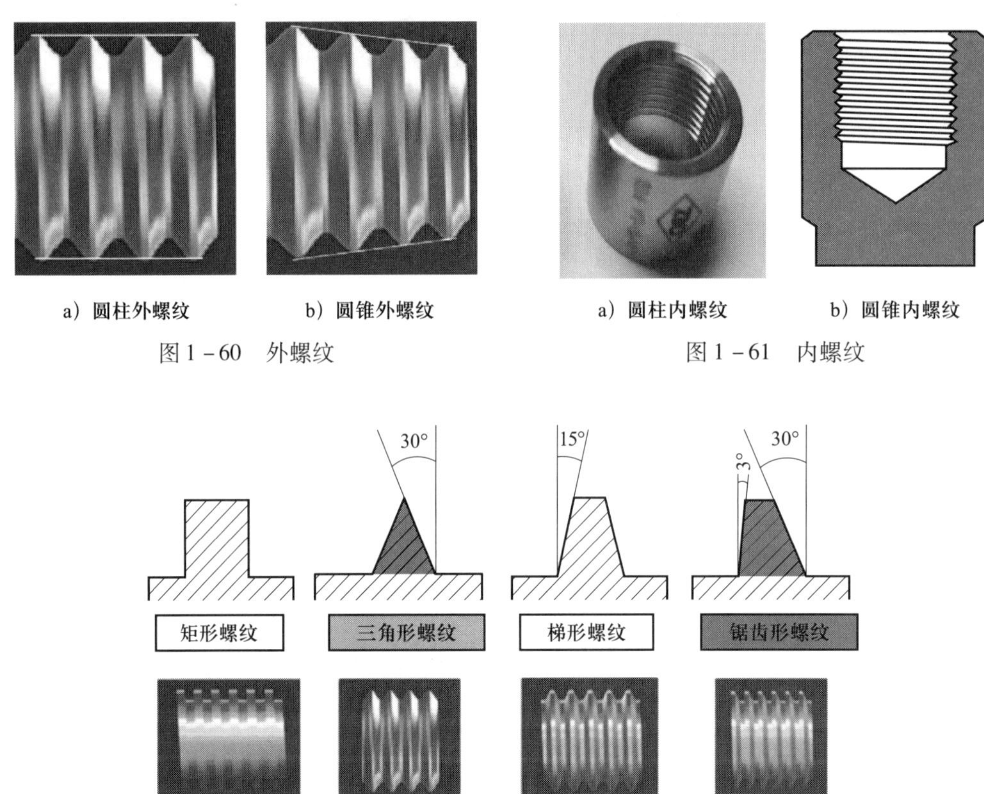

a）圆柱外螺纹　b）圆锥外螺纹

图 1－60　外螺纹

a）圆柱内螺纹　b）圆锥内螺纹

图 1－61　内螺纹

图 1－62　螺纹的牙型

二、圆柱螺纹的主要参数

圆柱螺纹的主要参数有大径、小径、中径、螺距、导程、牙型角等（见图 1－63）。

1. 大径

普通螺纹的大径是指与外螺纹牙顶或内螺纹牙底相切的假想圆柱的直径。内螺纹的大径用代号 D 表示，外螺纹的大径用代号 d 表示。螺纹的公称直径是指代表螺纹尺寸的直径，普通螺纹的公称直径是大径（D，d）。

2. 小径

普通螺纹的小径是指与外螺纹牙底或内螺纹牙顶相切的假想圆柱的直径。内螺纹的小径用代号 D_1 表示，外螺纹的小径用代号 d_1 表示。

3. 中径

普通螺纹的中径是指一个假想圆柱的直径，该圆柱的素线通过牙上的沟槽和凸起宽度相等的地方。该假想圆柱称为中径圆柱。内螺纹的中径用代号 D_2 表示，外螺纹的中径用代号 d_2 表示。

4. 螺距

螺距是指相邻两牙在中径线上对应两点间的轴向距离，用代号 P 表示。

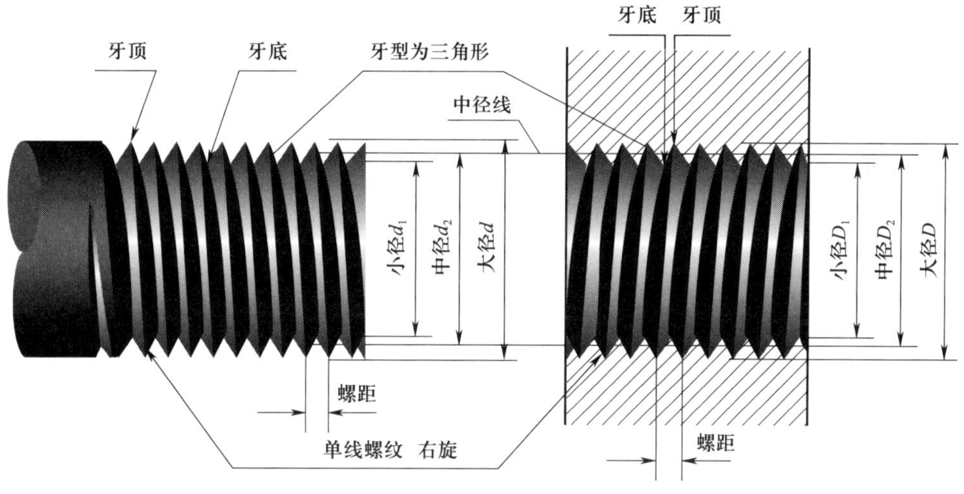

图 1－63　螺纹的大径、小径、中径、螺距

5. 导程

导程是指同一条螺旋线上的相邻两牙在中径线上对应两点间的轴向距离，用代号 P_h 表示。

单线螺纹的导程就等于螺距，即 $P_h = P$。

多线螺纹的导程等于螺旋线数 X_n 与螺距的乘积，即 $P_h = PX_n$。

6. 牙型角

牙型角是指在螺纹牙型上，两相邻牙侧间的夹角（见图 1－64），用代号 α 表示。普通螺纹的牙型角 $\alpha = 60°$。

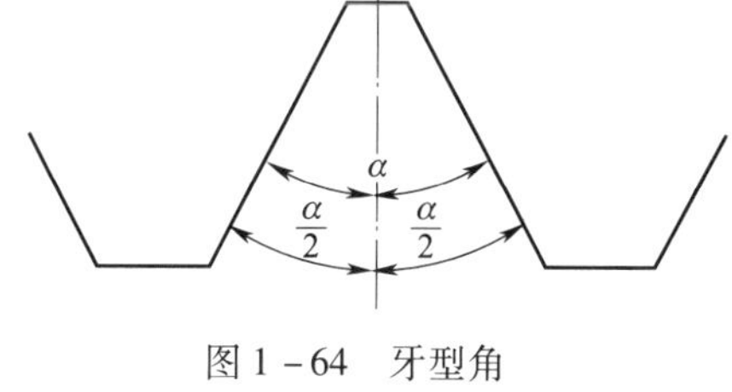

图 1－64　牙型角

三、螺纹的代号

1. 普通螺纹的代号

粗牙普通螺纹用字母 M 及公称直径表示；细牙普通螺纹用字母 M 及公称直径 × 螺距表

示。当螺纹为左旋时，在螺纹代号之后加注 LH。

示例：

M24 表示公称直径为 24 mm 的粗牙普通螺纹。

M24 ×1. 5 表示公称直径为 24 mm、螺距为 1. 5 mm 的细牙普通螺纹。

M24 ×1. 5LH 表示公称直径为 24 mm、螺距为 1. 5 mm、方向为左旋的细牙普通螺纹。

2. 管螺纹的代号

（1）用螺纹密封的管螺纹的代号由螺纹特征代号和尺寸代号组成。其中，螺纹特征代号有 3 个：字母 Rc 表示圆锥内螺纹；字母 Rp 表示圆柱内螺纹；字母 R 表示圆锥外螺纹。当螺纹为左旋时，在尺寸代号后加注 LH，用“—”分开。

示例：

左旋圆锥内螺纹　Rc1 $\frac{1}{2}$—LH。

（2）非螺纹密封的管螺纹的代号由螺纹特征代号和尺寸代号组成。螺纹特征代号用字母 G 表示，当螺纹为左旋时，在公差等级代号后加注 LH，用“—”分开。

示例：

管螺纹　G1 $\frac{1}{2}$。

左旋管螺纹　G1 $\frac{1}{2}$—LH。

3. 梯形螺纹的代号

梯形螺纹特征代号用 Tr 表示。单线螺纹的尺寸规格用“公称直径 × 螺距”表示；多线螺纹用“公称直径 × 导程（P 螺距）”表示。当螺纹为左旋时，在尺寸规格之后加注 LH。

示例：

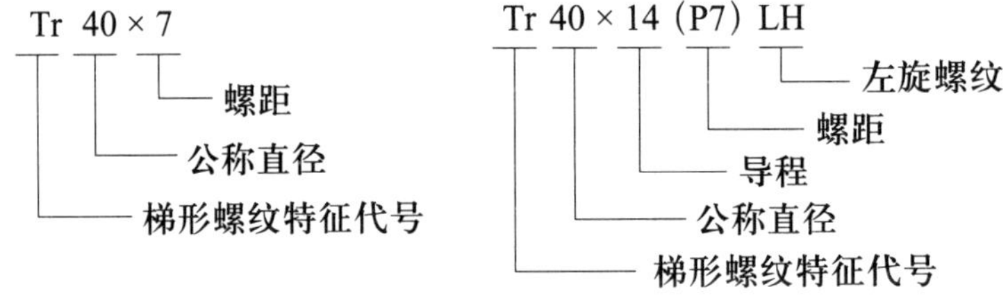

四、螺旋传动

螺旋传动是用螺杆和螺母传递运动和动力的机构，常用于将主动件的回转运动转变为从动件的直线往复运动，广泛应用于各种机械和仪器中，如机床中的进给机构和调节装置。

螺旋传动的优点是结构简单、工作连续、传动平稳、承载能力大、传动精度高、易于自锁，适用于在较低的运动速度下能传递巨大力的场合；缺点是磨损大、传动效率低，因而一般不用于大功率的传递。滚动螺旋传动的应用，使螺旋传动的效率和传动精度得到了很大的改善。

螺旋传动包括普通螺旋传动、差动螺旋传动和滚珠螺旋传动，这里只介绍普通螺旋传动。普通螺旋传动有以下四种类型。

1. 螺母不动，螺杆转动并作直线运动

这种螺旋传动常用于台虎钳、千斤顶、千分尺、截止阀、螺旋压力机等。如图 1－65 所示为台虎钳的结构，在螺杆上装有活动钳口，螺母固定在钳座上。当摇动手柄使螺杆按图示方向旋转（n 为圈数）时，就会由螺杆带动活动钳口右移（钳间距 L 变短），将工件夹紧。通过螺旋传动既起到了力的放大作用，又可利用其自锁性能保持夹紧力。

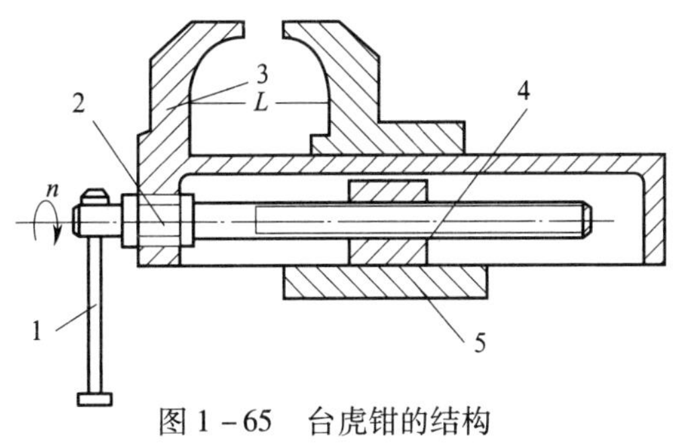

图 1－65　台虎钳的结构

1—手柄；2—螺杆；3—钳口；4—螺母；5—钳座

2. 螺杆固定，螺母转动并作直线运动

如图 1－66 所示为螺旋千斤顶的结构，螺杆安置在底座上不动，转动手柄使螺母回转，螺母会上升或下降，托盘上的重物就被举起或放下。当手柄按图示方向回转时，举起重物；反之，重物则下降。

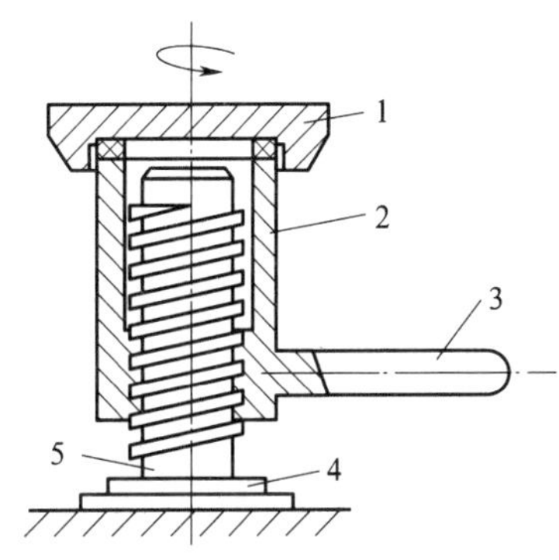

图 1－66　螺旋千斤顶的结构

1—托盘；2—螺母；3—手柄；4—底座；5—螺杆

3. 螺母原位转动，螺杆作直线运动

如图 1－67 所示为观察镜的调整装置，其中的螺母只能旋转不能位移，从而使螺杆带动测量装置作不回转的直线位移运动。在这种结构中，螺杆应有防转措施，以避免由于摩擦力的作用造成螺杆的转动。闸板阀的启闭就是采用了此种类型。

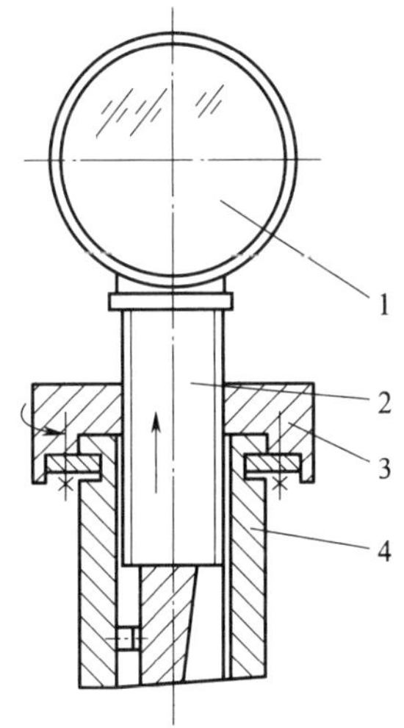

图 1－67　观察镜的调整装置

1—观察镜；2—螺杆；3—螺母；4—机架

4. 螺杆原位转动，螺母作直线运动

这种螺旋传动常用于机床溜板的移动机构、走刀机构、机用虎钳中。如图 1－68 所示为机床溜板的传动装置，当螺杆转动时，大拖板就随螺母沿导轨面移动，移动的方向与螺杆的旋向以及螺杆转向有关。当右旋螺杆按图示方向回转时，开合螺母带动大拖板向左移动。

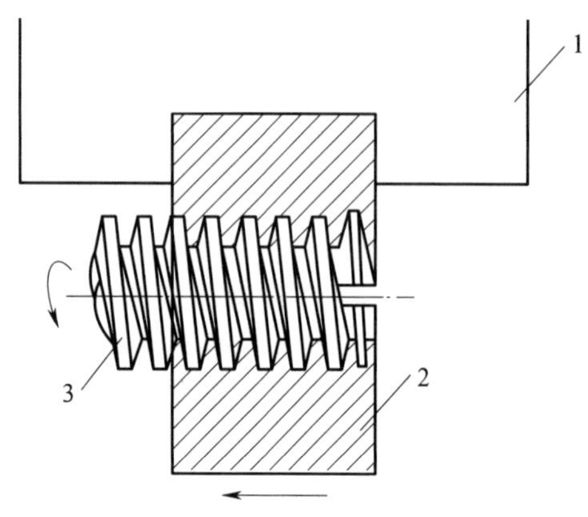

图 1－68　机床溜板的传动装置

1—大拖板；2—螺母；3—螺杆

螺杆或螺母的移动方向可用左手、右手法则判断：左旋螺杆用左手，右旋螺杆用右手，拇指伸直代表轴线，四指弯曲表示螺杆（螺母）回转方向，则拇指所指方向即为螺杆（螺母）的移动方向。若螺杆原地回转而螺母移动时，根据相对运动关系可知，螺母的移动方向与拇指所指方向相反。

在普通螺旋传动中，螺杆（螺母）移动的速度或距离取决于螺杆的导程和转速。螺杆（螺母）每转一圈，螺杆（螺母）就移动一个导程 P_h，转几圈，螺杆就移动几个导程，即：

$$L = nP_h = nPt$$

或：　(1－5)

$$v = nP_h = nPt$$

式中：L 为移动距离，mm；v 为移动速度，mm/min；n 为转数或转速，r/min；P_h 为导程，mm；t 为线数。

思考与练习

1. 按旋向不同，螺纹可以分为哪几类？如何判断？
2. 按牙型不同，螺纹分为哪几种？
3. 什么是导程？什么是螺距？二者之间存在什么关系？
4. 试用左手、右手法则判断某螺杆或螺母的移动方向。

§1-9　机器的润滑

学习目标

1. 了解摩擦、磨损与润滑的概念；
2. 熟悉润滑剂的种类；
3. 掌握常见润滑方式。

一、摩擦、磨损与润滑的概念

相互接触的物体，在接触面间产生阻止物体相对运动的现象，称为摩擦。由于摩擦而产生的阻力，称为摩擦力。产生摩擦的接触面，称为摩擦面。物体在相互摩擦过程中，接触面损坏的现象，称为磨损。磨损的结果是使两接触面有微粒脱落，表面性质、几何尺寸发生变化。据统计，大约80%的失效零件是由磨损造成的。

为保证机械的正常运转，人们采用一种向摩擦、磨损作斗争的手段——润滑，即把一种具有润滑性能的物质加到物体的摩擦面上，用来控制摩擦、减少磨损，以达到延长零件使用寿命的措施。

综上所述，摩擦是现象，磨损是摩擦的结果，润滑是降低摩擦、减少磨损的重要措施。

二、润滑剂及其种类

凡能起到降低接触面间摩擦阻力的物质都称为润滑剂。润滑剂能降低摩擦阻力，减少机械零件的磨损，并且兼有冷却、防腐等作用。在各种机械中使用的润滑剂有液体、半液体（润滑脂）、固体和气体4种，其分类如图1-69所示。

1. 液体润滑剂

液体润滑剂是目前用量最大、品种最多的润滑剂，包括矿物油、动植物油、合成油和水基液等。

矿物油用量最大，占全部液体润滑剂的90%以上。矿物油润滑剂有较宽的黏度范围，对不同的负荷、速度和温度条件下工作的运动部件提供了较宽的选择余地，且资源丰富，多数是价廉产品，容易获得。特别是在矿物油润滑剂中还可以添加一定量的添加剂，能够改善其物理化学性质，以满足更高要求。

动植物油常作为金属加工液及难燃液压介质、蜗轮蜗杆油、螺纹加工油等，近年来在生物降解油方面的研究取得了很大进展。据资料介绍，动植物油在难燃润滑剂中的用量有很大

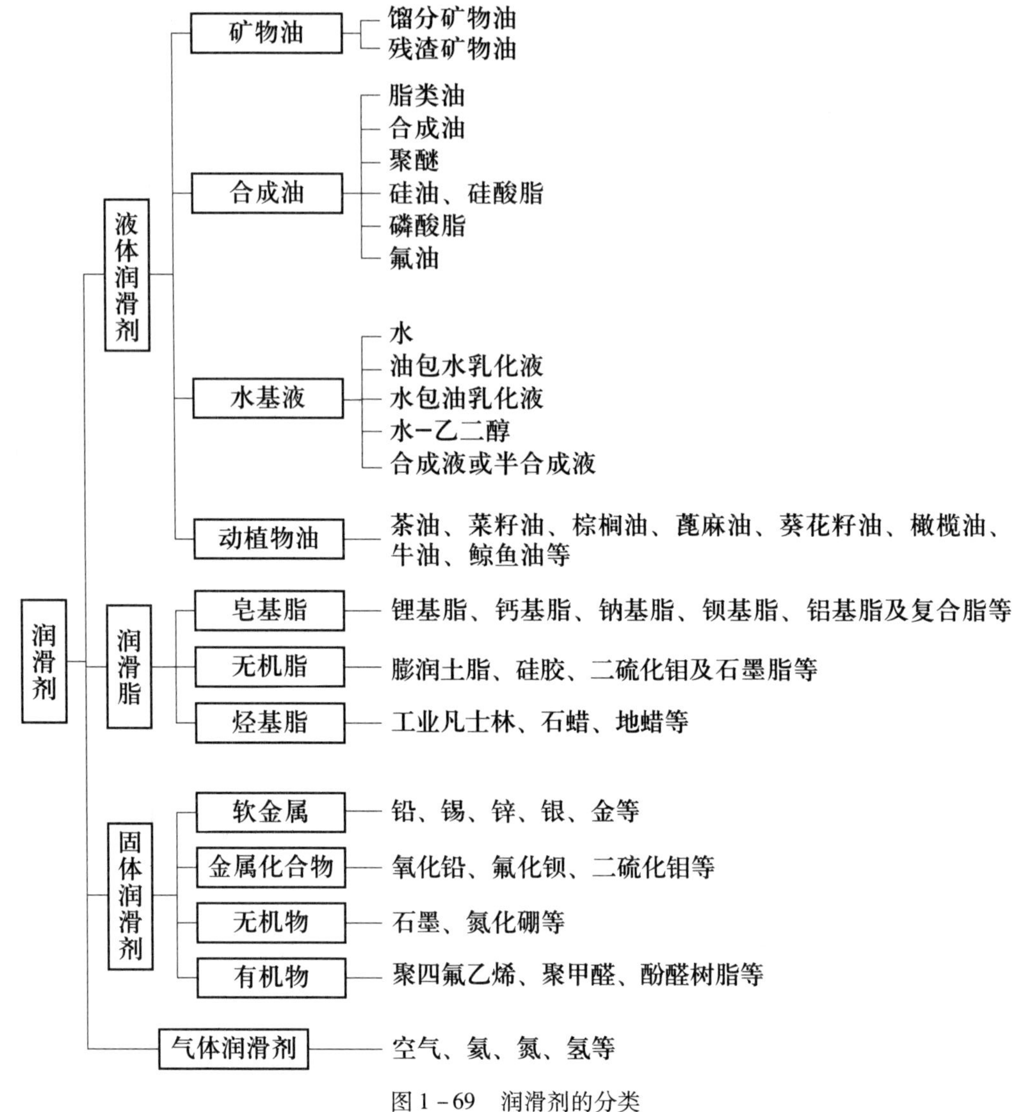

图 1－69　润滑剂的分类

增加，其主要特点是油性好，生物降解性好，可满足环境保护要求；缺点是氧化安定性、热稳定性和低温性等不理想。

合成润滑油包括多种不同类型、不同化学结构和不同性能的化合物，多使用在比较苛刻的工况下，如极高温、极低温、高真空度、重载荷、高速、具有腐蚀性环境以及辐射环境等。

水基液多用于金属加工液及难燃性液压介质，常用的水基液有水、乳化液以及其他化学合成液或半合成液。

2. 润滑脂

润滑脂的用量仅次于润滑油，一般由基础油、稠化剂和添加剂（或填料）在高温下混合而成。一般情况下，润滑脂中的基础油含量（质量分数）占 75% ~90%、稠化剂含量

（质量分数）占 10% ~20%，其余为添加剂。

润滑脂中的润滑油统称为基础油，基础油一般采用纯净矿物油。润滑脂的润滑性能主要取决于基础油的性质。

稠化剂的作用是减小基础油的流动性，使之变为凝胶状态。常用的稠化剂有脂肪酸皂（如钠皂、钙皂等）、固体烃类（如石墨或提纯地腊）等。

添加剂的作用是改善润滑脂的某些性能，如抗氧化性、抗腐蚀性等。

润滑脂除了具有抗摩擦、减磨损外，还能起密封、减振、阻尼、防锈等作用，其优点是润滑系统简单，维护管理容易，可节省操作费用等；缺点是流动性、散热性差，高温下易产生相变和分解等。

3. 固体润滑剂

在相互接触的摩擦表面间加入具有润滑作用的固体粉末或薄膜，以达到减小表面间摩擦和磨损的目的，称为固体润滑。

固体润滑剂按其成分可分为软金属、金属化合物、无机物和有机物四类；按其物质形态可分为固体粉末、薄膜和自润滑复合材料三种。固体粉末可分散在气体、液体及胶体中使用，薄膜可通过喷涂、离子喷镀、电镀、烧结、浸渍、黏结等工艺方法做成。固体润滑剂的优点是能适应高温、高压、低速、高真空、强辐射等特殊工况；缺点是摩擦因数较大，冷却散热较差，在使用过程中补充困难等。

使用固体润滑可取消供油系统，从而节约了大量润滑油脂，同时节省了投资、降低了维修费用、改善了劳动条件，故得到越来越多的应用。

4. 气体润滑剂

气体（如空气）也是一种润滑剂，其取用方便，不会变质，不会引起对周围环境及支承零件的污染。使用气体润滑剂的优点是支承零件摩擦力小，工作温度范围较广，能够保持较小间隙，容易获得较高精度，在放射性环境及其他特殊环境下能正常工作。其缺点是必须有气源，由外部供给干净而干燥的气体，对支承零件的制造精度及材质有较高要求。

三、润滑方式

机械中所采用的润滑方式有很多种，常见润滑方式的特点及其应用见表 1－5。

表 1－5　　常见润滑方式的特点及其应用

名称	概述	特点	应用
手工给油润滑	由操作人员使用加油工具（油壶、油枪）将油加入油杯或油孔中，使油进入摩擦部位或直接将油加到摩擦接触部位	最简单的润滑方法，全靠人工间歇给油，故油的进给不均匀、加油不及时就容易造成机械零件磨损	低速、轻载荷和间歇工作的摩擦副，如开式齿轮、链条等
滴注润滑	依靠油的自重，通过装在润滑点上的油杯中的针阀或油绳滴油进行润滑	结构简单，使用方便，但给油量不容易控制，振动、温度的变化及油面的高低，都会影响给油量	数量不多且易靠近的摩擦副，如机床导轨、齿轮、链条等

续表

名称	概述	特点	应用
飞溅润滑	依靠浸泡在油池中的零件本身或附装在轴上的甩油环将油搅动，使之飞溅在摩擦面上	装置简单。由于是用在封闭机构中，故能防止润滑油污染，润滑油可循环使用，润滑效果好，油料消耗少。使用飞溅润滑装置时，必须保持油池内的油位，并应定期更换润滑油	闭式箱体中的滚动轴承、齿轮传动、蜗杆传动、链传动、凸轮等
油绳、油垫润滑	通过与摩擦表面接触的毛毡垫或油绳从油池中吸油，然后将油涂在工作表面上。有时没有油池，仅在开始时吸满油，以后定期用油壶加油	装置简单，成本低。毛毡和油绳能起到过滤作用，因此比较适合多尘的场合，但供油量不宜调整	小型或轻载荷滑动轴承
压力循环润滑	利用油泵的工作压力将润滑油通过输油管送到各润滑点，润滑后回流到油箱，经冷却过滤再重复使用	工作安全可靠，能保证连续供油。由于供油充分，油还可以带走热量，冷却效果好，但装置复杂	大型、重型、高速、精密机械设备
集中润滑	通过中心润滑器、分送管道和分配阀，按照一定时间发送定量油或脂到各润滑点	维护工作量小，可靠性高，但装置复杂，要求较高	有大量润滑点的车间、工厂或机械设备

四、设备润滑管理的“五定”

正确进行润滑是设备正常运转的重要条件，也是设备维护保养的主要内容。因此，必须加强设备的润滑管理，提高设备的润滑质量，确保设备的润滑效果。

设备润滑管理的“五定”，即定点、定质、定量、定时、定人。其具体内容包括：

1. 定点

根据润滑卡片上指定的润滑部位、润滑点、检查点，实施定点加油、添油、换油，并检查液面高度及供油情况。

2. 定质

各润滑部位使用的润滑材料的品种和质量必须符合润滑卡片上的要求。采用代用材料和掺配代用材料要有科学依据；润滑装置、器具要清洁，以防污染油料。

3. 定量

按润滑卡片上规定的油、脂数量对各润滑部位进行日常润滑。管理好添油、加油和油箱换油时的数量控制和废油回收，做好设备防漏工作。

4. 定时

按润滑卡片上规定的间隔时间进行添油、加油和换油。按规定时间进行抽样化验，根据实际情况确定清洗换油或循环过滤，确定下次抽样化验日期。

5. 定人

按润滑卡片上的分工规定，明确由操作工、润滑工或维修工等作业人员负责添油、加油、清洗换油和抽样化验的工作。

思考与练习

1. 什么是摩擦？什么是磨损？
2. 什么是润滑剂？常用的润滑剂有哪几类？
3. 机械中常见的润滑方式有哪些？
4. 试述设备润滑管理中“五定”的具体内容。

第二章

化工机械常用材料

由于现代化工生产过程日趋复杂，操作条件苛刻，工艺过程往往需要在深冷、高热、高压、真空、易燃、易爆、有毒、腐蚀等条件下进行，几乎每个化工产品都有独特的工艺过程和专用装置，所以化工机械种类繁多、结构复杂、取材广泛。化工机械用材分类如图 2－1 所示。

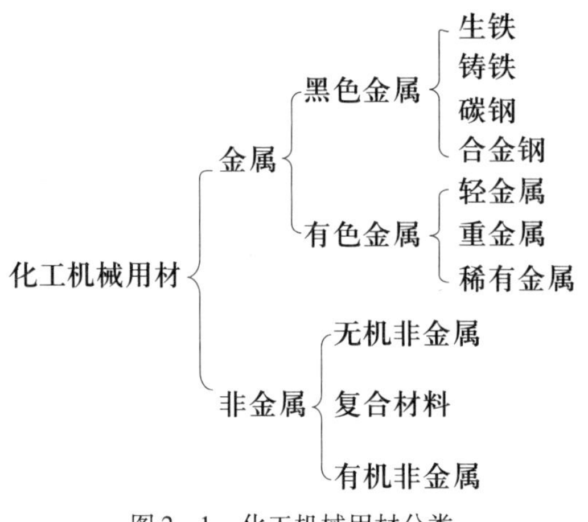

图 2－1　化工机械用材分类

化工机械常用材料如图 2－2所示。金属是具有光泽，有良好的导电性、导热性与力学性能，并具有正的温度电阻系数的物质。黑色金属是指铁、铬、锰及其合金，如钢、生铁、铸铁等。黑色金属以外的金属统称为有色金属，如铜及其合金、铝及其合金、钛及其合金等。非金属材料是除金属材料以外的几乎所有的材料，如塑料、橡胶、陶瓷、玻璃钢等。

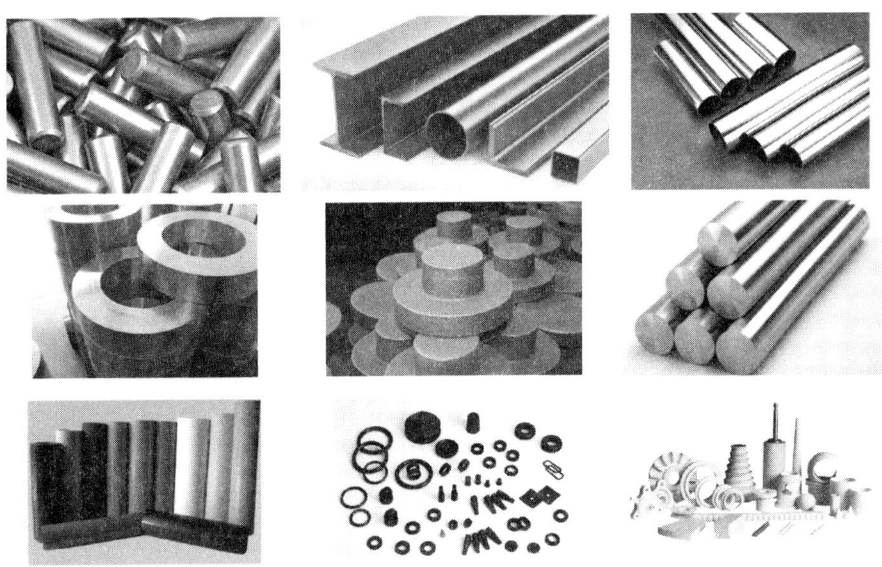

图 2－2　化工机械常用材料

§2－1　金属材料的性能

学习目标

1. 了解金属材料的密度、熔点、导热性、热膨胀性等物理性能的概念；
2. 了解金属材料的耐蚀性、抗氧化性和化学稳定性等化学性能的概念；
3. 掌握金属材料的强度、硬度、塑性和冲击韧度等力学性能的概念；
4. 了解金属材料的主要工艺性能的概念。

由于金属材料具有许多优良的性能，因此被广泛地用于制造各种化工机械。金属材料的性能包括使用性能和工艺性能，使用性能是指金属材料在使用过程中表现出来的性能，包括物理性能、化学性能和力学性能；工艺性能是指金属材料对不同加工方法的适应能力，包括铸造性能、锻压性能、焊接性能和切削加工性能等。

一、物理性能

金属材料的物理性能是金属的固有属性，包括密度、熔点、导热性、热膨胀性等物理特征。

1. 密度

金属材料的密度（ρ）是指在一定温度下单位体积金属的质量。不同金属材料的密度是不同的，通常把$\rho>5\ 000\ kg/m^3$的金属称为重金属，$\rho\leqslant5\ 000\ kg/m^3$的金属称为轻金属。

2. 熔点

金属材料从固态向液态转变时的温度称为熔点。金属都有固定的熔点，常见金属的熔点见表2－1。

表2－1 常见金属的熔点

金属	熔点/℃	金属	熔点/℃	金属	熔点/℃
钨（W）	3 400	镍（Ni）	1 455	锌（Zn）	419
钼（Mo）	2 622	锰（Mn）	1 230	锡（Sn）	232
钛（Ti）	1 800	铜（Cu）	1 083	铅（Pb）	327
铬（Cr）	1 765	金（Au）	1 063	碳钢	1 400～1 500
钒（V）	1 900	铝（Al）	658	黄铜	950
铁（Fe）	1 538	镁（Mg）	627	青铜	845～900

3. 导热性

金属材料传导热量的性能称为导热性。导热性好的金属材料，在加热或冷却时，内外温差变化较小，产生的形变也小；导热性好，金属材料零部件也易散热。金属材料的导热性通常用热导率来衡量，如换热器等应采用热导率高的材料制造，保温器材应采用热导率低的材料制造。

4. 热膨胀性

金属材料随着温度变化而膨胀、收缩的性能称为热膨胀性。一般来说，金属材料受热时膨胀使体积增大，冷却时收缩使体积减小。金属材料的热膨胀性通常用线膨胀系数来表示，即金属材料的温度每升高1 ℃时，其长度的变化和它在0 ℃时长度之比。

在实际工作中，要考虑热膨胀的地方有很多。例如轴与轴瓦之间要根据热膨胀性来控制其间隙尺寸；压缩机活塞与缸套材料的热膨胀性要相接近，以免两者卡住或漏气。又如设备的内装衬里，应注意衬里材料和基体材料的热膨胀性相近，以避免温度变化使两者的热膨胀相差太大而分离。

二、化学性能

金属材料抵抗与其他物质发生化学反应，从而产生变化的性能称为其化学性能，主要指金属材料的耐蚀性、抗氧化性和化学稳定性。

1. 耐蚀性

金属材料在常温下抵抗氧、水蒸气及其他化学介质腐蚀破坏作用的能力，称为耐蚀性。空气中的氧、水蒸气以及二氧化硫等，均对金属材料有腐蚀作用，如使钢铁生锈、铜被腐蚀发绿（见图2－3）等。化工机械常与强腐蚀介质（如酸、碱、盐等）接触，尤其在高温、高压和高流速工艺条件下，腐蚀问题更显得突出和严重。

图 2－3　铜被腐蚀发绿

2. 抗氧化性

金属材料在加热时抵抗氧化作用的能力，称为抗氧化性。金属材料的氧化随温度升高而加速，现代石油化工的许多设备，如塔件、炉管、高温高压管道、工业锅炉、工业汽轮机的叶片等，这些在高温下工作的设备的金属材料应具有优良的抗氧化性。否则，设备及其零件表面会很快氧化剥落形成各种缺陷而损坏（见图 2－4），所以制造这些零件，必须采用抗氧化性优良的材料。

图 2－4　钢的氧化

3. 化学稳定性

化学稳定性是金属材料的耐蚀性和抗氧化性的总称。金属材料在高温下的化学稳定性称为热稳定性。在高温条件下工作的设备（如锅炉、汽轮机以及其他加热设备等），其零部件需要选择热稳定性好的材料来制造。

三、力学性能

力学性能是金属材料受外力作用时表现出来的性能，包括强度、硬度、塑性和韧性等。

金属材料所受的外力称为载荷（也称负荷、负载）。根据作用性质不同，载荷分为静载荷、冲击载荷和交变载荷等。其中，静载荷是指大小和方向不变或变动很慢的载荷；冲击载荷是指突然增加的载荷；交变载荷是指大小和方向随时间作周期性变换的载荷。

根据载荷的作用方式不同，可将其分为拉伸载荷、压缩载荷、弯曲载荷、扭转载荷和剪切载荷等。

金属材料受外力作用时，其内部产生一种抵抗外力作用的力称为内力。单位面积上的内力称为应力（σ）。在国际单位制中，应力的单位是“帕斯卡”，简称“帕”（Pa）。由于这个单位太小，常用“兆帕”（MPa）。

1. 强度

强度是金属材料抵抗永久变形和断裂的能力。常用的强度指标有以下 4 种。

（1）屈服强度

金属材料在拉伸过程中，当载荷达到某一值时，载荷不变而材料仍继续伸长的现象，称为屈服。材料开始发生屈服时所对应的应力，称为屈服点（亦称屈服强度、屈服极限），用 σ_s 表示，单位为 MPa。

除退火或热轧的低碳钢和中碳钢等少数合金有屈服现象外，多数工程材料的屈服点不明显或没有屈服点，此时规定以产生 0.2% 残余伸长的应力作为屈服强度，用 $\sigma_{0.2}$ 表示，单位为 MPa。

（2）抗拉强度

金属材料被拉伸时，在拉断前所承受的最大载荷与材料原始截面之比，称为强度极限或抗拉强度，用 σ_b 表示，单位为 MPa。

零件设计选材时，一般是以 σ_s 或 $\sigma_{0.2}$ 为主要依据，但 σ_b 的测定比较方便且精确，同时从安全方面考虑，也有直接用 σ_b 作为设计依据的，并采用较大的安全系数。由于脆性材料无屈服现象，则必须以 σ_b 作为设计依据。

（3）疲劳强度

有很多机械零件在交变载荷的作用下，虽然零件所承受的应力低于材料的屈服点，但经过较长时间的工作而产生裂纹或突然发生完全断裂的过程称为金属材料的疲劳。疲劳破坏通常是突如其来的，常造成严重的事故。据统计，机械零件失效中大约有 80% 以上属于材料疲劳破坏。

金属材料在无数次重复的交变载荷作用下而不致破坏的最大应力，称为疲劳强度或疲劳极限，用 σ_{-1} 表示，单位为 MPa。实际上，金属材料不可能做无限次交变载荷试验，所以在试验时一般规定，对于黑色金属材料经受 $10^6 \sim 10^7$ 周次，有色金属、不锈钢等材料经受 $10^7 \sim 10^8$ 周次交变载荷时，不产生断裂的最大应力称为疲劳强度。

（4）蠕变强度

大多数的金属材料在温度改变时，其力学性能也将发生变化。一般表现为：温度升高，强度、硬度降低，塑性和韧性增加；温度降低，强度、硬度增加，塑性和韧性都显著降低。

在高温条件下，不但温度本身能影响金属材料的力学性能，而且工作时间的长短也同样会影响其性能。金属材料长期在高温条件下受热应力的作用而产生缓慢、连续的塑性变形的

现象，称为蠕变。

高温下长期受载荷的容器、高温高压蒸汽管道等由于蠕变会使壁厚逐渐减薄，最终导致蠕变破裂。螺栓连接的紧固件，在高温下工作，蠕变产生的塑性变形会使拧紧力逐渐减小，造成连接松动，容器或管道法兰连接处则会造成密封失效，引起泄漏。金属材料温度越高，工作应力越大，蠕变越严重。为了保证零部件能在使用期内正常工作，蠕变就不能太严重，即应将蠕变引起的塑性变形限定在一定范围内。一般是将金属材料在高温下经过 10 万小时产生 1% 的变形作为允许蠕变。允许蠕变时的工作应力，称为蠕变极限（或蠕变强度），用符号 σ_n^t 表示。

2. 硬度

硬度是用来衡量固体材料软硬程度的力学性能指标。金属材料被压以后，在它表面留下的压痕越小或越浅，其硬度就越高。工厂里所用的刀具、量具、模具等，都应具备足够的硬度，才能保证其使用性能和寿命。对有些机械零件如轴、齿轮也要求有一定的硬度，以保证其足够的耐磨性和使用寿命，因此硬度是金属材料重要的力学性能之一。金属材料的硬度一般通过试验测得，常见的试验方法为静载荷压入法，有布氏硬度（HBS、HBW）、洛氏硬度（HRA、HRB、HRC）和维氏硬度。如图 2－5 所示是布氏硬度试验的仪器结构和原理。

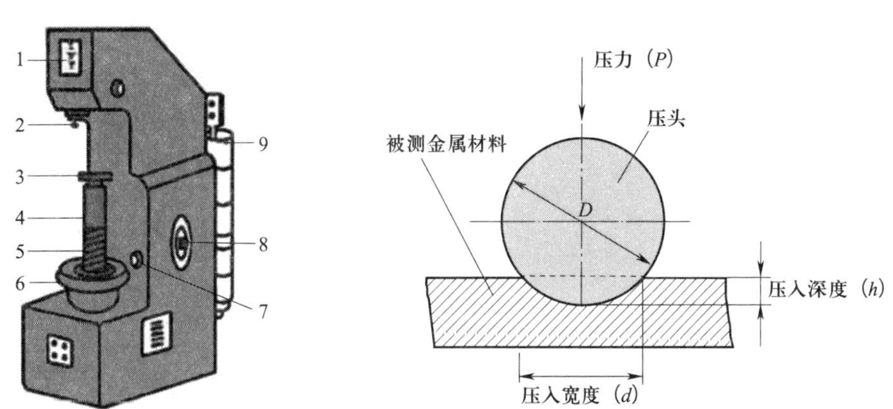

图 2－5　布氏硬度试验的仪器结构和原理

1—指示灯；2—压头；3—工作台；4—立柱；5—丝杠；6—手轮；
7—加载按钮；8—压紧螺钉；9—载荷砝码

3. 塑性

金属材料受外力作用会发生变形，如果外力解除后变形消失，恢复原来状态，材料的这种变形称为弹性变形。金属材料在除去外力后产生永久性变形而不断裂的能力称为塑性，材料的这种变形称为塑性变形。塑性是金属材料重要的指标之一，通常用伸长率（δ）和断面收缩率（ψ）表示。

金属材料的 δ 和 ψ 的数值越大，表示材料的塑性越好。塑性好的金属材料便于通过塑性变形将其加工成复杂形状的零件，例如轧钢板、冷冲、冷拔、锻压等成型加工。

4. 冲击韧度

前面介绍的都是静载荷下金属材料的力学性能，对于受静载荷的零件或容器，主要考虑材料强度、硬度和塑性。但在生产中，许多机械零件在工作时，往往要受到冲击载荷的作用，如活塞式压缩机的曲轴、空气锤的锤头、锤杆、冲模、活塞销等，这时必须考虑金属材料抵抗冲击载荷的能力。

金属材料抵抗冲击载荷作用而不破坏的能力称为冲击韧度（α_k）。冲击韧度是在专门的冲击试验机上进行测定的，冲击韧度越大，表示金属材料的韧性越好。

四、工艺性能

1. 铸造性能

铸造性能是指金属熔化成液态后，在铸造成型时所具有的一种特性。铸造性好的金属材料能铸造成形状复杂、尺寸精确的铸件，如箱体、机座、支架等。

2. 锻压性能

锻压性能是指金属材料在锻压过程中承受塑性变形的能力。锻压性好的金属材料可进行锻造、碾轧和冲压加工，用来制造型钢（工字钢、角钢等），无缝钢管，重要的轴、齿轮等。

3. 焊接性能

焊接性能是指金属材料对焊接加工的适应性，也就是在一定的焊接工艺条件下，获得焊接接头的难易程度。焊接性好的金属材料能获得没有裂纹、气孔等缺陷的焊缝，并且焊接接头具有一定的力学性能。

4. 切削加工性能

切削加工性能指金属材料在切削加工时的难易程度。切削加工性好的金属材料容易切削加工成各种精密复杂的机械零件。

思考与练习

1. 什么是金属材料的使用性能和工艺性能？
2. 金属材料的力学性能有哪些？试描述各力学性能的含义。
3. 金属材料的弹性变形与塑性变形的主要区别是什么？
4. 根据作用性质不同，载荷可分为哪几类？
5. 什么是金属材料的强度？衡量强度、塑性的指标有哪些？各用什么符号表示？
6. 什么是金属材料的硬度？
7. 什么是金属材料的导热性和热膨胀性？它们与金属材料的使用有什么关系？

§2－2　碳钢

学习目标

1. 掌握碳钢的定义和特性；
2. 了解碳钢的分类方法；
3. 能识读常见碳钢的牌号；
4. 掌握常见碳钢的用途。

含碳量（质量分数不同）大于0.021 8%、小于2.11%，且不含特意加入合金元素的铁碳合金称为碳素钢，简称碳钢。由于碳钢具有良好的力学性能和工艺性能，且冶炼方便，价格便宜，故在石油、化工、建筑、交通运输及其他各行业企业中得到广泛的应用。如图2－6所示为碳钢钢管与钢材。

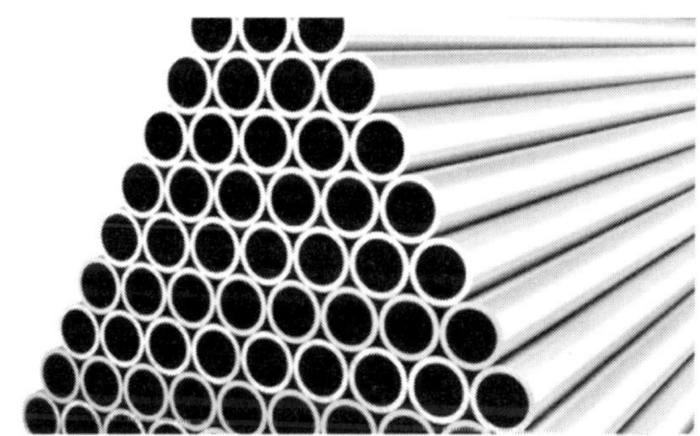

图2－6　碳钢钢管与钢材

碳钢中除铁和碳两种元素外，还含有少量的硅、锰、硫、磷等元素，其中硅、锰为有益元素，硫、磷为有害元素。硅、锰可提高碳钢的强度、硬度，锰还可以减轻硫对碳钢的危害性。硫能导致钢材在高温时开裂，这种现象称为热脆性，含硫量越高，热脆性越严重，因此一般规定钢材中的含硫量不得超过0.05%。在低温时，磷使钢材的塑性和冲击韧度下降，温度越低，这种情况就越严重，这种现象称为冷脆性。一般钢材中的含磷量应限制在0.045%以下。

一、碳钢的分类

碳钢的分类方法有很多，常用的分类方法有以下4种。

1. 按含碳量分类

（1）低碳钢：含碳量小于0.25%。

（2）中碳钢：含碳量为0.25%～0.60%。

（3）高碳钢：含碳量大于0.60%。

2. 按质量分类

碳钢的质量高低，主要根据有害杂质硫、磷的含量来分类。

（1）普通质量钢：硫含量小于或等于0.050%，磷含量小于或等于0.045%。

（2）优质钢：硫含量小于或等于0.035%，磷含量小于或等于0.035%。

（3）高级优质钢：硫含量小于或等于0.025%，磷含量小于0.025%，高级优质钢在钢号后面，通常加符号“A”或汉字“高”，以便识别。

3. 按用途分类

（1）结构钢

这类碳钢主要用于制造各种机械零件（轴、齿轮、轴承等）和工程结构件（建筑、桥梁、船舶、压力容器等），其含碳量一般都小于0.70%。

（2）工具钢

这类碳钢主要用于制造各种刀具、量具和模具，其含碳量一般都大于0.70%。

（3）特殊性能钢

这类碳钢具有特殊的物理和化学性能，如不锈钢、耐热钢、耐磨钢、磁钢等。

（4）专业用钢

这类碳钢是指各行业企业专业使用的材料，如容器用钢、锅炉用钢、船舶用钢、焊条用钢等。

4. 按脱氧程度分类

（1）沸腾钢

这类碳钢脱氧不完全，浇注时在模具里会产生沸腾现象。此类碳钢冶炼损耗少、成本低，但成分和质量不均匀、抗腐蚀性和力学性能较差，一般用于轧制型钢和钢板。

（2）镇静钢

这类碳钢脱氧完全，浇注时在模具里钢液镇静，没有沸腾现象。此类钢的优点是成分和质量均匀；缺点是金属的收得率低，成本较高。一般合金钢和优质碳钢都为镇静钢。

（3）半镇静钢

这类碳钢脱氧程度介于沸腾钢和镇静钢之间，因生产较难控制，目前产量较少。

（4）特殊镇静钢

这类碳钢是比镇静钢脱氧程度更充分、更彻底的钢，其质量最好，适用于特别重要的结构工程。

二、碳钢的牌号及用途

我国钢材的牌号是采用汉语拼音字母、化学元素符号和阿拉伯数字相结合的方法来表示的。

1. 碳素结构钢

碳素结构钢的牌号由代表屈服强度的汉语拼音字母Q、屈服点、质量等级符号和脱氧程

度符号 4 个部分按顺序组成。质量等级符号用字母 A、B、C、D 表示，其中 A 级的硫、磷含量最高，D 级的硫、磷含量最低。脱氧程度符号用 F、b、Z、TZ 表示：F 表示沸腾钢；b 表示半镇静钢；Z 表示镇静钢；TZ 表示特殊镇静钢。Z 与 TZ 符号在钢材牌号组成表示方法中予以省略。例如，Q235AF 表示屈服点为 235 MPa 的 A 级沸腾钢。

碳素结构钢的杂质和非金属夹杂物含量较多，但容易冶炼，工艺性能好，价格便宜，产量大，在性能上能满足一般工程结构及普通零件的要求，因而应用普遍。碳素结构钢通常轧制成钢板和各种型材（圆钢、方钢、扁钢、角钢、工字钢、槽钢、钢筋等），用于厂房、桥梁、船舶等建筑结构或一些受力不大的机械零件（如螺母、铆钉、螺钉等）。

2. 优质碳素结构钢

优质碳素结构钢的牌号为两位数字，这两位数字表示这种钢的平均含碳量的万分数，如 08 表示平均含碳量为 0.08% 的优质碳素结构钢；45 表示平均含碳量为 0.45% 的优质碳素结构钢。

优质碳素结构钢是按化学成分和力学性能供应的，钢中所含硫、磷及非金属夹杂物含量较少，常用来制造重要的机械零件，使用前一般都要经过热处理来改善其力学性能。

3. 碳素工具钢

碳素工具钢的牌号以汉字“碳”的汉语拼音字母字头“T”及后面的阿拉伯数字表示，其数字表示钢中平均含碳量的千分数，如 T8 表示平均含碳量为 0.80% 的碳素工具钢。若为高级优质碳素工具钢，则在牌号后面标以字母 A，如 T12A 表示平均含碳量为 1.2% 的高级优质碳素工具钢。

碳素工具钢一般适于制造尺寸较小的小走刀和低速的切削工具，以及形状简单的量具，也可用于制造较简单的模具。

4. 铸造碳钢

铸造碳钢的牌号是用“铸钢”两个汉字的汉语拼音字母“ZG”后面加两组数字组成：第一组数字代表屈服点，第二组数字代表抗拉强度值。如 ZG230 - 450 表示屈服点为 230 MPa、抗拉强度为 450 MPa 的铸造碳钢。

铸造碳钢用于制作形状复杂，力学性能要求较高的机械零件。这些零件形状复杂，很难用锻造或机械加工的方法制造，又由于力学性能要求较高，不能用铸铁来铸造。铸造碳钢广泛用于制造重型机械的某些零件，如轧钢机机架、水压机横梁、锻锤和砧座等。

思考与练习

1. 什么是钢的热脆性和冷脆性？分别与什么元素的含量有关？
2. 低碳钢、中碳钢和高碳钢是如何划分的？
3. 试描述沸腾钢与镇静钢的区别。

4. 说明下列牌号各属于哪类碳钢，解释其符号及数字的含义：
（1）Q235AF；（2）20；（3）T8；（4）ZG270－500。

§2－3　钢的热处理

学习目标

1. 了解热处理的定义和分类；
2. 掌握退火、正火、淬火、回火的定义和目的；
3. 了解主要的表面热处理方法及其用途。

将固态金属或合金采用加热、保温和冷却的方法，以获得所需要的该金属或合金组织与性能的工艺称为热处理。

热处理是机械制造工艺过程中的重要工序。在制造机械零件和工具时，为了便于机械加工，要求钢的硬度较低；制成零件后，要求其强度和韧性良好；制成工具后，要求其坚硬耐磨。这些要求一般通过对毛坯或成品进行热处理来达到。

根据加热温度和冷却速度及处理的方法不同，将热处理工艺分为普通热处理和表面热处理。普通热处理可分为退火、正火、淬火、回火，表面热处理可分为表面淬火和化学热处理。

热处理工艺过程通常包括加热、保温和冷却 3 个阶段，这一工艺过程可用“温度—时间”曲线来表示，如图 2－7 所示。

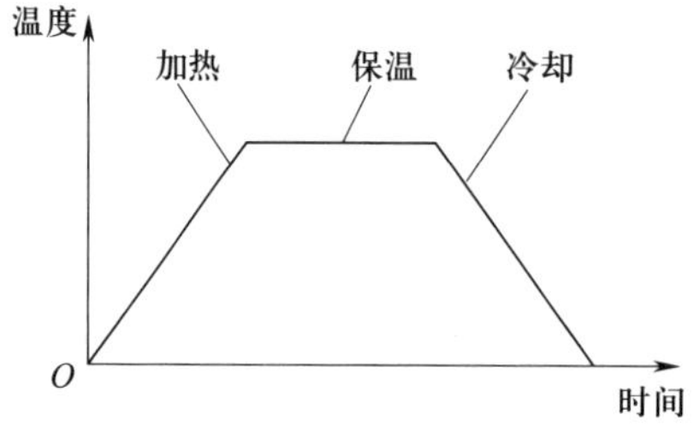

图 2－7　热处理工艺过程的 3 个阶段

一、退火

将钢加热到一定的温度（约 800 ℃，钢呈樱红色）后，保温一段时间，然后缓慢冷却至常温的热处理工艺称为退火，又称为焖火。缓慢冷却方法有炉冷、坑冷、灰冷、砂冷等。

退火的目的主要是：降低硬度，以利加工；消除应力，稳定尺寸；消除缺陷，为后续处理作好组织上的准备。

二、正火

将钢加热到一定的温度后，保温一段的时间，然后在空气中冷却的一种热处理工艺称为正火。

正火的主要目的：一是细化钢的组织，消除内应力，消除过热缺陷；二是对低碳钢正火调整硬度，便于其切削加工；三是对中碳钢正火获得综合力学性能，代替调质处理；四是用于中碳钢或合金结构钢淬火前的预先热处理，以防淬火缺陷。

三、淬火

将钢加热到一定温度（与退火温度基本相同），保温一段时间，然后快速冷却至常温的热处理工艺称为淬火。快速冷却的方法是将出炉的工件迅速投入冷却介质中。常用的冷却介质有水、油、盐浴或碱浴。

水：冷却速度快，在冷至 200 ~ 300 ℃时，工件易变形或裂开。适用于中碳钢和低碳钢。

油：冷却速度慢，变形开裂倾向小。适用于合金钢。

盐浴或碱浴：冷却速度适中，可用于分级淬火。

淬火的目的是提高工件的强度和硬度。经淬火的工件，它的强度和硬度会显著提高，但韧度很差。为了提高工件在保持适当韧度的条件下有高的强度，淬火后必须进行回火处理。

淬火和回火是工厂里应用较广泛的两种热处理工艺，这两种工艺经常是不可分割而又紧密衔接的工序，工件淬火后一般都要及时回火。

四、回火

将淬火后的工件重新加热到某一温度（727 ℃以下），并在此温度下保温一定时间，然后在空气中冷却至常温的热处理工艺称为回火。

回火的目的：减小或消除淬火造成的内应力，提高钢的韧度，降低脆性，稳定钢的内部组织及保持零件的形状和尺寸。

根据加热温度的不同，回火可分为低温回火、中温回火和高温回火。

1. 低温回火

低温回火的温度为 150 ~ 250 ℃。其目的是降低工件淬火后的内应力和脆性。回火后钢的硬度为 HRC58 ~ 64，主要用于制造刀具、量具、模具以及其他要求硬而耐磨的零件。

2. 中温回火

中温回火的温度为 250 ~ 500 ℃。其目的在于使工件保持一定韧度的条件下，提高其弹性和强度。回火后钢的硬度为 HRC40 ~ 50，主要用于制造弹簧、锻模等。

3. 高温回火

高温回火的温度为 500 ~ 650 ℃。高温回火后工件具有一定的强度、硬度（HRC25 ~ 40），而又具有良好的塑性和韧度。“淬火 + 高温回火”又称为调质处理。

五、表面热处理

在化工机械中，有许多零件（如齿轮、曲轴、活塞销等）是在冲击载荷及表面摩擦条件下工作的，要求这类零件表面具有较高硬度和耐磨性而心部须具有足够的强度和韧度。普通热处理不能满足这类零件的性能要求，还需进行表面热处理。

1. 表面淬火

表面淬火是通过快速加热工件表面，然后快速冷却，仅使工件表层淬硬，而心部仍保持未淬火状态的一种局部热处理工艺。表面淬火只改变表面层的组织而不改变钢件表面的化学成分。表面淬火的方法有火焰加热表面淬火和感应加热表面淬火。

（1）火焰加热表面淬火

用氧炔焰（或其他可燃气体）对工件表面进行加热，随之快速冷却的热处理方法称为火焰加热表面淬火，如图 2－8 所示。

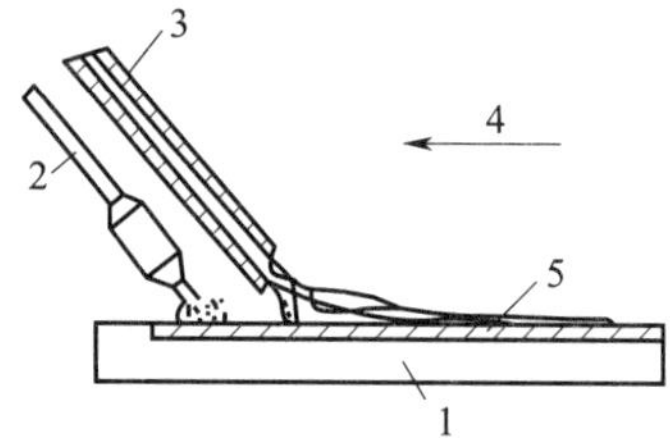

图 2－8　火焰加热表面淬火

1—工件；2—烧嘴；3—喷水管；4—移动方向；5—淬硬层

火焰加热表面淬火设备简单，淬硬速度快，变形小，但其加热温度及淬硬深度不易控制，淬火质量不稳定，适用于单件或小批量生产，可用于碳钢、中碳合金钢制造的大型工件。

（2）感应加热表面淬火

利用电磁感应原理和交流电的趋肤效应加热工件表面（快速加热），然后快速冷却的热处理工艺称为感应加热表面淬火，如图 2－9 所示。

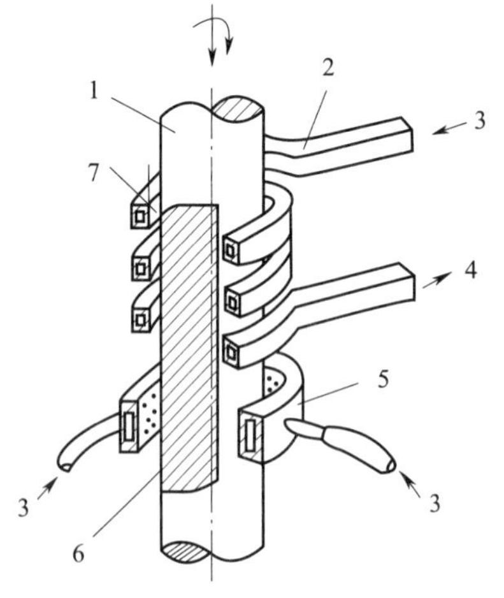

图 2－9　感应加热表面淬火

1—工件；2—加热感应圈；3—进水；4—出水；5—淬火喷水套；6—加热淬火层；7—间隙

感应加热表面淬火时，工件的淬硬层深度取决于电流频率，频率越高，淬硬层越浅，频率越低，淬硬层越深。因此，可通过选用不同频率的电流来满足工件对不同淬硬层深度的要求。

感应加热表面淬火淬硬层深度易于控制，淬火变形小，加热速度快，生产效率高，便于实现机械化、自动化。

2. 化学热处理

化工机械设备上有些零件表面除要求耐磨外，还要求具有较高的耐蚀性、抗氧化性等，仅采用表面淬火是很难实现的。将工件置于化学介质中加热、保温、冷却，使介质中的某些元素渗入工件表面，以改变其表面层化学成分和组织的一种热处理工艺称为化学热处理。化学热处理与其他热处理相比，不仅改变了钢的组织，而且表面层的化学成分也发生了变化。

化学热处理的基本过程为：渗入介质在高温下通过化学反应进行分解，形成活性原子，被工件表面吸收，并逐渐向工件内部扩散。化学热处理工艺主要有渗碳、渗氮、碳氮共渗等。

（1）渗碳

渗碳是指将低碳钢或低碳合金钢制造的工件在含碳的介质中加热至高温（900 ~ 950 ℃），使活性碳原子渗入工件表面层的一种化学热处理工艺。渗碳后再经淬火及低温回火，工件表层具有高硬度和高耐磨性，而心部仍保持一定的强度和高韧度。

（2）渗氮

在一定温度下，使活性氮原子渗入工件表面的化学热处理工艺称为渗氮。其目的是提高工件表面硬度、耐磨性、耐蚀性及疲劳强度。

（3）碳氮共渗

在一定的温度下，将碳原子、氮原子同时渗入工件表面的化学热处理工艺过程称为碳氮共渗。碳氮共渗习惯上也称为氰化。与渗碳相比，碳氮共渗不仅加热温度低（820 ~ 870 ℃），工件变形小，生产周期短，而且共渗后的表面层具有较高的硬度、耐磨性和疲劳强度。

思考与练习

1. 什么是热处理？
2. 什么是退火、正火、淬火、回火？
3. 退火、正火、淬火、回火的目的是什么？
4. 表面淬火与普通热处理的淬火有哪些区别？
5. 化学热处理与其他热处理的区别有哪些？有哪些主要的化学热处理工艺？

§2-4 合金钢

学习目标

1. 了解合金钢的常用合金元素；
2. 掌握合金钢的分类方法；
3. 能识读合金钢的牌号；
4. 了解常见特殊性能钢及其用途。

由于碳钢冶炼方便，价格便宜，至今仍然是工业上应用最广泛的钢材，占钢材总使用量的80%以上。但碳钢淬透性（指在规定的条件下钢能获得淬硬表面层深度的能力）差，不易获得优异的综合性能且不能满足一些特殊性能（如耐高温、耐低温、耐蚀性等）要求。

为了弥补碳钢的这些缺点，提高其综合性能，在碳钢中有意识地加入一种或数种金属或非金属元素，这样所得到的钢称为合金钢，如图2-10所示。合金钢中所添加的元素称为合金元素，常用的合金元素有铬（Cr）、镍（Ni）、钼（Mo）、钨（W）、钒（V）、锰（Mn）、硼（B）、铝（Al）、钛（Ti）和稀土元素等。

图2-10 合金钢

一、合金钢的分类与牌号

合金钢的品种繁多，目前已定型生产的合金钢有几千种，为了便于管理和使用，须对其进行分类、命名和编号。

1. 合金钢的分类

（1）按合金元素总含量进行分类

1）低合金钢：合金元素总含量小于5%。

2）中合金钢：合金元素总含量为5%～10%。

3）高合金钢：合金元素总含量大于10%。

（2）按用途进行分类

1）合金结构钢：用于制造机械零件和工程结构（化工容器、桥梁、建筑结构、起重设备等）的钢，又可分为低合金高强度结构钢、合金渗碳钢、合金调质钢等。

2）合金工具钢：用于制造各种工具的钢，又可分为刃具钢、量具钢、模具钢等。

3）特殊性能钢：具有某种特殊物理、化学性能的钢，如不锈钢、耐热钢等。

2. 合金钢的牌号

（1）合金结构钢的牌号

低合金高强度结构钢的牌号由代表屈服强度的汉语拼音字母Q、屈服强度数值、质量等级符号（A、B、C、D、E）3个部分按顺序组成。例如：Q345D，表示屈服强度为345 MPa、质量等级为D级的低合金高强度结构钢。

其他合金结构钢的牌号采用“两位数＋元素符号＋数字”表示，具体表示方法如下：

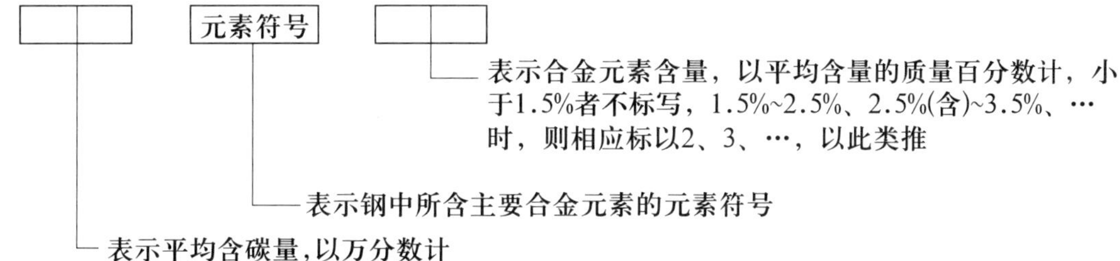

例如：40Cr，表示平均含碳量为0.40%，主要合金元素为铬，合金元素含量小于1.5%的合金结构钢；60Si2Mn表示平均含碳量为0.60%，主要合金元素硅的平均含量为2%，锰的平均含量小于1.5%的合金结构钢。

（2）合金工具钢的牌号

合金工具钢的牌号与合金结构钢的牌号区别仅在于平均含碳量的表示方法，它是用一位数字表示平均含碳量的千分数，当平均含碳量大于或等于1.0%时，则不标出。例如：9SiCr表示平均含碳量为0.9%，主要合金元素硅、铬的平均含量均小于1.5%的合金工具钢；Cr12MoV表示平均含碳量大于1.0%，主要合金元素铬的平均含量为12%、钼和钒的平均含量均小于1.5%的合金工具钢。

（3）特殊性能钢的牌号

特殊性能钢的牌号与合金工具钢的牌号表示方法相同，例如：2Cr13表示平均含碳量为0.20%，主要合金元素铬的平均含量为13%的不锈钢。当平均含碳量为0.03%～0.10%时用0表示，平均含碳量小于或等于0.03%时用00表示，如0Cr18Ni9、00Cr30Mo2等。

除此之外，还有一些专用钢，为表示其用途，在钢的牌号前面冠以汉语拼音首字母，而不标平均含碳量，合金元素含量的标注也和前述不同。如滚动轴承钢前面标“G”（“滚”字的汉语拼音首字母），如GCr15，这里注意牌号中铬元素后面的数字表示铬平均含量的千分数，其他元素仍用百分数表示，如GCr15SiMn表示主要合金元素铬的平均含量为1.5%，硅、锰的平均含量均小于1.5%的滚动轴承钢。

二、合金结构钢

1. 低合金高强度结构钢

低合金高强度结构钢的平均含碳量小于或等于0.2%，属于低碳钢，一般含Mn、Ti、Si、V、Mo、Cu、B等合金元素，合金元素的平均总含量小于或等于3.5%。与同样平均碳含量的碳钢比较，低合金高强度结构钢的强度、硬度高，塑性、韧性相当，焊接性能、塑性更好。低合金高强度结构钢常用于制作工程结构，如桥梁、船舶、车辆、锅炉、高压容器、输油管道、建筑钢筋等。

常用的低合金高强度结构钢有Q345、Q390、Q420、Q460等。

2. 合金渗碳钢

合金渗碳钢的平均含碳量为0.12%～0.25%，属于低碳钢，一般含Mn、Cr、Ni、B、W、Mo、V、Ti等合金元素，合金元素的平均总量相当于低合金钢。合金渗碳钢在生产中渗碳降温后直接淬火处理，其渗碳表面层硬度高、耐磨，主要用于制造受冲击载荷且表面受摩擦的零件，如汽车、拖拉机的变速齿轮，内燃机上的凸轮轴、活塞销等。

常用的合金渗碳钢有20Cr、20Mn2、20CrMnTi、20CrMn、12Cr2Ni4A等。

3. 合金调质钢

合金调质钢的平均含碳量为0.30%～0.50%，属于中碳钢，一般含Mn、Si、Cr、Ni、B、V、Mo、W等合金元素。合金调质钢通过调质处理可获得良好的综合力学性能，适用于尺寸较大、负荷较重的零件，如主轴、齿轮、连杆等。

常用的合金调质钢有40Cr、40CrNi、40CrB、42CrMo、38CrMoAlA、40CrNiMo等。

三、特殊性能钢

1. 不锈钢

在腐蚀介质中具有抗蚀能力的钢称为不锈钢，如图2－11所示。不锈钢广泛应用于化工、石油、食品行业的机械制造和国防工业中。

图2－11　不锈钢

按化学成分不同，不锈钢可分为铬不锈钢、铬镍不锈钢和铬锰不锈钢等，其中铬不锈钢和铬镍不锈钢较为常用。

（1）铬不锈钢

常用铬不锈钢有 1Cr13、2Cr13、3Cr13 等，俗称 Cr13 型不锈钢。平均含碳量较低的 1Cr13 和 2Cr13 钢具有良好的抗大气、海水、蒸汽等介质腐蚀的性能，塑性和韧度也很好，适用于制作在腐蚀条件下工作、受冲击载荷的零件，如汽轮机叶片、水压机阀、螺栓、螺母等。平均含碳量较高的 3Cr13 钢经淬火后低温回火，其硬度可达 HRC50，用于制作要求有较高硬度和耐磨性的医疗器械、量具、滚珠轴承、弹簧及在弱腐蚀条件下工作且要求高强度的耐蚀性零件。

（2）铬镍不锈钢

常用的铬镍不锈钢有 0Cr19Ni9、1Cr18Ni9、1Cr18Ni9Ti（俗称 18－8 型不锈钢）。这类钢平均含碳量低、含镍量高，具有很高的耐蚀性和耐热性，是不锈钢中耐蚀性最好的钢，具有良好的韧性、塑性及焊接性且无磁性。因此，这类钢常用来制作耐蚀容器、设备衬里、输送管道、防磁仪表等。

2. 耐热钢

在化工、炼油等行业中，有许多零件是在高温高压下工作的，如塔件、炉管、高温高压管、工业锅炉、汽轮机等，这类零件的材料要求有良好的抗氧化性能，否则零件表面就会很快被氧化剥落而损坏。所以，制造这类零件的材料，不仅要具有一定的强度，同时应具有良好的抗氧化性能。在高温下具有较高强度和良好抗氧化性能的钢称为耐热钢。耐热钢分为抗氧化钢和热强钢两类。

（1）抗氧化钢

在高温下既有较好的抗氧化性又有一定强度的钢称为抗氧化钢，又称不起皮钢。一般碳钢在高于 300 ℃时，即产生可见的氧化皮，高于 570 ℃时，氧化更加强烈，可见其不适用于高温下使用。抗氧化钢的抗氧化性主要是因为在材料中加入了一定量的 Cr、Al、Si 等元素形成致密的、连续的氧化膜如 Cr_2O_3、Al_2O_3、SiO_2等，可保护钢不继续被腐蚀。常用的抗氧化钢有 4Cr9Si2、1Cr13SiAl 等。

（2）热强钢

高温下有一定抗氧化能力和较高强度以及良好组织稳定性的钢称为热强钢。钢中加入 Cr、Mo、W、Ni 等元素可增强钢在高温下的强度。常用的热强钢有 15CrMo、4Cr14Ni14W2Mo 等。

思考与练习

1. 合金钢的常用合金元素有哪些？
2. 合金结构钢牌号的编号原则是什么？

3. 说明下列牌号各属于哪类钢，解释其符号及数字的含义：

（1）Q345；（2）Q390；（3）20CrMnTi；（4）GCr15；（5）15CrMo；（6）4Cr9Si2；（7）1Cr18Ni9；（8）0Cr18Ni9。

4. 什么是低合金高强度结构钢、合金渗碳钢、合金调质钢？它们各用于什么场合？

§2－5 铸铁

学习目标

1. 了解铸铁的定义和分类；
2. 掌握灰铸铁的特点和用途；
3. 掌握可锻铸铁的特点和用途；
4. 掌握球墨铸铁的特点和用途；
5. 能识读常用铸铁的牌号。

铸铁是指平均含碳量大于2.11%的铁碳合金。工业上常用的铸铁平均含碳量一般为2.5%～4.0%。除含铁、碳外，铸铁中还含有硅、锰、硫、磷等元素。

铸铁与钢相比，其力学性能较差，是一种脆性材料，但是它具有优良的铸造性能和切削加工性能，生产工艺简单，价格低廉，并且具有耐压、耐磨和减震等性能，在一些介质中具有一定的耐蚀性，因而在石油化工、交通运输、机械制造等产业获得了广泛的应用。

碳在铸铁中有两种形式存在，一种是以化合状态的Fe_3C形式存在，另一种为游离状态的石墨形式存在。铸铁的含碳量较高，随着铸铁中碳存在的状态不同，其组织和性能也不同。根据铸铁中石墨的形态，铸铁可分为灰铸铁、可锻铸铁、球墨铸铁等。

为了提高铸铁的物理性能、工艺性能及某些特殊性能（如耐热性、耐蚀性、耐磨性），可向铸铁中加一种或几种合金元素，这种铸铁称为合金铸铁。

一、灰铸铁

这类铸铁的平均含碳量较高（2.7%～4.0%），碳主要以片状石墨形态存在，断口呈灰色，故称灰铸铁，如图2－12所示。灰铸铁的熔点低（1 145～1 250 ℃），凝固时收缩量小，抗压强度和硬度接近碳钢，减震性好。灰铸铁价格便宜，应用广泛，在各类铸铁中，产量约占80%以上，主要用于制造机床床身、气缸、箱体等结构件。

图2－12 灰铸铁

灰铸铁的牌号由“灰铁”两字的汉语拼音首字母“HT”及后面一组数字组成，数字表示其最低抗拉强度。例如：HT200 表示最低抗拉强度为 200 MPa 的灰铸铁。

常用的灰铸铁有 HT100、HT150、HT200、HT250、HT300、HT350 等。

二、可锻铸铁

可锻铸铁又称马铁或玛钢，其中的碳主要以团絮状石墨形态存在，如图 2－13 所示。可锻铸铁与灰铸铁相比具有较高的强度，并具有一定的塑性和冲击韧度，可以部分代替碳钢使用，广泛用于制造形状复杂且能承受冲击载荷的薄壁、中小型零件。但应指出，可锻铸铁实际上是不可锻造的。

图 2－13　可锻铸铁

根据断口特征的不同，可锻铸铁分为黑心可锻铸铁和白心可锻铸铁。黑心可锻铸铁具有一定的强度和一定的塑性与韧性，而白心可锻铸铁虽具有较高的强度、硬度和耐磨性，塑性和韧性却较低。

可锻铸铁的牌号是由 3 个字母及两组数字组成。其中前两个字母“KT”是“可铁”两字的汉语拼音首字母，第三个字母代表可锻铸铁的类别，后面两组数字分别代表最低抗拉强度和最低伸长率。例如：KTH350－10 表示最低抗拉强度为 350 MPa，最低伸长率为 10% 的黑心可锻铸铁；KTZ450－06 表示最低抗拉强度为 450 MPa，最低伸长率为 6% 的白心可锻铸铁。

常用的可锻铸铁有 KTH300－06、KTH350－10、KTZ450－06、KTZ650－02 等。

三、球墨铸铁

在灰铸铁铁水中加入适量的球化剂和孕育剂，以促进其中的碳呈球状石墨存在。这种碳以球状石墨存在的铸铁称为球墨铸铁，如图 2－14 所示。

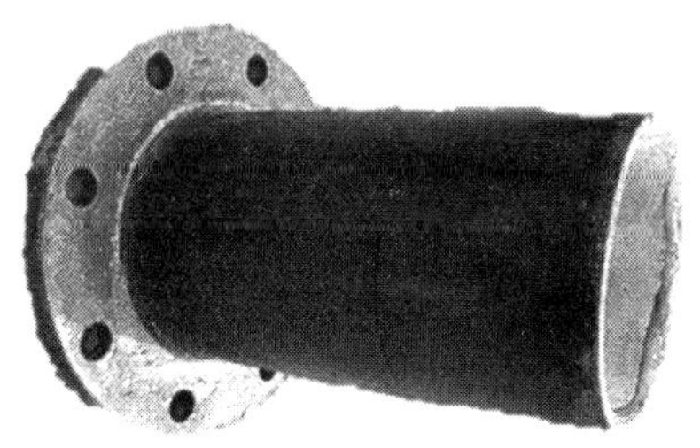

图 2－14　球墨铸铁

球墨铸铁是 20 世纪 50 年代发展起来的一种高强度铸铁材料，其综合性能接近于钢。正是基于球墨铸铁优异的性能，目前已成功地将其用于铸造一些受力复杂，强度、韧性、耐磨性要求较高的零件，如曲轴、连杆、减速箱齿轮、凸轮轴、机床主轴、中压阀门等。球墨铸铁已迅速发展成为使用量仅次于灰铸铁、应用越来越广泛的铸铁材料。

球墨铸铁牌号由“QT”（“球铁”两字汉语拼音首字母）和两组数字组成，前一组数字表示最低抗拉强度，后一组数字表示最低伸长率。例如：QT500－7 表示最低抗拉强度为 500 MPa、最低伸长率为 7% 的球墨铸铁。

常用的球墨铸铁有 QT450－10、QT500－7、QT600－3、QT700－2、QT800－2 等。

思考与练习

1. 什么是铸铁、灰铸铁、可锻铸铁和球墨铸铁？
2. 铸铁与钢相比，有哪些优缺点？应如何选用？
3. 灰铸铁、可锻铸铁和球墨铸铁常分别应用在哪些领域？
4. 说明下列牌号各属于哪类铸铁，解释其符号及数字的含义：

（1）HT150；（2）HT350；（3）KTH300－06；（4）KTZ650－02；（5）QT450－10；（6）QT800－2。

§2－6　有色金属及其合金

学习目标

1. 了解铜和铜合金的分类和用途，并能识读主要铜合金的牌号；
2. 了解铝和铝合金的分类和用途，并能识读主要铝合金的牌号；
3. 了解钛和钛合金的分类和用途，并能识读主要钛合金的牌号；
4. 了解铅和铅合金的分类和用途，并能识读工业纯铅的牌号。

有色金属是指除铁（有时也除去锰和铬）和铁基合金以外的所有金属的统称。有色金属是国民经济发展的基础材料之一，在航空、航天、化工、汽车、机械制造、家电等行业得到了广泛的应用。随着科学技术的发展，有色金属在人类经济社会发展中的地位越来越高。

一、铜和铜合金

在金属材料中，铜和铜合金的应用范围仅次于钢铁；在有色金属材料中，铜的使用量仅次于铝。铜和铜合金广泛用于电气、电子、仪表、机械、车辆、建筑、化工、兵器、海洋工程等几乎所有工业和民用产业。

1. 纯铜

纯铜颜色为玫瑰红色，表面被氧化后外观呈紫红色，如图 2－15 所示。

纯铜的导电性和导热性仅次于银，广泛用于制作导电、导热器材。纯铜材料在大气、海水和某些非氧化性酸（盐酸、稀硫酸）、碱、盐溶液及多种有机酸（醋酸、柠檬酸）中，有良好的耐蚀性，因此常用于制造化工机械。另外，纯铜还具有良好的焊接性、极好的塑性，可通过多种形式的冷热压力加工，碾轧成极薄的板，拉成极细的铜线。纯铜的抗拉强度较低，不宜作结构材料，且铸造性能差。

图 2－15　纯铜

我国工业上用的纯铜按成分可分为普通纯铜（T1、T2、T3、T4）、无氧铜（TU1、TU2）、脱氧铜（TUP、TUMn）和添加少量合金元素的特种铜（砷铜、银铜等）。

2. 铜合金

铜合金是以纯铜为基体加入一种或几种其他元素所构成的合金，按照化学成分的不同，可分为黄铜、白铜和青铜。

（1）黄铜

黄铜是由铜和锌所组成的合金的总称，具有美观的黄色，如图 2－16 所示。按照化学成分，黄铜分为普通黄铜和特殊黄铜两类。

图 2－16　黄铜

普通黄铜是铜和锌的二元合金，具有较好的耐蚀性，良好的加工性能，其力学性能与锌含量有关。

普通黄铜的牌号用“H＋数字”表示。其中“H”是“黄”字汉语拼音首字母，数字表示平均含铜量，余量为锌。例如：H68 表示平均含铜量为 68% 的普通黄铜。

为了改善普通黄铜的某些性能（如耐蚀性、强度、硬度和切削加工性能等），在普通黄铜中加入少量其他元素（如铝、锰、锡、硅、铅等）而得到的铜合金称为特殊黄铜，根据主要添加元素将其命名为锰黄铜、铅黄铜、锡黄铜等。

特殊黄铜的牌号是在“H”之后标以主加元素的化学符号，并在其后表明铜及合金元素含量的百分数。例如：HPb59－1 表示平均含铜量为 59%、含铅量为 1%，其余为锌的铅黄铜。

（2）白铜

白铜是以镍为主要添加元素的铜合金，如图 2－17 所示。铜镍二元合金称普通白铜，加

图 2－17　白铜

有锰、铁、锌、铝等元素的白铜合金称复杂白铜，相应地称为锰白铜、铁白铜、锌白铜、铝白铜等。工业用白铜分为结构白铜和电工白铜两大类：结构白铜的特点是力学性能和耐蚀性好，色泽美观，广泛用于制造精密机械、化工机械和船舶构件等；电工白铜具有良好的导热性和导电性，是制造精密电工仪器、变阻器、精密电阻、应变片、热电偶等常用的材料。

（3）青铜

青铜是指除黄铜和白铜之外的所有的铜基合金。按其化学成分的不同，青铜分为锡青铜和无锡青铜两大类。

锡青铜（见图2－18），铸造性能、硬度和力学性能好，适合于制造轴承、蜗轮、齿轮等。

图2－18　锡青铜

工业上常用的无锡青铜有铅青铜、铝青铜、铍青铜、磷青铜等。铅青铜是现代发动机和磨床广泛使用的轴承材料，因其强度高、耐磨性和耐蚀性好，适用于铸造高载荷的齿轮、轴套、船用螺旋桨等。铍青铜和磷青铜的弹性极限高、导电性好，适于制造精密弹簧和电接触元件，还用来制造煤矿、油库等使用的无火花工具。

工业用青铜按材料形成方法不同可分为变形青铜和铸造青铜。变形青铜的牌号以“青”字的汉语拼音首字母“Q”加第一个主加元素符号及除铜以外的各元素的百分含量来表示。例如：QSn6.5－0.4表示含锡量为6.5%，其他元素含量为0.4%，其余为铜的锡青铜。铸造青铜的牌号由“Z”（“铸”字的汉语拼音首字母）、铜和主要合金元素的化学符号及其名义百分含量的数字组成。例如：ZCuSn10Zn2表示锡含量为10%、锌含量为2%，余量为铜的铸造锡青铜。

二、铝和铝合金

在金属材料中，铝和铝合金的产量仅次于钢铁，为有色金属材料之首，被广泛应用于航空航天、汽车、船舶、建筑、包装、电子和电力等领域。

1. 工业纯铝

工业纯铝是相对于化学纯铝而言，有一定杂质存在的纯铝，其纯度为99.00%～99.85%，如图2－19所示。

图2－19　工业纯铝

工业纯铝具有良好的导电性、导热性，密度小，塑性好，在大气、淡水中有优良的耐蚀性，但其强度低。工业纯铝可进行各种压力加工，制成各种冶金产品和铝制品，还是配制铝合金及其他合金的原材料。

目前，我国纯铝及铝合金的牌号既有国际四位数字体系牌号又有四位字符体系牌号。

国际四位数字体系牌号中纯铝用“1×××”系列表示。其中，“1”代表纯铝；第二位数字表示合金或杂质极限含量的控制情况，如果第二位为0，则表示其杂质极限含量无特殊控制，如果是1～9，则表示对一项或一项以上的单个杂质或合金元素极限含量有特殊控制；第三、第四位数字表示最低铝百分含量中小数点后面的两位。例如：1050、1080、1000等。

四位字符体系牌号中纯铝用“1×××”系列表示。其中“1”代表纯铝；第2位为字母，表示原始纯铝的改型情况，如果第二位的字母为A，则表示为原始纯铝，如果是B～Y之一字母，则表示为原始纯铝的改型，与原始纯铝相比，其元素含量略有改变；第三、第四位数字表示最低铝百分含量，当最低铝百分含量精确到0.01%时，则表示最低铝百分含量中小数点后面的两位。例如：1A90、1A80、1A50等。纯铝和变形铝合金组别及其牌号系列见表2－2。

表2－2　纯铝和变形铝合金组别及其牌号系列

组别	牌号系列
纯铝（铝含量不小于99.00%）	1×××
以铜为主要合金元素的铝合金	2×××
以锰为主要合金元素的铝合金	3×××
以硅为主要合金元素的铝合金	4×××
以镁为主要合金元素的铝合金	5×××
以镁和硅为主要合金元素并以 Mg_2Si 相为强化相的铝合金	6×××
以锌为主要合金元素的铝合金	7×××
以其他合金为主要合金元素的铝合金	8×××
备用合金组	9×××

2. 铝合金

纯铝加入硅、铜、镁、锰等合金元素即可制成铝合金，如图2－20所示。铝合金强度较高、密度较小，有很高的比强度（即强度极限与密度的比值）、较好的导热性及耐蚀性等。

图2－20　铝合金

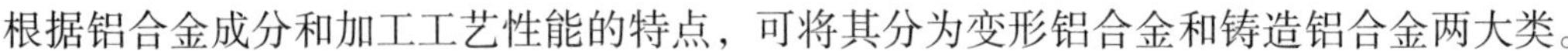

根据铝合金成分和加工工艺性能的特点，可将其分为变形铝合金和铸造铝合金两大类。

（1）变形铝合金

变形铝合金为适宜于通过塑性变形加工的铝合金，又称可压力加工铝合金。变形铝合金具有强度高、塑性好、比强度大等特点。根据使用性能和工艺性能的不同，变形铝合金可分为硬铝合金、超硬铝合金、防锈铝合金、锻铝合金和特殊铝合金五类。

变形铝合金的牌号也有国际四位数字体系牌号和四位字符体系牌号之分。

国际四位数字体系中变形铝合金的牌号用“2×××~8×××”系列表示。其中第一位的数字“2~8”表示组别，其含义见表2-2；第二位表示改型情况，如果第二位为0，则表示为原始合金，如果是1~9，则表示为改型合金；牌号中的最后两位数字没有特殊意义，仅用来识别同一组中的不同合金。例如：2018、5052、6165等。

四位字符体系中变形铝合金的牌号也用“2×××~8×××”系列表示。其中第一位的数字“2~8”表示组表，详见表2-2；第二位的字母表示原始合金的改型情况，如果第二位的字母是A，则表示为原始合金，如果是B~Y之一字母，则表示为原始合金的改型合金；牌号的最后两位数字没有特殊意义，仅用来区分同一组中不同的铝合金。例如：2A02、3A01、5B05等。

（2）铸造铝合金

铸造铝合金为适宜于熔融状态下充填铸型的铝合金。铸造铝合金的流动性好，具有良好的充填性、较小的收缩性和较低的热裂性，但塑性较差。铸造铝合金可按照其中主要合金元素的不同分为铝—硅系、铝—铜系、铝—镁系和铝—锌系。

铸造铝合金的牌号用“铸铝”的汉语拼音字首“ZL”加三位数字表示。其中，第一位数字表示合金类别（“1”为铝—硅系；“2”为铝—铜系；“3”为铝—镁系；“4”为铝—锌系），第二、第三位则表示合金的顺序号。例如：ZL102表示2号铝—硅系铸造铝合金。

三、钛和钛合金

钛及钛合金具有强度高、密度小，韧性和耐蚀性良好，在室温、低温和高温下都具有优良的综合力学性能。因此，钛及钛合金已在航空、航天、军工、造船、化工、冶金、机械、医疗等领域有着不可替代的作用。但因其加工条件复杂、成本高，故在很大程度上限制了它们的应用。

1. 工业纯钛

根据工业纯钛的杂质含量不同，可将其分为三个等级，牌号分别用TA1、TA2、TA3表示，其纯度随序号增大依次降低。

工业纯钛的特点是：强度不高但塑性好，易于加工成形，冲压、焊接、切削加工性能良好；在大气、海水、湿氯气及氧化性、中性、弱还原性介质中具有良好的耐蚀性，抗氧化性优于大多数奥氏体不锈钢；但耐热性较差，使用温度不宜太高。

工业纯钛主要用于工作温度350 ℃以下、受力不大但要求塑性好的冲压工件和耐蚀性好的结构零件。例如：飞机的骨架、蒙皮、发动机附件；船舶用耐海水腐蚀的管道、阀门、泵

及水翼；海水淡化系统零部件；化工生产中的换热器、泵体、蒸馏塔、压缩机气阀等。

2. 钛合金

为了提高纯钛的某些性能，往往在纯钛中加入合金元素对其进行强化，制成钛合金，如图 2－21 所示。合金元素的加入可在一定程度上提高钛合金的强度、耐热性、耐蚀性等。

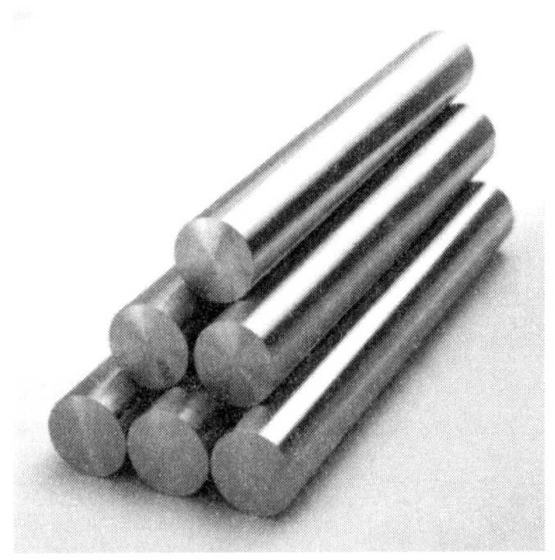

图 2－21　钛合金

钛合金按成材方式分为变形钛合金和铸造钛合金；按使用特点分为结构钛合金（工作温度在 400 ℃以下）、热强钛合金（工作温度为 400～600 ℃）、耐蚀钛合金；按组织类型分为 α 型钛合金、β 型钛合金、（α＋β）型钛合金。

钛合金的牌号由三部分组成，其含义如下：

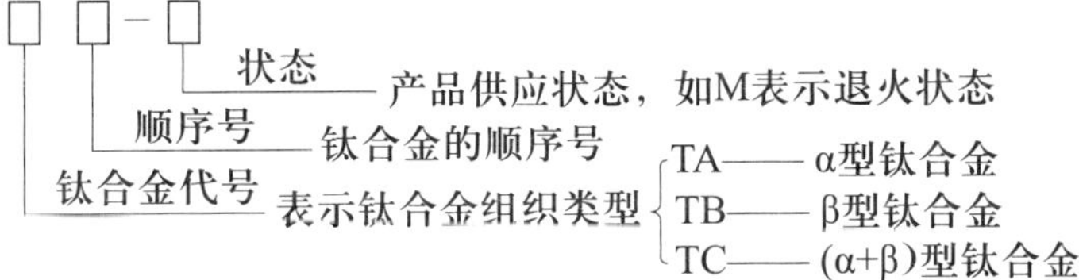

例如：TB2M 表示退火状态 2 号 β 型钛合金。

钛合金是一种新型结构材料，具有优异的综合性能，如密度小、比强度高、韧性好、疲劳强度高和抗裂纹扩展能力好，并且低温韧性良好、高温抗蚀性优异等，因此在航空、航天、化工、造船等工业产业获得日益广泛的应用。

四、铅和铅合金

1. 工业纯铅

工业纯铅又称软铅，为含铅量达 99.50%～99.94% 的纯铅，常含有银、铜、锑、锡、砷、铋、铁、锌等杂质。工业纯铅熔点低，密度大，耐蚀性好，X 射线和 γ 射线不易穿透，强度、硬度低，广泛用于化工、电缆、蓄电池和放射性设备等工业产业。它的另一用途是配制铅合金和用作其他合金的添加元素。

工业纯铅的牌号以“Pb + 数字”表示，数字越大，则纯度越低。常用的工业纯铅有 Pb1、Pb2、Pb3 等。

2. 铅合金

纯铅中加入锑、铜、锡、银等元素即形成铅合金。铅合金强度高、耐蚀性好，且具有良好的铸造性能，适用于化肥、化纤、农药、船舶、电气设备等产业中作为制造放射性防护、耐酸、耐蚀等设备的材料。

常用的铅合金主要有铅锑合金、铅银合金和铅锑锡铜组成的锑轴承合金等，其中铅锑合金俗称硬铅。

思考与练习

1. 什么是黄铜、白铜和青铜？它们各自有什么特点？
2. 试描述铝合金的分类和用途。
3. 钛合金与纯钛相比，提升了哪些性能？
4. 试描述铅合金的分类和用途。
5. 说明下列牌号各属于哪类有色金属或合金，解释其含义：

（1）TUMn；（2）H68；（3）QSn6.5 – 0.4；（4）1080；（5）6165；（6）TB2；（7）Pb3。

§2 – 7　常用非金属材料

学习目标

1. 了解常用非金属材料的分类；
2. 掌握塑料的分类，常用塑料的主要特性及其应用；
3. 掌握橡胶的分类，常用橡胶的主要特性及其应用；
4. 了解陶瓷和复合材料的分类及其应用。

通常将金属及其合金以外的材料称为非金属材料，主要有高分子材料（如塑料、橡胶、纤维等）、陶瓷材料（如陶器、瓷器、玻璃、水泥等）和复合材料（如玻璃钢、搪瓷、三合板、橡胶轮胎等）。由于非金属材料来源广泛、自然资源丰富、成型工艺简单，又具有优异的耐蚀性，且可以适应多种环境，因此应用广泛，发展前景广阔。非金属材料既可以用作单独的结构材料，又可用作金属设备的保护衬里、涂层，还可用作设备的密封材料、保温材料

和耐火材料等。

一、高分子材料

高分子材料是以高分子化合物为主要组成部分的材料。高分子化合物是指相对分子质量很大（一般在5 000以上）的有机化合物，也称聚合物或高聚物。高分子材料具有良好的塑性、较高的强度、较好的耐蚀性。

高分子材料种类繁多，按来源可分为天然、半合成（改性天然高分子材料）和合成高分子材料，按特性分为塑料、橡胶、纤维、胶黏剂、涂料等，以下重点介绍典型高分子材料塑料、橡胶和胶黏剂。

1. 塑料

塑料是以天然或合成的高分子化合物为主要成分，加入适量的添加剂，在一定的温度和压力下塑制成型，而产品最后能保持形状不变的材料。常见的塑料如图2－22所示。

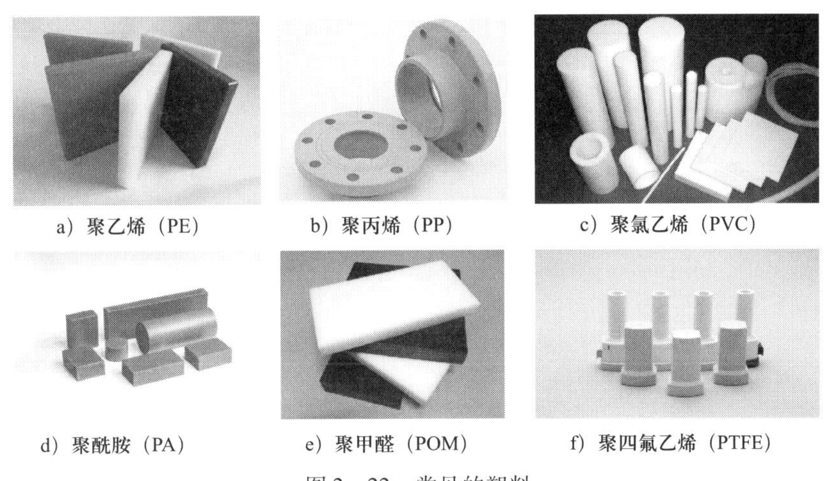

a）聚乙烯（PE）　b）聚丙烯（PP）　c）聚氯乙烯（PVC）

d）聚酰胺（PA）　e）聚甲醛（POM）　f）聚四氟乙烯（PTFE）

图2－22　常见的塑料

塑料的主要特性有：质轻（相对密度为钢铁的1/7～1/4），比强度高，耐蚀性好，耐磨，良好的消声、吸振性，成型性、着色性好，优异的电绝缘性能等。其不足之处是强度、硬度较低，耐热性较差，耐低温性差且易老化、易蠕变等。

在化工生产中，塑料可以作为结构材料、耐蚀性衬里材料、绝缘材料等；可以制作多种型材，如管、板、棒、膜等；可以制作各类制品，如泵、阀、塔、槽、机械零部件等。

（1）塑料的分类

1）根据各种塑料不同的使用特性，通常将塑料分为通用塑料、工程塑料和特种塑料三种类型。

通用塑料的产量大、用途广、成型性好、价格便宜，包括聚乙烯、聚丙烯、聚氯乙烯、聚苯乙烯及丙烯腈－丁二烯－苯乙烯共聚物共五大品种。

工程塑料能承受一定外力作用，具有良好的机械性能和耐高温、低温性能，尺寸稳定性较好，可以用作工程结构的材料，如聚酰胺、聚砜等。

特种塑料具有特种功能（如耐高温、高强度、高缓冲性等），可用于航空、航天等特殊领域应用的材料，如氟塑料、有机硅树脂、环氧树脂等。

2）根据各种塑料不同的理化特性，可以把塑料分为热固性塑料和热塑性塑料两种类型。

热固性塑料一次成型后，受热不再软化但高温下会因分解而受到破坏，不可反复使用，如酚醛塑料、氨基塑料、环氧塑料等。

热塑性塑料受热软化、冷却变硬，可反复塑制成型，如聚乙烯、聚丙烯、聚氯乙烯、聚苯乙烯、聚甲醛、聚酰胺、聚砜等。

（2）常用塑料的主要特性及应用

常用塑料的主要特性及其应用见表2－3。

表2－3　常用塑料的主要特性及其应用

名称及代号	主要特性	应用
聚乙烯（PE）	耐化学腐蚀，绝缘性好；力学性能不好；高压PE柔软，低压PE较硬	高压PE：薄膜、电缆护套等；低压PE：化工管道、涂层、绝缘件等
聚丙烯（PP）	质轻，耐化学腐蚀；高频绝缘性良好，不受湿度影响；耐热但不耐磨	一般结构件，如泵叶轮、汽车零件等；化工容器、管道等；电绝缘件如蓄电池匣等
聚氯乙烯（PVC）	耐化学腐蚀；绝缘性、耐燃性、气密性好；硬质PVC的耐候性、耐老化性、耐冲击性和耐磨性以及强度均较好；热稳定性较差	硬质PVC：耐腐蚀件，如化工管道、通风管、泵、风机等；绝缘件，如插头、开关、电缆绝缘层等；密封件等。软质PVC：薄膜、人造革等
聚酰胺（PA）	强度及韧性较高，且耐磨、耐疲劳、耐油、耐水、耐化学腐蚀；不耐热；吸水性和成型收缩率较大	轴承、齿轮、凸轮、滚子、泵叶轮、风扇叶轮、高压密封圈、阀座、输油管、储油容器等
聚甲醛（POM）	硬度、强度、刚度、冲击韧度、耐疲劳性、抗蠕变性等均较高；摩擦系数低、耐磨；吸水性小，耐化学腐蚀；尺寸稳定性好	轴承、齿轮、凸轮、阀门、风扇、泵叶轮、球头球碗；汽车仪表的板、外壳，各类罩、盖、箱体，化工容器，配电盘等
聚四氟乙烯（PTFE）	耐高低温性、耐化学腐蚀性、电绝缘性优异；摩擦系数极小；力学性能和加工性能较差	热交换器、化工机械零件、绝缘材料等

2. 橡胶

橡胶是一种具有极高弹性的高分子材料，其弹性变形量为100%～1 000%，而且回弹性好、回弹速度快。同时，橡胶还有良好的耐磨性、隔声性及阻尼性，很好的绝缘性和不透气、不透水性。橡胶是常用的弹性材料、密封材料、减振防振材料和传动材料，在化工生产中广泛用于密封、防腐、减振、绝缘等方面。如图2－23所示为橡胶密封圈。

（1）橡胶的分类

1）橡胶按照原料来源可分为天然橡胶和合成橡胶两大类。天然橡胶主要来源于三叶橡胶树，当这种橡胶树的树干表皮被割开时，就会流出乳白色的汁液，称为胶乳，胶乳经凝聚、洗涤、成型、干燥即得天然橡胶。合成橡胶是由人工合成而制得的，是具有类似天然橡胶性能的人工合成的高分子化合物，采用不同的原料（单体）可以合成不同种类的橡胶。合成橡胶品种繁多，产量比天然橡胶高得多。

2）橡胶按用途可分为通用橡胶和特种橡胶两大类。通用橡胶的物理性能和加工性能较

图 2-23　橡胶密封圈

好，能广泛应用于轮胎和其他一般橡胶制品，如天然橡胶、丁苯橡胶、丁基橡胶、氯丁橡胶等。特种橡胶具有特殊性能，专供耐热、耐寒、耐化学腐蚀、耐油、耐溶、耐辐射等特殊性能材料生产，如聚氨酯橡胶、乙丙橡胶、氟橡胶等。

（2）常用橡胶的主要特性及应用

常用橡胶的主要特性及其应用见表 2-4。

表 2-4　常用橡胶的主要特性及其应用

类别	名称及代号	主要特性	应用
通用橡胶	天然橡胶（NR）	弹性大，强度高，抗撕裂、折叠，耐磨、低温性较好，电绝缘性优良，加工性能好，易与其他材料黏合；耐氧及臭氧性差，容易老化，耐油、耐溶性不好，抵抗酸碱腐蚀的能力差，耐热性不强	轮胎、胶鞋、胶管、胶带、电线电缆的绝缘层和护套以及其他通用橡胶制品，化工设备防腐衬里等
	丁苯橡胶（SBR）	耐磨性突出，耐老化和耐热性超过天然橡胶，其他性能与天然橡胶接近；弹性和加工性能较天然橡胶差，特别是自黏性差	轮胎、胶板、胶管、胶鞋及其他通用制品
	丁基橡胶（HR）	耐老化性、气密性及耐热性优于一般通用橡胶，吸振及阻尼特性良好，耐酸碱、耐一般无机介质及动植物油脂，电绝缘性好；加工性能差，不耐石油产品	内胎、水胎、气球、电线电缆绝缘层、化工设备衬里及防振制品、胶管、耐热运输带、耐热耐老化胶布制品等
	氯丁橡胶（CR）	优良的抗氧及臭氧性及耐候性，不易燃、着火后能自熄，耐油、耐溶性及耐酸碱性、气密性等较好；耐寒、电绝缘性较差；相对生产成本高，难加工	用途广泛，用于制造耐油、耐化学腐蚀的胶管、胶带和化工设备衬里，耐燃的地下采矿用制品以及汽车门窗嵌条、密封圈等
特种橡胶	聚氨酯橡胶（UR）	坚韧、耐磨性优于其他橡胶，强度高，耐油性优良，耐氧及臭氧性、耐日光老化、气密性等均很好；耐热、耐水、耐腐蚀性差，摩擦生热明显	轮胎，耐油、苯零件，垫圈、防振制品及其他要求耐磨、高强度零件
	乙丙橡胶（EPM、EP-DM）	化学稳定性很好（仅不耐浓硝酸），耐臭氧及耐候性优异，电绝缘性突出，耐高温可达 150 ℃；硫化缓慢、黏着性差，不耐芳烃和石油产品	化工设备一般防腐衬里、电线电缆绝缘层、蒸汽胶管、耐热运输带等
	氟橡胶（FPM）	耐高温超过 200 ℃，耐介质腐蚀性高于其他橡胶（耐酸碱，耐油性是橡胶中最好的），抗辐射及高真空性优良，机械强度、电绝缘性、耐老化性也都很好，是性能优秀的特种合成橡胶；加工性差，价格贵	化工设备衬里、垫圈、高级密封件、高真空橡胶件等

3. 胶黏剂

胶黏剂是指利用化学力将两个分离的表面机械地黏合在一起的物质。胶黏剂主要由黏料、固化剂、促进剂、增塑剂、增韧剂、稀释剂、溶剂、填料、耦联剂、防老化剂、阻燃剂、增黏剂、阻聚剂等组成，其中黏料是不可缺少的基本组分，而其余的组分则视性能要求决定是否加入。常用的黏料有合成树脂（如环氧树脂、酚醛树脂、聚氨酯树脂、聚酰胺树脂等）、合成橡胶（如丁腈橡胶、聚硫橡胶、聚丁橡胶等）以及由它们组成的混合物或共聚物等。

胶黏剂的分类方法很多，常用的有下列几种：

(1) 按其基本组分（黏料），可分为树脂型、橡胶型和混合型。

(2) 按其固化过程中物理化学变化情况，可分为反应型、溶剂型、热溶型、压敏型等。

(3) 按其应用性能，可分为结构胶、密封胶、浸渗胶、功能胶等。

目前，工程上常用的胶黏剂有环氧树脂胶黏剂、呋喃树脂胶黏剂、厌氧胶黏剂、有机硅树脂胶黏剂等。

二、陶瓷

陶瓷是无机高分子材料。传统的陶瓷是陶器和瓷器的总称，但随着无机非金属材料的发展，陶瓷材料不仅包括陶器、瓷器、玻璃、水泥和耐火材料（硅酸盐材料）在内的传统无机非金属材料，还包括新型无机非金属材料如氧化物、氮化物、碳化物等特种陶瓷材料，如图 2－24 所示。

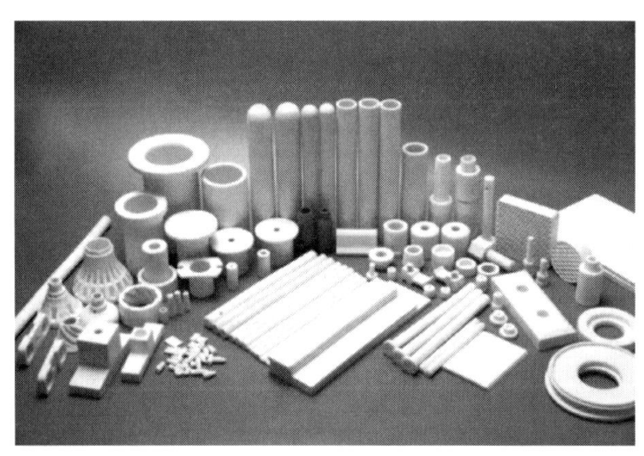

图 2－24　陶瓷材料

陶瓷的硬度极高，耐磨性、耐蚀性好，抗压强度高，耐高温和抗氧化能力强。但是陶瓷的质脆易碎，延展性差，抗急冷急热能力差。

陶瓷分为普通陶瓷和特种陶瓷（氧化铝陶瓷、氮化硅陶瓷等）两大类。普通陶瓷主要用于制作日用品、建筑用品和卫生用品，以及高低压瓷瓶、耐酸制品、过滤制品等。特种陶瓷具有独特的物理、化学、电、磁、光学等性能，能够满足工程上的特殊要求，主要用于化

工、冶金、机械、电子、能源和一些新技术中。特种陶瓷按性能可分为高温陶瓷、高强度陶瓷、耐磨陶瓷、耐酸陶瓷、压电陶瓷、介电陶瓷、化学陶瓷、磁性陶瓷、生物陶瓷等；按化学成分可分为氧化物陶瓷、氮化物陶瓷、碳化物陶瓷、复合陶瓷等。

三、复合材料

复合材料是指由两种或两种以上不同物质以不同方式组合而成的材料。复合材料可以发挥各种组合材料的优点，克服单一材料的缺陷，扩大材料的应用范围。由于复合材料具有重量轻、强度高、加工成型方便、弹性优良、耐蚀性强等特点，被广泛应用于航空航天、化工、汽车、电子电气、建筑等领域，在近几年更是得到了飞速发展。

根据增强材料的性质不同，复合材料分为纤维增强复合材料、层状复合材料和颗粒复合材料三种。

常见的纤维增强复合材料有玻璃纤维增强复合材料和碳纤维增强复合材料。玻璃纤维增强复合材料（因其比强度可以和钢铁相比，故又称玻璃钢）是以玻璃纤维及制品为增强剂，以树脂为黏结剂制成的纤维增强复合材料。碳纤维增强复合材料是以碳纤维或其织物为增强剂，由树脂、金属、陶瓷等黏结制成的。

层状复合材料由两层或两层以上的不同材料组合而成，主要有玻璃复合、塑料复合、多层复合等层状复合材料。

颗粒复合材料是由一种或多种颗粒均匀分布在基体材料内而制成的复合材料，主要有金属颗粒与塑料复合、陶瓷颗粒与金属复合、有机材料与无机材料复合等。

思考与练习

1. 化工生产中应用广泛的非金属材料有哪些？
2. 塑料按使用范围不同分为哪几种？
3. 橡胶有什么特性和用途？
4. 简述陶瓷的分类及其应用。

§2－8　腐蚀及其防护

学习目标

1. 掌握腐蚀的基本概念；

2. 了解腐蚀的分类；

3. 了解四种常用的防腐蚀方法。

腐蚀是一种自然现象，且到处可见。例如：金属构件在大气中因腐蚀生锈，埋入地下的金属管道因腐蚀发生穿孔，钢铁材料在高温下与空气中的氧作用产生大量的氧化皮等。在化工生产中，化工机械与强腐蚀性介质（如酸、碱、盐等）接触，尤其是在高温、高压和高流速的工艺条件下，腐蚀问题更显得突出和严重。

对化工机械采用有效的防腐蚀措施，使其不受腐蚀或少受腐蚀，是保证其正常运转、延长使用寿命、增收节支的重要措施，对于促进化工产业迅速发展具有十分重大的意义。

一、腐蚀的基本概念

腐蚀就是材料和它所处的环境发生反应而引起的破坏或变质。从这个定义可以看出，它不仅包括了金属材料，而且非金属材料的变质也在腐蚀的概念范围之内。

金属腐蚀是指金属在周围介质（最常见的是液体和气体）作用下，由于化学变化、电化学变化或物理溶解而产生的缓慢损坏的过程。例如，钢铁生锈、铜生绿、铝出现白斑等。

非金属在化学介质与环境的共同作用下，由于渗透、溶解或变质所发生的缓慢损坏过程也称为腐蚀。例如，橡胶和涂料由于受阳光或化学物质的作用引起的变质等。

二、腐蚀的分类

金属或非金属腐蚀的机理比较复杂。为便于了解腐蚀机理，更好地寻求防腐蚀途径，通常将腐蚀按以下方法进行分类。

1. 按腐蚀机理分类

按腐蚀机理可将腐蚀分为化学腐蚀、电化学腐蚀和物理腐蚀三类。

（1）化学腐蚀

化学腐蚀是指金属或非金属表面与周围介质直接发生纯化学作用而引起的损坏过程。在此过程中，没有电流产生。如铝在纯四氯化铁、三氯甲烷或乙醇中的腐蚀，镁和钛在纯甲醇中的腐蚀，金属在无水酒精和石油中的腐蚀等，都属于化学腐蚀。实际上单纯的化学腐蚀是少见的，因为腐蚀介质中往往含有少量的水分而使金属的化学腐蚀转变为电化学腐蚀。

（2）电化学腐蚀

金属与非金属表面与周围介质发生电化学作用而产生的损坏过程称为电化学腐蚀。在此过程中，有电流产生。电化学腐蚀的主要特点是在腐蚀介质中，有能够导电的电解质溶液存在。属于这类腐蚀的有：金属在潮湿空气中的大气腐蚀，如化工厂暴露在大气中的机械的腐蚀；土壤腐蚀，即埋在地下的金属设施如地下水管、油管和电缆在土壤中的腐蚀；海水腐蚀，如舰船外壳、采油平台的腐蚀；电解质溶液的腐蚀，如金属在酸、碱、盐溶液中的腐蚀，这是一种最普遍的腐蚀现象，化工生产中大部分腐蚀都属于这一类。

（3）物理腐蚀

物理腐蚀是指金属与非金属由于单纯的物理作用所引起的损坏过程。许多金属与非金属在高温熔盐、熔碱及液态金属中可发生物理腐蚀，如盛放熔融锌的钢容器，由于铁被液态锌所溶解而产生的腐蚀。

2. 按腐蚀破坏的形貌特征分类

按腐蚀破坏的形貌特征可将腐蚀分为全面腐蚀（均匀腐蚀）和局部腐蚀两大类。

（1）全面腐蚀

全面腐蚀是指腐蚀分布在整个材料表面上。这类腐蚀的危险性相对而言比较小，当其不太严重时，只要在设计时增加腐蚀裕度就能防止设备被破坏。

（2）局部腐蚀

局部腐蚀是指腐蚀主要集中在材料表面某一区域，而表面的其他部分则几乎未被破坏。局部腐蚀往往是在没有征兆下发生的，目前对其预测和防治仍很困难。因此，这类腐蚀是造成设备破坏的主要原因。

三、防腐蚀方法

防腐蚀是延长化工机械使用寿命、避免事故发生的重要措施。常用的防腐蚀方法有金属层保护、非金属层保护、电化学保护、缓蚀剂保护、选择耐腐蚀材料、改善设备结构、改善工艺过程和进行环境处理等，以下重点介绍常用的前四种防腐蚀方法。

1. 金属层保护

金属层保护是指用耐蚀性强的金属或合金覆盖于耐蚀性较弱的合金或金属（主体金属）上。金属层保护除具有较强的耐蚀性外，主要能节约大量贵重金属和合金，而且不同的覆盖层具有不同的耐蚀性，能够满足不同的工艺要求，因而在石油、化工防腐蚀工程中得到一定应用。但这种方法施工较复杂、质量不易保证（如镀层多孔、焊接质量不好等），使其应用受到一定限制。常见的金属层保护方式有电镀、化学镀、喷镀、热镀和衬里等。

2. 非金属层保护

非金属层保护是指以有机或无机的非金属材料覆盖在制品表面作为保护层，包括非金属衬里和涂层等。非金属层保护是目前化工机械应用较多的防腐蚀措施。

3. 电化学保护

电化学保护是指根据电化学腐蚀机理，依靠外部电流的流入改变金属的电位，从而降低金属腐蚀速度的一种材料保护技术。按照金属电位变动的趋向，电化学保护分为阴极保护和阳极保护两大类。

4. 缓蚀剂保护

向腐蚀环境中加入的可以降低环境对材料腐蚀作用的物质叫缓蚀剂，又称腐蚀抑制剂。采用缓蚀剂防腐蚀，由于其使用方便，防腐蚀效果显著，同时在整个系统中凡是与介质接触的设备、机器、仪表等均可受到保护，这是其他任何防腐蚀措施都难以达到的效果，所以在石油、化工、钢铁、机械制造、动力和运输等产业得以广泛的应用。

思考与练习

1. 什么是腐蚀?
2. 腐蚀如何分类?
3. 化学腐蚀与电化学腐蚀有哪些区别?
4. 有哪些常用的防腐蚀方法?

第二篇

化工机器

第三章

流体输送机器

§3－1 泵

学习目标

1. 了解泵的分类及其结构特点；
2. 掌握离心泵的结构和工作原理；
3. 熟悉离心泵的分类及型号；
4. 了解往复泵、真空泵、隔膜泵的结构和工作原理。

泵是利用外界加入的能量以提高液体的压力并使之流动的机器。作为液体输送机器，泵在国民经济的各个行业得到了广泛的应用。例如：农业的灌溉和排涝，建筑业的供水和排水，机械制造业中机器的润滑和冷却，热电厂的供水和灰渣的排除，原子能发电站中输送具有放射性的液体等。

在化工生产中，泵的应用更加广泛。化工生产中的原料、半成品和成品大多是液体，将原料制成产品，需要经过复杂的工艺过程，在这个过程中泵起了提供压力及流量的作用。如果把管路比作人体的血管，那么泵就好比人体的心脏。可见，泵在化工生产过程中占有极其重要的地位，是保证化工生产过程连续、安全的重要机器之一。

根据结构和工作原理的不同，泵可分为以下三大类，如图 3－1 所示。

- 泵
  - 叶片式泵（动力式泵）
    - 离心泵
    - 轴流泵
    - 混流泵
    - 旋涡泵
  - 容积式泵
    - 往复泵：活塞泵、柱塞泵、隔膜泵等
    - 回转泵：齿轮泵、螺杆泵、滑片泵等
  - 其他类型泵：喷射泵、水锤泵、真空泵等

图 3－1　泵的分类

叶片式泵是依靠泵内作高速旋转的叶轮把能量传递给液体，从而实现液体输送的机器，如离心泵、轴流泵等。

容积式泵是依靠泵内工作室（泵壳或缸）容积大小作周期性变化来输送液体的。此类泵又可分为往复泵和回转泵。

还有一些其他类型的泵，比如喷射泵、水锤泵、真空泵等。

另外，按输送的液体及其性质，泵还可分为清水泵、油泵、泥浆泵、污水泵、酸泵、碱泵等。

以下重点介绍几种化工生产中常用的泵。

一、离心泵

由于离心泵具有适用性强、结构简单、体积小、操作容易、流量均匀、故障少、寿命长、操作费用和购置费用均较低等突出特点，因而在化工生产中得到了广泛的应用，占化工用泵总量的90%以上。

1. 离心泵的结构

离心泵的类型很多，各种类型的离心泵结构虽然不同，但主要零部件基本相同，主要有泵盖、泵体、叶轮、密封环、泵轴、轴封、轴承、托架、吸入口和排出管等。如图 3－2所示为单级单吸式离心泵及其结构。

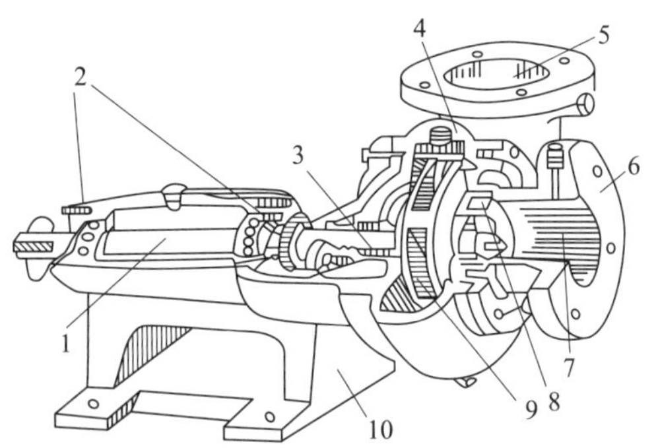

图 3－2　单级单吸式离心泵及其结构

1—泵轴；2—轴承；3—轴封；4—泵体；5—排出管；6—泵盖；7—吸入口；8—密封环；9—叶轮；10—托架

2. 离心泵的工作原理

为了使离心泵能正常工作，必须为其配备一定的管路和管件，这种配备在离心泵上的管路和管件称为离心泵的装置。如图 3－3所示为离心泵及其一般装置，主要由吸液罐、底阀、吸入管路、排出管路等组成。

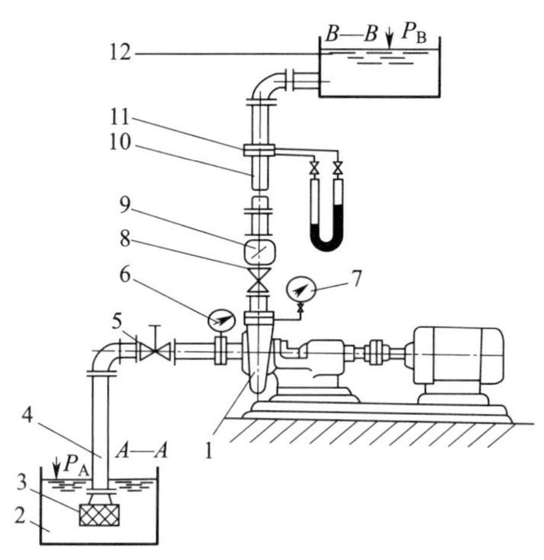

图 3－3 离心泵及其一般装置

1—泵；2—吸液罐；3—底阀；4—吸入管路；5—吸入管调节阀；6—真空表；
7—压力表；8—排出管调节阀；9—单向阀；10—排出管路；11—流量计；12—排液罐

离心泵在启动之前，泵及吸入管路内应灌满液体，此过程称为灌泵。启动电机后，电机通过泵轴带动叶轮旋转，叶轮中的叶片驱使液体一起旋转，在离心力作用下，叶轮中的液体沿叶片流道被甩向叶轮出口，并流经蜗壳送到排出管路。在叶轮中的液体被甩向叶轮出口的同时，叶轮入口中心处就形成了低压，在吸液罐和叶轮中心处的液体之间就产生了压力差，吸液罐中的液体在该压力差作用下，便不断地经吸入管路及泵的吸入室进入叶轮中。这样，叶轮在旋转过程中，一面不断地吸入液体，一面又不断地给予吸入的液体一定的能量，将液体排出。离心泵便是如此连续不断地工作。

离心泵输送液体的过程，实际上完成了能量的传递与转化，电动机高速旋转的机械能转化为被抽升液体的动能和势能。在这个能量的传递与转化过程中，伴随着能量的损失，损失越大，该泵的性能越差、效率越低。

离心泵在运转过程中，常发生“气缚”现象，即因泵内进入空气，使泵不能正常工作。这是因为空气密度较液体密度小得多，所以在叶轮旋转时产生的离心力作用很小，不能将空气压出，使吸入室不能形成足够的真空度，离心泵便失去了抽吸液体的能力。所以离心泵在启动之前，泵及吸入管路内应灌满液体，并且在工作过程中吸入管路和泵体的密封性要好。

对于大功率泵，为减少“气缚”现象，可采用真空泵抽气启动，而不采用装底阀的办法。

3. 离心泵的分类

离心泵的分类方法有很多，通常可按下列三种方法进行分类。

(1) 按叶轮吸入方式分类

按叶轮吸入方式可分为单吸式离心泵和双吸式离心泵。单吸式离心泵的叶轮只在一侧有吸入口，因其叶轮制造方便，故应用极广泛。双吸式离心泵的叶轮两侧都有吸入口，液体从叶轮两侧同时进入叶轮，故泵的流量较大。

（2）按级数分类

按级数可分为单级离心泵和多级离心泵。单级离心泵中只有一个叶轮，是一种应用极广泛的泵，由于液体在泵内只有一次增能，所以扬程较低。具有两个或两个以上叶轮的离心泵称为多级离心泵，级数越多压力越大。

（3）按输送的液体及其性质分类

按输送的液体及其性质可分为清水泵、泥浆泵、酸泵、碱泵、油泵、砂泵、低温泵、高温泵及屏蔽泵等。

4. 离心泵的型号

型号是表征性能特点的代号，我国的离心泵型号尚未完成统一。现在大部分采用以汉语拼音与阿拉伯数字组合的编制方式，通常由如下四部分按照从左到右顺序组成。

第一部分代表泵的吸入口直径，用 mm 为单位的阿拉伯数字表示，如 80、100 等。但大部分老产品用英寸为单位的阿拉伯数字表示，即吸入口直径除以 25 后的整数值，如 2、3、4、6 等。

第二部分代表泵的结构、特征、用途及材料等基本类型，用汉语拼音字母的字首标注，其具体含义见表 3－1。

表 3－1　离心泵基本类型代号

类型	泵的名称	类型	泵的名称
IS	ISO 国际标准型单级单吸式离心泵	S 或 SH	单级双吸式离心泵
B 或 BA	单级单吸悬臂式离心泵	DS	多级分段式首级为双吸叶轮离心泵
D 或 DA	多级分段式离心泵	KD	多级中开式离心泵
DL	多级立式筒形离心泵	KDS	多级中开式首级为双吸叶轮离心泵
Y	离心式油泵	Z	自吸式离心泵
YG	离心式管道油泵	FY	耐腐蚀液下式离心泵
F	耐腐蚀泵	W	一般旋涡泵
P	屏蔽式离心泵	WX	旋涡离心泵

第三部分代表泵的扬程及级数，用 m 为单位的阿拉伯数字表示。很多老产品此部分为比转数被 10 除后的整数值。

第四部分代表泵的变型产品，用三个大写字母 A、B、C 分别表示。

示例：

“3B33A” 表示吸入口直径为 3 英寸、扬程为 33 m、叶轮经第一次切割的单级单吸悬臂式离心泵。

“100D16×8” 表示吸入口直径为 100 mm、单级扬程为 16 m、总扬程为 16×8＝128（m）的 8 级多级分段式离心泵。

“105F35” 表示吸入口直径为 105 mm、扬程为 35 m 的耐腐蚀泵。

“80Y100×2A” 表示吸入口直径为 80 mm、单级扬程为 100 m、总扬程为 100×2＝200（m）、叶轮经第一次切割的 2 级离心式油泵。

我国的离心泵行业多采用国际标准 ISO 2858—1975（E）的有关标记、额定性能参数和系列尺寸设计制造新型号的 IS 泵，其型号由如下五部分按照从左到右顺序组成。

第一部分代表泵的名称，用符号“IS”表示。

第二部分代表泵的吸入口直径，以 mm 为单位，用阿拉伯数字表示。

第三部分代表泵的排出口直径，以 mm 为单位，用阿拉伯数字表示。

第四部分代表泵的叶轮名义直径，以 mm 为单位，用阿拉伯数字表示。

第五部分代表泵的变型产品，用 A、B、C 三个大写字母分别表示。

示例：在离心泵的 IS65－50－160A 型号中：

IS 代表 ISO 国际标准型单级单吸式离心泵；

65 代表吸入口直径 65 mm；

50 代表排出口直径 50 mm；

160 代表叶轮名义直径 160 mm；

A 代表叶轮经第一次切割。

5. 离心泵的主要性能参数

离心泵的主要性能参数有流量、扬程、转速、功率、效率等。

（1）流量

单位时间内排出的液体量称为离心泵的流量。流量分体积流量和质量流量。其中，体积流量用 Q 表示，单位为 m^3/min、m^3/h 或 L/s；质量流量用 G 表示，单位为 kg/s 或 t/h。

质量流量与体积流量的关系为：

$$G = \rho Q \tag{3-1}$$

式中，ρ 为输送温度下液体的密度，kg/m^3。

单位时间内流入叶轮内的液体体积流量称为理论流量，用 Q_{th}表示，单位与 Q 相同。

（2）扬程

单位质量的液体，从离心泵进口到出口的能量增值称为离心泵的扬程，即单位质量的液体通过离心泵所获得的有效能量。

在实际生产中，习惯将单位质量的液体通过离心泵后所获得的能量称为扬程，用 H 表示，其单位为 m，即用高度来表示。应当注意，不要把离心泵的扬程与液体的升扬高度等同起来，因为离心泵的扬程不仅要用来提高液体的位高，而且还要用来克服液体在输送过程中的流动阻力，以及提高输送液体的静压能和保证液体具有一定的流速。

（3）转速

离心泵的转速是指泵轴每分钟的转数，用 n 表示，单位为 r/min。在国际单位制（SI 制）中，转速为泵轴每秒钟的转数，用 n_f 表示，单位为 1/s，即 Hz。

（4）功率

功率是指离心泵在单位时间内所做的功，有以下两种表示法：

1）有效功率。单位时间内离心泵对输送液体所做的功称为有效功率，用 N_e 表示，单位为 W，即 J/s。

2）轴功率。单位时间内由原动机传递到离心泵主轴上的功率称为轴功率，用 N 表示。日常技术指标和计算使用的功率即为轴功率。

（5）效率

效率是衡量离心泵工作经济性的指标，用 η 表示。由于离心泵在工作时，泵内存在各种损失，所以泵不可能将原动机输入的功率全部转变为液体的有效功率。η 值越大，则该离心泵的经济性越好。

6. 离心泵的性能曲线

离心泵的性能曲线是指在一定的工作转速下，扬程 H、功率 N 和效率 η 随流量 Q 的变化规律，分别用 $H-Q$、$N-Q$ 和 $\eta-Q$ 来表示。离心泵的性能曲线不仅与泵的型号、转速、几何尺寸有关，同时与液体在泵内流动时的各种能量损失和泄漏损失有关。

熟悉和掌握离心泵的性能曲线，能够正确选用离心泵并且使其在最有利的工况下工作，而且能够解决操作中所遇到的许多实际问题。离心泵的性能曲线可以用理论分析和实验测定两种方法绘制。

理论分析方法是依据离心泵的基本方程，将扬程、功率、效率和流量之间的关系绘制出来并研究讨论性能参数之间变化规律的方法，这样得出的曲线称为理论性能曲线，它能够定性地得出流量和扬程、功率、效率之间的变化规律。但是离心泵内部各种损失使得理论性能曲线和实际情况存在着明显差别，因此在实际应用时，均是利用实验测定方法绘制离心泵的性能曲线（见图 3－4）。

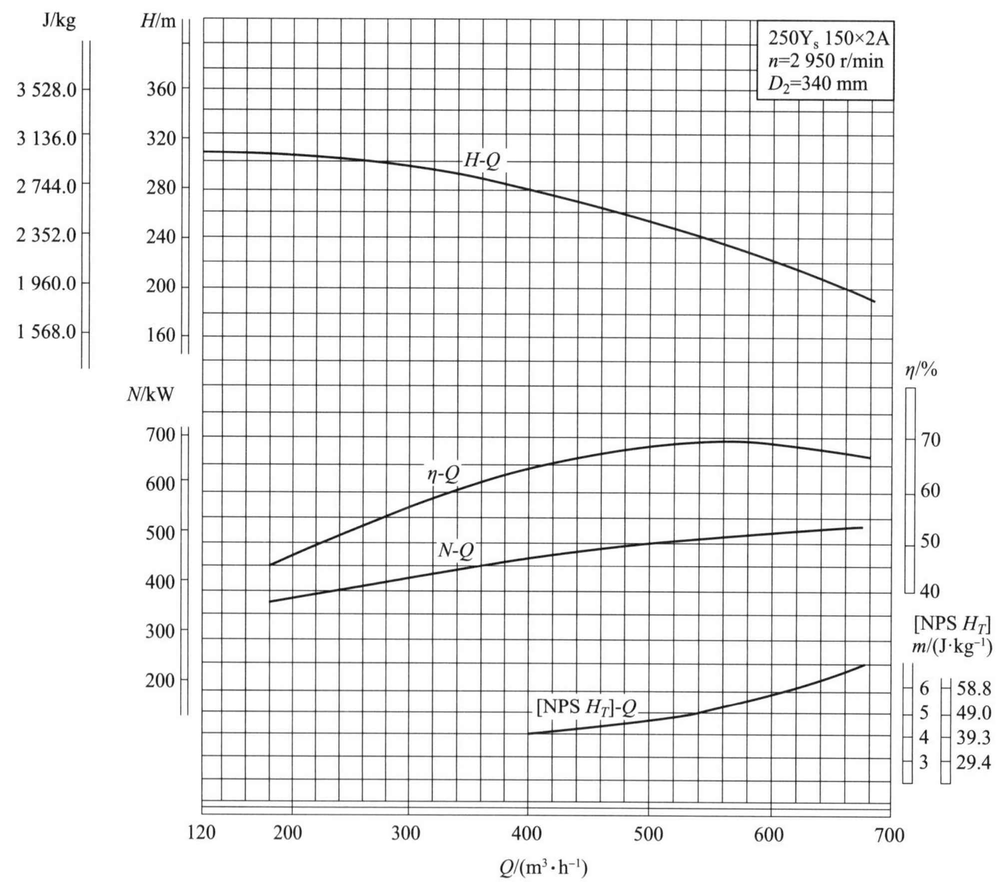

图 3－4　离心泵的性能曲线

（1）实际性能曲线分析

离心泵在一定转速下工作时，对于每一个可能的流量，总有一组与其相对应的 Q、H 和 N 值，它们表示离心泵某一特定的工作状况（简称工况），该特定的工况在性能曲线上的位置称为离心泵的工况点，对应于最高效率的工况称为最佳工况点。离心泵的设计工况点一般应与最佳工况点重合，并在最佳工况点附近运行，以获得较好的经济性。离心泵性能曲线一般都标出这一范围，称为高效工作区。当流量 $Q=0$ 时，泵的扬程 H 不等于零，其值称为关死扬程；轴功率也不等于零，该值称为空载轴功率，这时的功率 N 为最小。由于这时无液体排出，所以泵的效率 η 为零。

（2）实际性能曲线的形状

1）扬程性能曲线的形状。扬程性能（$H-Q$）曲线有“平坦”“陡降”“驼峰”三种形状，如图 3 – 5 所示。

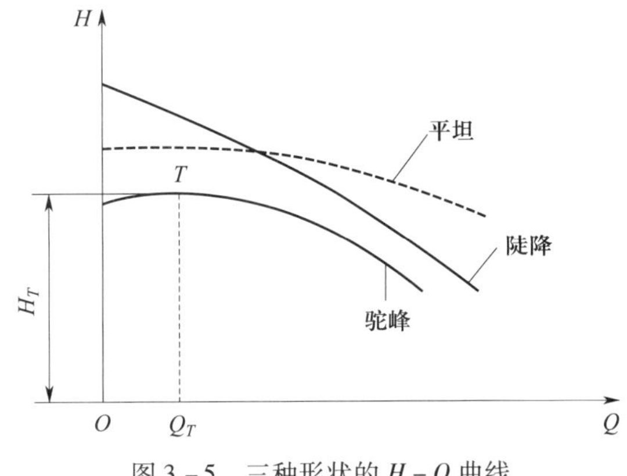

图 3 – 5　三种形状的 $H-Q$ 曲线

①平坦形 $H-Q$ 曲线。在流量 Q 变化较大时，扬程 H 变化不大。它适用于生产中流量变化较大，而管路系统中压力降变化不大的场合，较适于用排液管路上的阀门来调节流量。因为改变阀门开度调节流量时，随着管路性能曲线变化而泵的工作点的扬程变化不大，即调节的节流损失较少，故调节经济性好。

②陡降形 $H-Q$ 曲线。当流量 Q 稍有变化时，扬程 H 有较大的变化。因此，它适用于系统中流量变化较小而压力降变化较大，或当压力降变化较大时而要求流量较稳定的场合。如在输送纤维浆液的系统中，为了避免当流速减慢时纤维液在管路中堵塞，需要离心泵供给较大的能头。

③驼峰形 $H-Q$ 曲线。在一定流量 Q 范围（小于最高点 H 下的流量 Q）内，容易产生不稳定工况。离心泵应避免在不稳定工况下运行，一般应在曲线下降部分操作。

2）功率性能曲线的形状。功率性能（$N-Q$）曲线也大体可分为“平坦”“陡降”“驼峰”三种形状。

①平坦形 $N-Q$ 曲线。功率 N 随流量 Q 的增大变化不大。

②陡降形 $N-Q$ 曲线。功率 N 随流量 Q 增大而下降。具有这种功率特性的离心泵，不宜采用封闭启动，在启动时泵的出口阀应打开。此时泵配备的电动机功率储备也应大些。

③驼峰形 $N-Q$ 曲线。功率 N 随流量 Q 增大而上升。在流量 $Q=0$ 时，功率 N 有最小值，称为封闭功率。在无特殊限制的情况下，具有这种功率特性的离心泵，可采用关闭出口阀封闭启动，以减少其启动功率。

3）效率性能曲线的形状。离心泵的效率性能（$\eta-Q$）曲线都有最高点，一般希望泵在对应效率最高点附近的流量下工作，此时泵有最佳的运转经济性。当流量偏离此最高效率点所对应的流量时，泵的效率会下降。有些离心泵在较宽的流量变化范围内有较宽的高效工作区，而有些离心泵高效工作区所对应的流量变化范围却比较窄。对于流量变化较大的情况，宜选择高效工作区较宽的离心泵。

（3）实际性能曲线的应用

1）$H-Q$ 曲线是选择和操作离心泵的主要依据。离心泵在一定转速下工作时，在每一个流量 Q 上，只能给出一个对应的扬程 H。随着流量 Q 的增加，扬程 H 逐渐下降，当流量 Q 为零时，扬程 H 为一固定值。

2）$N-Q$ 曲线是合理选择原动机功率和正常启动离心泵的依据。通常应按所需流量变化范围中的最大值，再加上适当的安全裕量来确定原动机的功率。应确保离心泵在功耗最小的条件下启动，以降低启动电流，保护电机。一般当流量 $Q=0$ 时，离心泵的功率 N 最小。因此启动离心泵时，应关闭出口调节阀门，待泵正常运转后，再调节到所需流量。

3）$\eta-Q$ 曲线是检查离心泵工作经济性的依据，泵应尽可能在高效区工作。为了扩大离心泵的使用范围，通常规定对应于最高效率点以下 7% 的工况范围为高效工作区。

7. 化工生产中常用的离心泵

（1）IS 型泵

IS 型泵为单级单吸式离心泵，它是按国际标准规定的性能和尺寸设计的，是一种节能新产品，目前已替代 B 型泵。IS 型泵用于输送清水和性质与水相似的液体，温度不超过 80 ℃，流量为 6.3～430 m^3/h，扬程为 5～180 m，转速为 2 900 r/min 或1 450 r/min。

如图 3－6 所示为 IS 型泵及其结构。IS 型泵为后开门结构，主要由泵体、泵盖、叶轮、轴、密封环、轴套及悬架轴承部件等组成，通常采用加长弹性联轴器与电动机连接，自进口方向看叶轮逆时针旋转。

（2）单级双吸离心泵

此类泵扬程为 10～350 m，流量为 90～28 600 m^3/h，用于输送清水和性质与水相似的液体，按轴的安装位置不同，分卧式和立式两种结构。

如图 3－7 所示为卧式单级双吸式离心泵及其结构。这种泵实际上相当于由两个 IS 型泵的叶轮组合而成，液体从叶轮左右两侧进入，流量大。转子为两端支承，泵壳为水平剖分的蜗壳形。两个呈半螺旋形的吸入室与泵壳一起为中开式结构，共用一根吸液管，吸入、排出管路均分布在下半个泵壳的两侧，检查泵时，不必拆卸与泵相连接的管路。由于泵壳和吸入室均为蜗壳形，为了在灌泵时能将泵内气体排出，在泵壳和吸入室的最高点处分别开有螺孔，灌泵完毕用螺栓封住。IS 型泵的轴封装置采用填料密封，填料函中设置连接水封管，

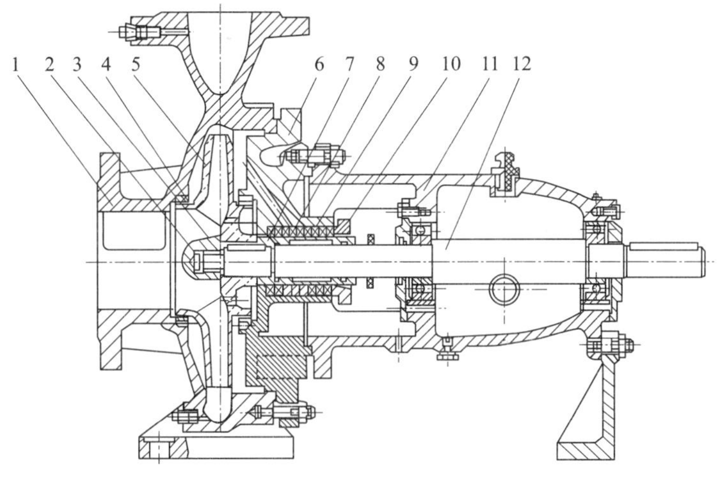

图 3-6　IS 型泵及其结构

1—泵体；2—叶轮螺母；3—止动垫圈；4—密封环；5—叶轮；6—泵盖；7—轴套；8—填料环；9—填料；10—填料压盖；11—悬架轴承部件；12—轴

用细管将压液室内的液体引入其中以冷却并润滑填料。轴向力自身平衡，不必设置轴向力平衡装置。在相同流量下，双吸式离心泵比单吸式离心泵的抗汽蚀性要好。

（3）多级离心泵

人们把若干个叶轮安装在同一个泵轴上，每个叶轮与其外围的液体导流装置形成一个独立的工作室，这个工作室可以认为是一个单级离心泵，每个工作室前后串联，就构成了多级离心泵。与多个单级离心泵串联相比，多级离心泵具有效率高、占地面积小、操作费用低、便于维修等优点。该类泵的流量为 5 ~ 1 000 m^3/h，扬程最大可达 3 300 m。

多级离心泵除了具有单级离心泵的优点之外，它最大的优点就是扬程高。多级离心泵的用途十分广泛，例如：在化肥生产中，用多级离心泵将氨水打入碳化塔，由氨水吸收加压氮氢混合气中的二氧化碳，生产出碳酸氢铵；锅炉的给水；山区的深井提灌等。

多级离心泵按其结构可分为分段式和中开式，其中分段式多级离心泵应用广泛。如图 3-8所示为多级分段式离心泵及其结构，泵体是垂直剖分多段式，由一个首段、一个尾段和若干个中段组成，用 4 个长杆螺栓连接为一个整体。安装在泵轴上的叶轮的个数代表离

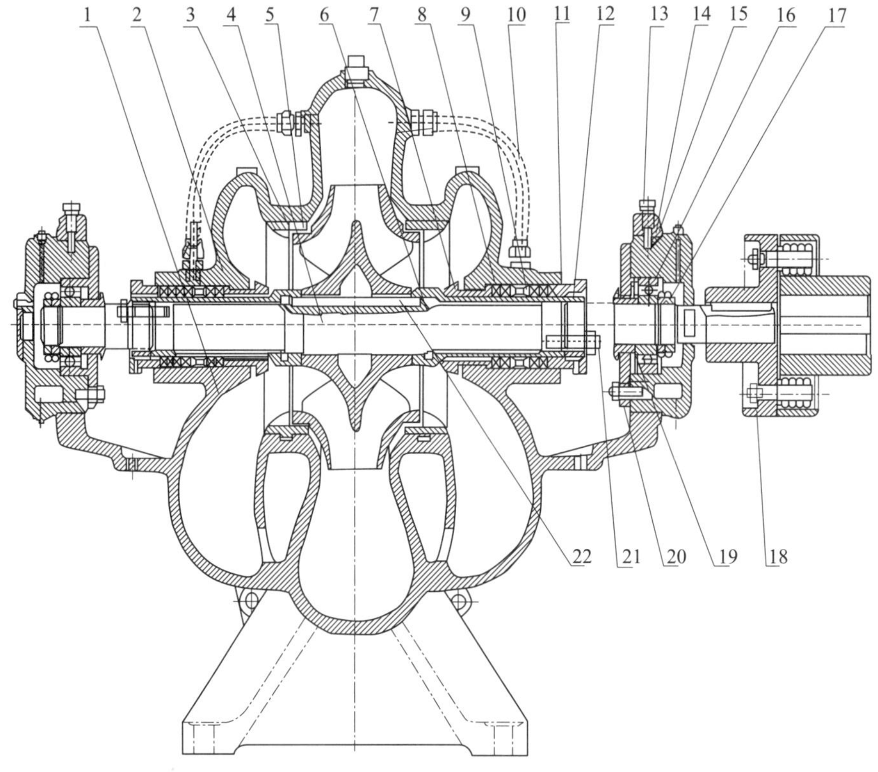

图 3－7 卧式单级双吸式离心泵及其结构

1—泵体；2—泵盖；3—叶轮；4—泵轴；5—密封环；6—轴套；7—填料挡套；8—填料；9—填料环；10—水封管；11—填料压盖；12—轴套螺母；13—固定螺栓；14—轴承架；15—轴承体；16—单列向心球轴承；17—圆螺母；18—联轴器；19—轴承挡套；20—轴承盖；21—键；22—双头螺栓

心泵的级数，中段的每个叶轮配一个导轮。叶轮一般为单吸式的，吸入口都朝向一个方向。为了平衡轴向力，在尾段后面装有平衡盘，并用平衡管和首段进口相连通。叶轮的转子在工作过程中可以沿轴向左右窜动，靠平衡盘的推力平衡叶轮组的轴向力，将转子维持在平衡位置附近。轴的两端用轴承支承，并置于轴承座上，两端均有轴封装置。

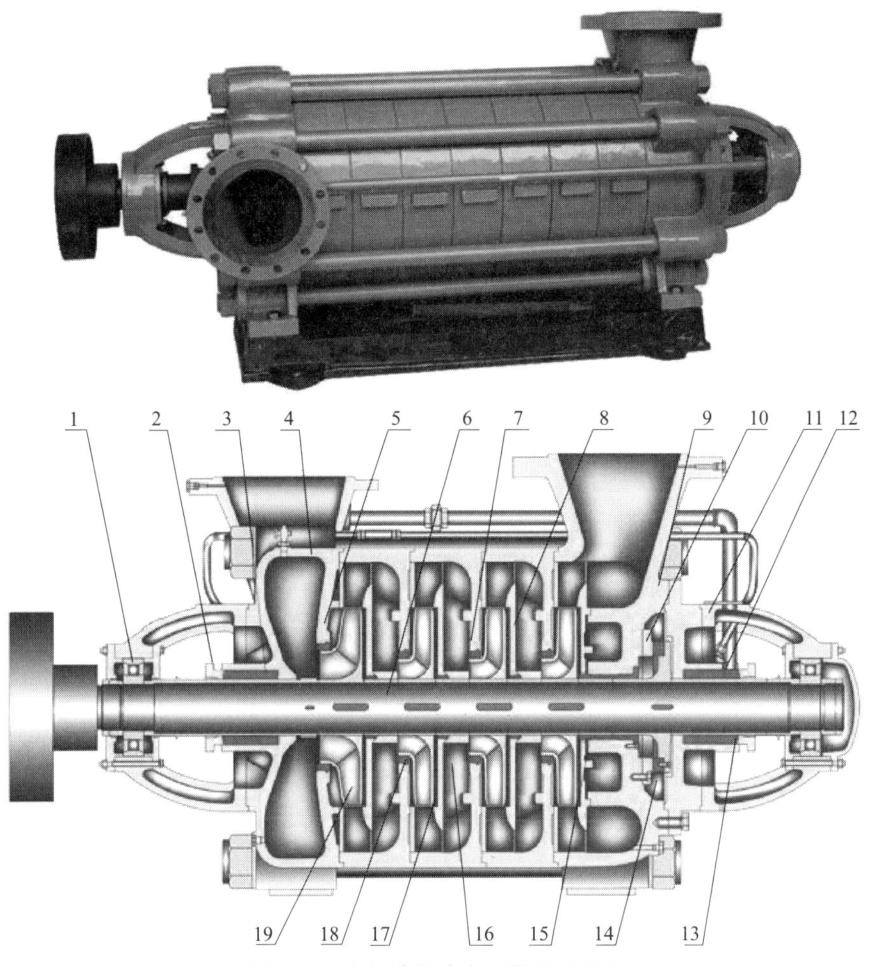

图 3－8　多级分段式离心泵及其结构

1—轴承；2—填料压盖；3—填料；4—进水段；5—首级密封环；6—轴；7—中段；8—导叶；9—出水段；10—平衡板；11—尾盖；12—轴套；13—O 形圈；14—平衡盘；15—平衡套；16—导叶套；17—叶轮；18—密封环，19—首级叶轮

（4）屏蔽泵

化工厂常用的屏蔽泵，属于单级单吸悬臂式离心泵，如图 3－9 所示为屏蔽泵及其结构。

屏蔽泵又称无填料泵，这种泵用于输送易燃、易爆、有毒、有放射性及贵重液体，也可作为高压设备的循环用泵。其结构特点是泵的叶轮与电动机的转子在同一根轴上，装在同一个密封的壳体内，没有联轴器和轴封装置，从根本上消除了液体的泄漏隐患。

屏蔽泵具有结构简单紧凑、零件少、占地面积小、操作可靠、长期不需要检修等优点。其缺点是效率低，比一般离心泵的效率低 26%～50%。

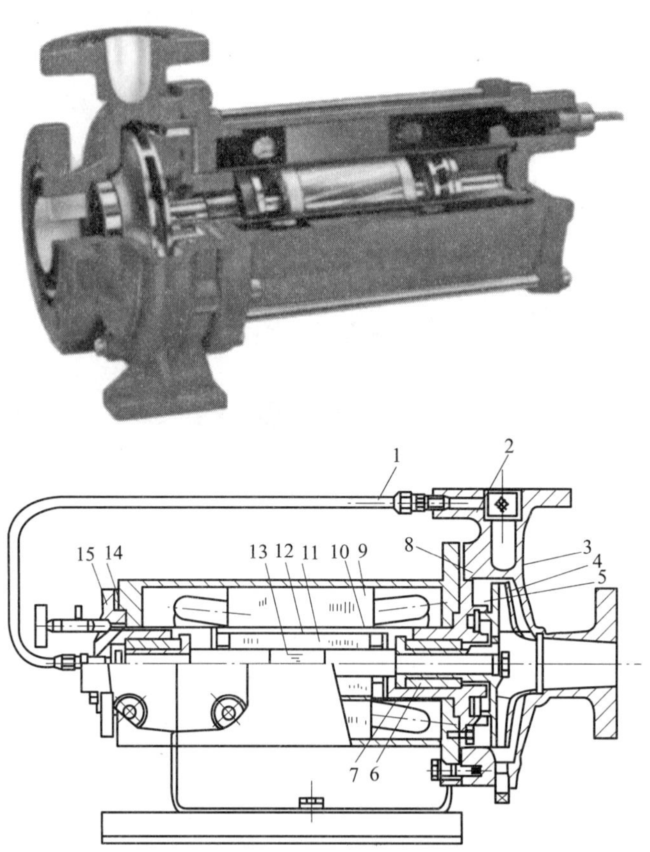

图 3－9　屏蔽泵及其结构

1—循环管路；2—过滤器；3—泵体；4—叶轮；5—前轴承室；6—轴承；7—轴套；8—垫片；9—定子；10—定子屏蔽套；11—转子；12—转子屏蔽套；13—轴；14—垫片；15—后轴承室

8. 离心泵的主要零部件

（1）叶轮

叶轮的主要作用是做功，依靠它高速旋转对液体施加能量而实现液体的输送，是离心泵的重要部件之一。

叶轮一般由轮毂、叶片和盖板三部分组成。叶轮的盖板有前盖板和后盖板之分，其入口侧的盖板称为前盖板，另一侧的盖板称为后盖板。

按结构类型，叶轮可分为以下三种（见图 3－10）：

1）闭式叶轮。闭式叶轮的两侧均有盖板，盖板间有 4～6 个叶片，如图 3－10a 所示。闭式叶轮效率高、应用广，适用于输送不含固体颗粒及纤维的清洁液体。闭式叶轮有单吸和双吸两种类型，适用于大流量泵，其抗汽蚀性较好。

2）开式叶轮。开式叶轮的两侧均没有盖板，叶片通过筋板连接在轮毂上，如图 3－10b 所示。开式叶轮结构简单、制造容易，但效率低，适用于输送含较多固体悬浮物或带纤维的液体。

3）半开式叶轮。半开式叶轮只有后盖板，如图 3－10c 所示。它适用于输送易于沉淀或含固体悬浮物的液体，其效率介于开式叶轮和闭式叶轮之间。

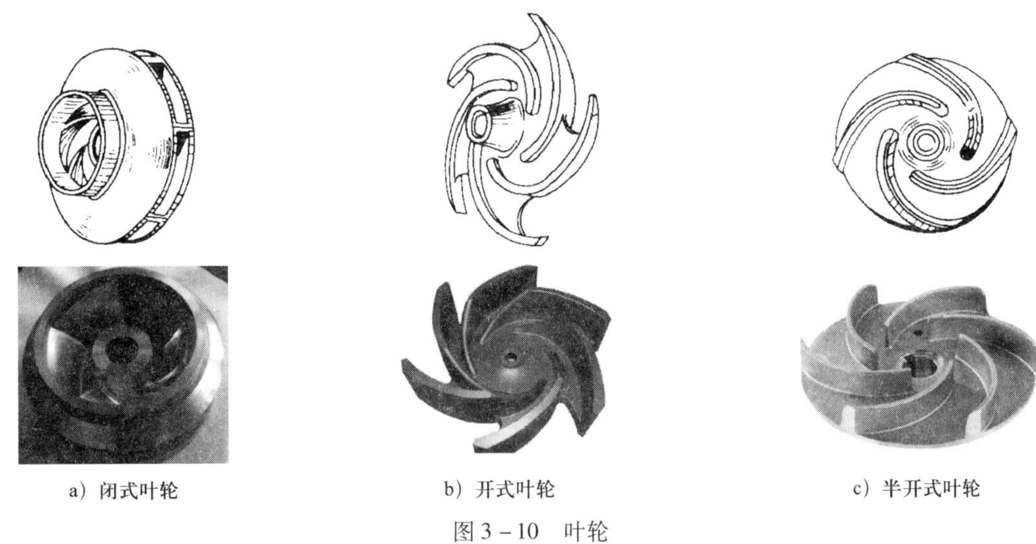

a）闭式叶轮　b）开式叶轮　c）半开式叶轮

图 3－10　叶轮

（2）蜗壳和导轮

蜗壳和导轮的作用主要包括两个方面：一是汇集叶轮出口处的液体，将其引入下一级叶轮入口或泵的出口；二是将叶轮出口的高速液体的部分动能转变为静压能。一般单级和多级中开式离心泵常设置蜗壳，多级分段式离心泵则采用导轮。

蜗壳是指叶轮出口到下一级叶轮入口或到泵的出口管之间截面积逐渐增大的螺旋形流道，如图 3－11 所示。其流道逐渐扩大，出口为扩散管状，液体从蜗壳流出后，其流速可以平缓地降低，使很大一部分动能转变为静压能。

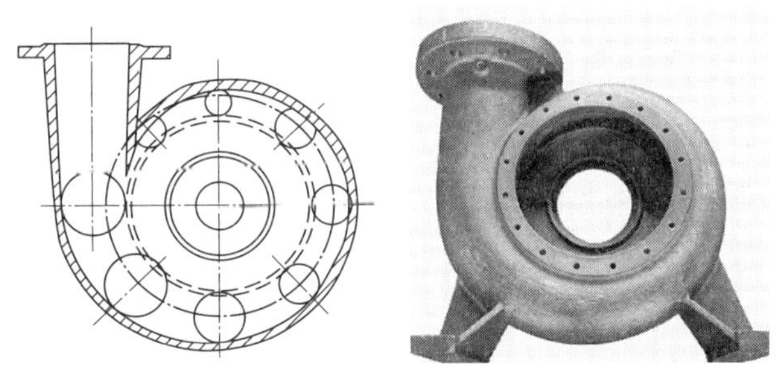

图 3－11　蜗壳

导轮是一个固定不动的圆盘，正面有包在叶轮外缘的正向导叶，这些导叶构成了一条条扩散形流道，背面有将液体引向下一级叶轮入口的反向导叶，其结构如图 3－12 所示。液体从叶轮甩出后，平缓地进入导轮，沿着正向导叶继续向外流动，速度逐渐降低，动能大部分转变为静压能，经导轮背面的反向导叶被引入下一级叶轮。

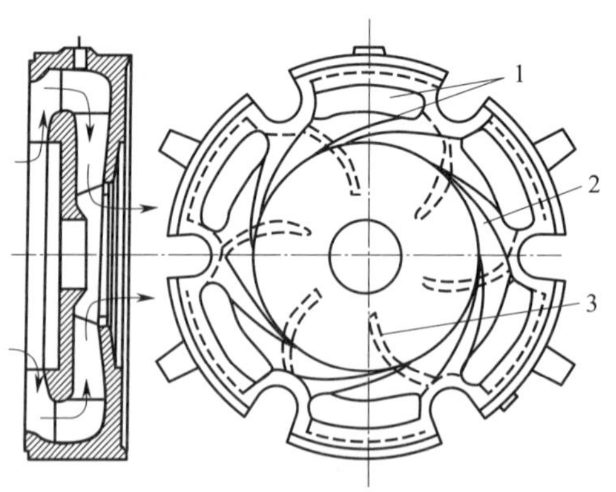

图 3－12　导轮的结构

1—流道；2—正向导叶；3—反向导叶

（3）密封环

从叶轮流出的高压液体通过旋转的叶轮与固定的泵壳之间的间隙又回到叶轮的吸入口，称为内泄漏，如图 3－13 所示。为了减少内泄漏，保护泵壳，可在与叶轮入口处相对应的壳体上装设可拆换的密封环。

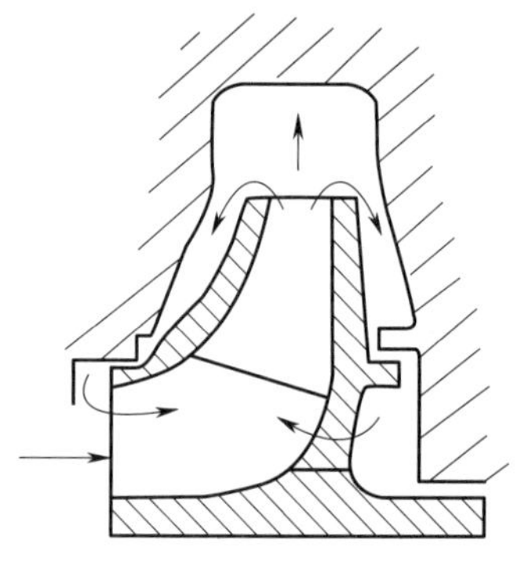

图 3－13　内泄漏

密封环的结构有三种（见图 3－14）。如图 3－14a 所示为平环式密封环，它的结构简单、制造方便，但密封效果差；如图 3－14b 所示为直角式密封环，因液体泄漏必须突破一个 90°的通道，因此密封效果比平环式密封环好，应用广泛；如图 3－14c所示为迷宫式密封环，它的密封效果好，但结构复杂、制造困难，一般在离心泵中很少采用。

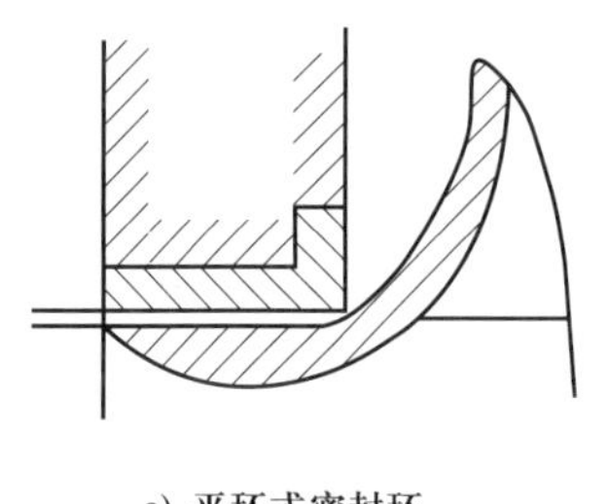

a) 平环式密封环

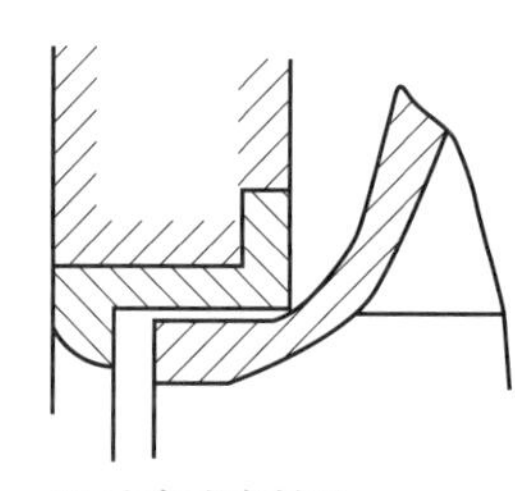

b) 直角式密封环

c) 迷宫式密封环

图 3－14　密封环的结构

（4）轴向密封装置

从叶轮流出的高压液体，经过叶轮背面，沿着泵轴和泵壳的间隙流向泵外，称为外泄漏。在旋转的泵轴和静止的泵壳之间的密封装置称为轴向密封装置，简称轴封装置。它可以防止和减少外泄漏，提高泵的效率，同时还可以防止空气被吸入泵内，保证泵的正常运行。特别是在输送易燃、易爆和有毒液体时，轴封装置的密封可靠性是保证离心泵安全运行的重要条件。

常用的轴封装置有填料密封和机械密封两种。

1）填料密封。填料密封是指依靠填料和轴（轴套）的外圆表面接触来实现密封的装置。填料密封由填料箱（又称填料函）、填料、液封环、填料压盖和双头螺栓等组成，其结构及安装如图 3－15 所示。液封环安装时必须对准填料函上的入液口，通过液封环与泵的引液管相通，引入压力液体形成液封，并冷却润滑填料。

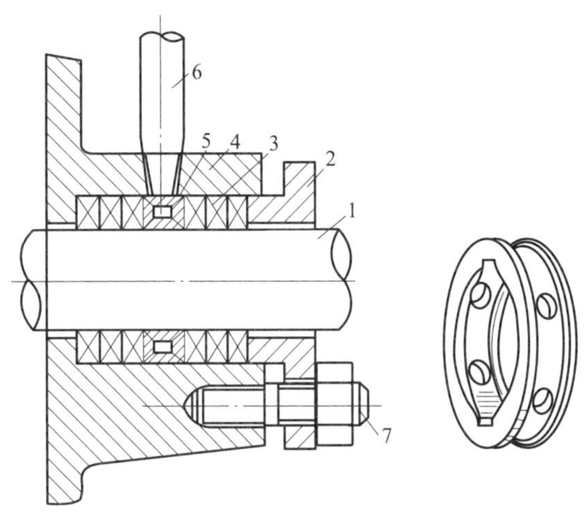

图 3－15　填料密封的结构及安装

1—轴；2—填料压盖；3—填料；4—填料函；5—液封环；6—引液管；7—双头螺栓

填料密封是通过填料压盖压紧填料，使填料发生变形，并和轴（或轴套）的外圆表面紧密接触，防止液体外流和空气吸入泵内。

填料密封的密封性可以通过调节填料压盖的松紧程度加以控制。若填料压盖过紧，虽密封性更好，但会使轴和填料间的摩擦增大，加快轴的磨损，增加功率消耗，严重时会造成发热、冒烟，甚至将填料烧毁。若填料压盖过松，则密封性差，泄漏量将增加，这也是不允许的。因此，填料压盖合理的松紧程度应该是使液体能从填料函中滴状漏出，且每分钟控制在 15～20 滴。

2）机械密封。填料密封的密封性能较差，不适用于高温、高压、高转速、强腐蚀等恶劣的工作条件。相比较而言，机械密封具有密封性能好、结构紧凑、使用寿命长、功耗小等优点，近年来在化工生产中得到了广泛的使用。

机械密封的结构如图 3－16 所示，用紧固螺钉将传动座固定在轴上，传动座、弹簧、动环和动环密封圈均随轴转动，静环、静环密封圈装在压盖上，并由防转销固定，静止不动。其中，动环、静环、动环密封圈和弹簧是机械密封的主要零件，而动环随轴转动并与静环紧密贴合是保证机械密封达到良好效果的关键。

9. 轴向力及其平衡

（1）轴向力的产生及危害

离心泵工作时，由于叶轮两侧液体压力分布不均匀（轮盖侧压力低，轮盘侧压力高），会产生一个与轴线平行的轴向力，如图 3－17 所示，其方向指向叶轮入口。由于轴向力的存

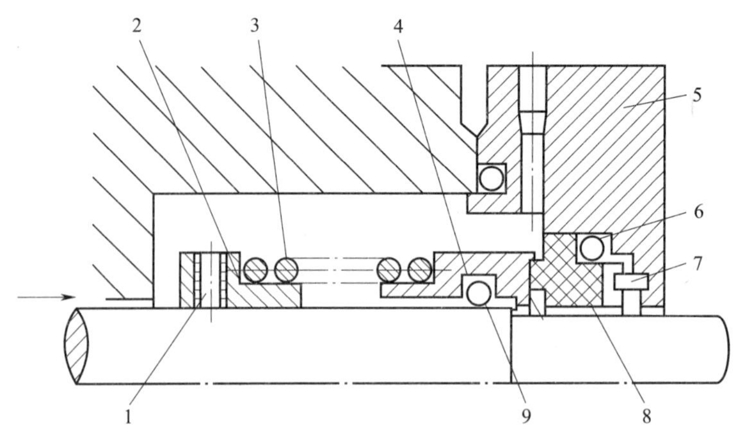

图 3-16　机械密封的结构

1—紧固螺钉；2—传动座；3—弹簧；4—动环；5—压盖；6—静环密封圈；7—防转销；8—静环；9—动环密封圈

在，会使泵的整个转子发生轴向窜动，造成振动并使叶轮入口外缘与密封环产生摩擦，严重时造成泵不能正常工作。因此，必须平衡轴向力并限制转子的轴向窜动。

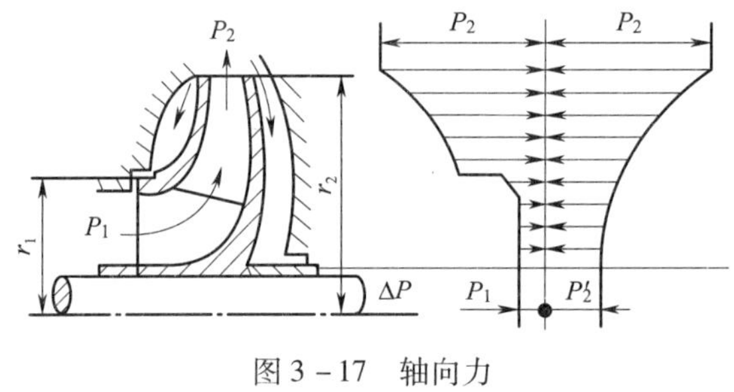

图 3-17　轴向力

(2) 轴向力的平衡

单级离心泵轴向力的平衡可以采用叶轮上开平衡孔或采用双吸叶轮、平衡管、平衡叶片等方法；多级离心泵轴向力的平衡可以采用叶轮对称布置或采用平衡鼓、平衡盘等装置的方法，其中平衡盘装置的应用最为广泛。

10. 离心泵的汽蚀及预防措施

(1) 汽蚀的产生原因

根据离心泵的工作原理可知，液体是在吸液罐压力 P_A 和叶轮入口附近最低压力 P_k 之间形成的压力差（$P_A - P_k$）作用下流入叶轮的，当 P_A 一定时，P_k 越小，则泵的吸入能力就越强。

但当 P_k 低于液体相应温度下的饱和蒸气压力 P_t 时，液体便剧烈汽化而生成大量气泡，这些气泡随之被带入叶轮内的高压区，在高压作用下，气泡被压缩重新凝结成液体，气泡溃灭，形成空穴。瞬间内，周围的液体会以极高的速度向空穴冲击，造成液体相互撞击，使局部压力骤增（可达 10 MPa）。这不仅阻挠液体正常流动，更严重的是，如果这些气泡在叶片壁面附近溃灭，则周围的液体就像无数小子弹头一样，以极高的频率连续撞击金属材料表面，金属材料表面因冲击、疲劳而受损剥落。若气泡内含有一些活性气体（如氧气等），它们借助气泡凝结时放出的热量，对金属起电化学腐蚀作用，这就加快了金属材料表面受损剥落的速度。这种液体汽化、凝结形成高频冲击负荷，造成金属材料表面的受损剥落和电化学腐蚀的综合现象统称为汽蚀现象。

（2）汽蚀的危害

汽蚀除了上述会造成离心泵的叶轮金属材料表面受损剥落以及电化学腐蚀外，还会使泵产生振动和噪声。气泡溃灭时，液体相互撞击并冲击金属材料表面，产生各种频率的噪声，严重时可听见泵内有“噼啪”的爆裂声。同时，汽蚀还会引起机组振动，若机组振动频率与撞击频率相等，则产生更强烈的汽蚀共振，致使机组被迫停车。

（3）汽蚀的预防措施

提高离心泵抗汽蚀性可以从两方面进行考虑：一方面是合理地设计泵的吸入装置及其安装高度，使泵入口处具有足够大的汽蚀余量；另一方面是改进泵本身的结构参数或结构类型，使泵具有尽可能小的允许汽蚀余量。以离心泵本身考虑，可以采取以下方法。

1）降低吸入管阻力。在离心泵的吸入管路系统中，增大吸入管直径，采用尽可能短的吸入管，减少不必要的弯头、阀门等。

2）采用双吸式叶轮。双吸式叶轮相当于两个单吸式叶轮背靠背地合并在一起工作，使每侧通过的流量为总流量的一半，从而使叶轮入口处的流速减小。

3）采用诱导轮。在离心泵叶轮前加诱导轮能提高泵的抗汽蚀性，而且效果显著。诱导轮是一个轴流式的螺旋形叶轮，与轴流泵叶轮有明显差别。当液体流过诱导轮时，诱导轮对液体做功而增加能头，即对进入后面离心泵叶轮的液体起到增压作用，从而提高了泵的吸入性能。

4）采用超汽蚀叶形诱导轮。近年来，发展了一种超汽蚀泵，即在离心泵叶轮前增加轴流式的超汽蚀叶形诱导轮。超汽蚀叶形诱导轮具有薄而尖的前缘，以诱发一种固定型的气泡，并完全覆盖叶片。气泡在超汽蚀叶形诱导轮后的液流中溃灭，即在超汽蚀叶形诱导轮出口和离心叶轮进口之间溃灭，故叶轮叶片的材料不会被汽蚀破坏。这种在汽蚀显著发展时，将整个叶形都包含在汽蚀空气之内的汽蚀阶段称为超汽蚀。

5）采用抗汽蚀材料。当使用条件受到限制，不可能完全避免发生汽蚀时，应采用抗汽蚀材料制造叶轮，以延长叶轮的使用寿命。常用抗汽蚀材料有铝铁青铜 9－4、不锈钢 2013、稀土合金铸铁和高镍铬合金等。实践证明，材料强度和韧性越优良，其硬度和化学稳定性越好，叶道表面越光滑，则其抗汽蚀性也越好。

11. 离心泵的操作

（1）启动及停车

1）启动前的检查。为保证离心泵的安全运行，在启动前，应对整个机组做全面的检查，发现问题要及时处理。启动前的检查内容如下：

①电动机和泵固定是否良好，螺钉及螺母有无松动脱落。

②检查各轴承的润滑是否充足，润滑油是否变质。

③如果是第一次使用或重新安装的泵，应检查其转动方向是否正确。

④检查吸液罐及滤网上是否有杂物。

⑤检查填料函内的填料是否发硬。

⑥检查排液管上的阀门启闭是否灵活。

⑦检查电动机的电气线路是否正确。

⑧检查机组附近有无妨碍运转的物体。

2）启动前的准备。经过全面检查，确认一切正常后，才可做离心泵启动的准备工作，主要包括以下几项工作：

①关闭排水管路上的阀门，以降低启动电流。

②打开放气旋塞，向泵内灌水，同时用手转动联轴器，使叶轮内残存的空气尽可能排出，直至放气旋塞有水冒出时，才将其关闭。

③大型泵采用真空泵抽气灌水时，应关闭放气旋塞及真空表和压力表的旋塞，以保护仪表的准确性。

3）启动。完成以上准备工作后，即可启动离心泵。启动后待离心泵转速稳定，电流表指针指示到指定位置，这时把真空表及压力表的旋塞打开，并慢慢开启出口阀门，泵进入正常运行状态。与此同时还应将水封管的阀门打开。

离心泵启动后，空转时间不能太长，通常以 2 ~ 4 min 为限，如果时间过长，水的温度就会升高，可能导致汽蚀现象发生或其他不良后果。

4）停车。在离心泵停车前应先关闭压力表和真空表阀门，然后将排水阀关闭，这样在减小振动的同时，可防止液体倒灌。之后停转电动机，关闭吸入阀、冷却水、机械密封冲洗水等。最后要注意在离心泵停车后，仍然要做好清洁工作。

在寒冷季节，特别是在室外的离心泵，在停车后应立即放尽泵内液体，以防结冰冻裂泵体。备用泵应定期启动。

二、往复泵

往复泵（见图 3－18）是容积式泵的一种，它依靠活塞（或柱塞）在泵缸内往复运动，使工作容积周期性的增大与减小，以此来吸排液体。在输送高压力、小流量、黏度大的液体，以及要求精确计量及要求流量随压力变化小的情况下，常采用各种类型的往复泵。

图 3－18　往复泵

1. 往复泵的结构

往复泵通常由两个基本部分组成：一部分是实现机械能转换成压力能，并直接输送液体的部分，称液缸部分或液力部分；另一部分是动力和传动部分，称动力部分。往复泵的结构如图 3 – 19 所示。

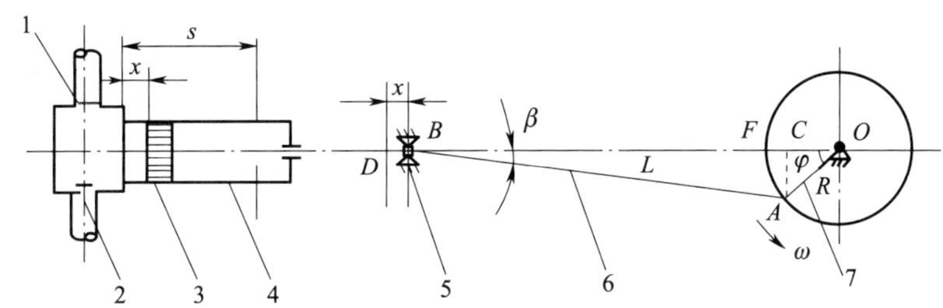

图 3 – 19　往复泵的结构

1—吸入阀；2—排出阀；3—活塞；4—泵缸；5—十字头；6—连杆；7—曲柄

2. 往复泵的工作原理

往复泵的工作过程可分为吸入和排出两个过程。

（1）吸入过程

当活塞从泵缸左端向右端移动时，泵缸内的容积逐渐增大，同时压力降低，排出阀关闭，吸液罐内的液体在压差作用下，沿吸入管顶开吸入阀进入泵缸，直至活塞移动到最右端，泵缸内充满液体。

（2）排出过程

当活塞由右端向左端移动时，泵缸内液体受到挤压，压力升高，吸入阀关闭，排出阀打开，使液体从排出管排出，直到活塞移动到最左端，完成排液过程。

3. 往复泵的分类

（1）按泵缸分类

按泵缸不同，往复泵可分为活塞泵和柱塞泵。活塞泵一般用于中压、低压，较大流量的场合；柱塞泵一般用于高压、小流量的场合。

（2）按工作方式分类

按工作方式不同，往复泵可分为单作用往复泵、双作用往复泵和差动泵三种。

（3）按泵缸数目分类

按泵缸数目不同，往复泵可分为单缸、双缸和多缸泵。

（4）按驱动方式

按驱动方式不同，往复泵可分为机动泵、流体动力作用泵和手动泵。

4. 往复泵的特点

往复泵与离心泵相比较，具有以下特点：

（1）流量不均匀

由于流量不均匀，往复泵在运行中容易产生冲击和振动。

(2) 因排出压力可无限高所以必须控制

往复泵在工作时，不允许将排出阀关死，并要在排出管路上安装安全阀。

(3) 流量与排出压力无关

在任何排出压力下，其流量基本上是不变的。

(4) 具有自吸能力

往复泵是利用活塞的往复运动改变气缸容积进行吸液和排液的，因此具有自吸能力。

三、真空泵

把气体从设备内抽吸出来，从而使设备内的压力低于外界大气压的机器称为真空泵。化工生产中，常常使用真空泵造成某种程度的真空，来实现特殊工艺操作过程。常用的真空泵有往复式真空泵和水环式真空泵两类。

1. 往复式真空泵

往复式真空泵主要由曲轴、连杆、十字头、活塞、气阀、气缸、机身等组成，与往复式压缩机相似，其工作原理、结构详见本章第2节内容。

往复式真空泵可以用于抽吸设备内的空气或无腐蚀性气体，也可以抽吸带有少量灰尘或水蒸气的气体。

2. 水环式真空泵

水环式真空泵是液环泵的一种。所谓液环泵，是指在工作时，液体在泵内形成液环，即与泵体同心的圆环，并通过此液环完成能量的转换以形成真空或产生压力的泵。如图3-20所示为水环式真空泵及其结构。

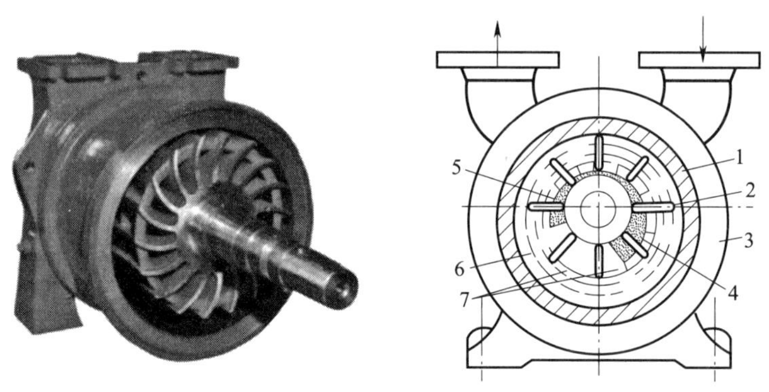

图3-20 水环式真空泵及其结构

1—泵壳；2—叶轮；3—端盖；4—吸入孔；5—排出孔；6—液环；7—工作室

四、隔膜泵

隔膜泵是容积式泵中较为特殊的一种类型，依靠一个隔膜片的来回鼓动而改变泵缸容积来吸入和排出液体。

如图3-21所示为液压传动隔膜泵及其结构，其工作部分主要由曲柄连杆机构（图3-21

中未画出）、柱塞、泵缸、隔膜、泵体、吸入阀和排出阀等组成，其中由曲轴连杆机构、柱塞和泵缸构成的驱动机构与柱塞泵十分相似。

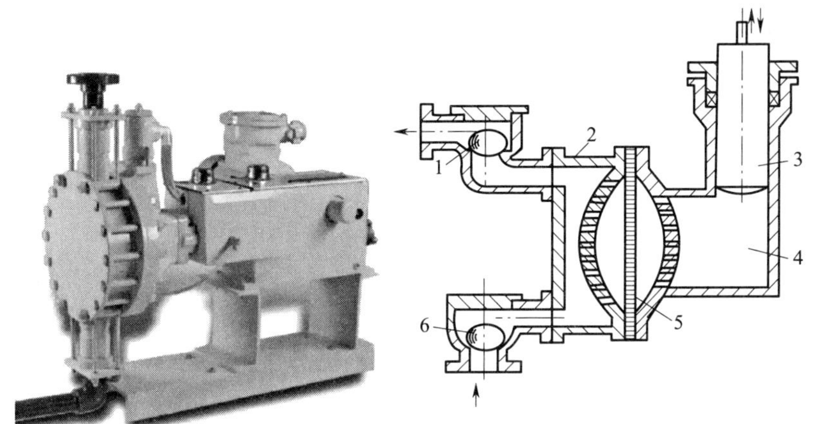

图 3－21　液压传动隔膜泵及其结构

1—排出阀；2—泵体；3—柱塞；4—泵缸；5—隔膜；6—吸入阀

隔膜泵在工作时，曲柄连杆机构在电动机的驱动下，带动柱塞作往复运动，柱塞的运动通过泵缸内的工作液体（一般为油）传到隔膜，使隔膜来回鼓动。当隔膜向传动机构一边鼓动时，泵缸内工作室为负压而吸入液体；当隔膜向另一边鼓动时，则排出液体。

思考与练习

1. 试述离心泵的结构和工作原理。
2. 叶轮按结构类型可以分为哪几种？
3. 试述离心泵实际性能曲线的形状及特点。
4. 试述离心泵实际性能曲线的应用。
5. 试述离心泵中蜗壳、导轮及密封坏的结构。
6. 简述往复泵、真空泵及隔膜泵的结构及特点。

§3－2　压缩机

学习目标

1. 掌握活塞式压缩机的结构、工作原理；

2. 熟悉活塞式压缩机的分类及型号；
3. 熟悉活塞式压缩机的主要零部件，掌握其排气量调节方法；
4. 掌握离心式压缩机的结构、工作原理；
5. 熟悉离心式压缩机的分类及型号；
6. 熟悉离心式压缩机的主要零部件，掌握其性能及工况调节方法；
7. 了解活塞式、离心式压缩机的日常维护要点。

压缩机是一种输送气体并提高气体压力的机器，在国民经济中如采矿、石油、化工、运输和冶金等许多行业得到了广泛的应用，特别在石油化工生产中，已成为必不可少的关键机器设备。

压缩机种类繁多，尽管用途可能一样，但其结构类型和工作原理都可能有很大的不同。压缩机按工作原理可分为容积式压缩机和速度式（动力式）压缩机两大类，其具体分类如图 3－22 所示。

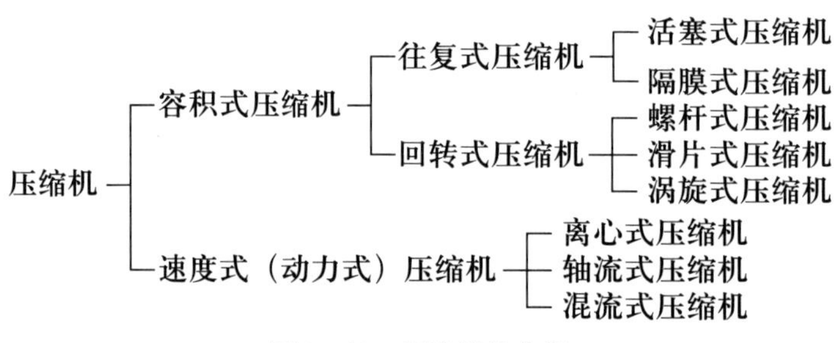

图 3－22 压缩机的分类

容积式压缩机是依靠压缩机工作容积的变化，使气体体积缩小，气体分子彼此接近，从而提高气体压力的机器。此类压缩机又可分为往复式和回转式压缩机两类。

速度式（动力式）压缩机是依靠高速旋转的叶片与存在于叶道中的气体，在高速旋转下互相作用，将叶轮的机械能转变为气体的压力能，从而使气体压力提高的机器。

以下内容具体介绍常见的活塞式压缩机和离心式压缩机。

一、活塞式压缩机

1. 活塞式压缩机的总体结构

活塞式压缩机的结构类型虽然很多，但其主要组成部分基本相同，包括主机和辅助系统两部分。如图 3－23 所示为立式活塞式压缩机及其结构，其主机由运动机构（包括曲轴、连杆、十字头等）、工作机构（包括气缸、活塞、气阀等）及机身等组成，辅助系统包括润滑系统、冷却系统、气路系统等。

活塞式压缩机的运动机构为曲柄连杆机构，它使曲轴的旋转运动转变为十字头的往复运动，如图 3－24 所示为有十字头运动机构。也有部分活塞式压缩机的运动机构无十字头部件，如图 3－25 所示为无十字头运动机构。

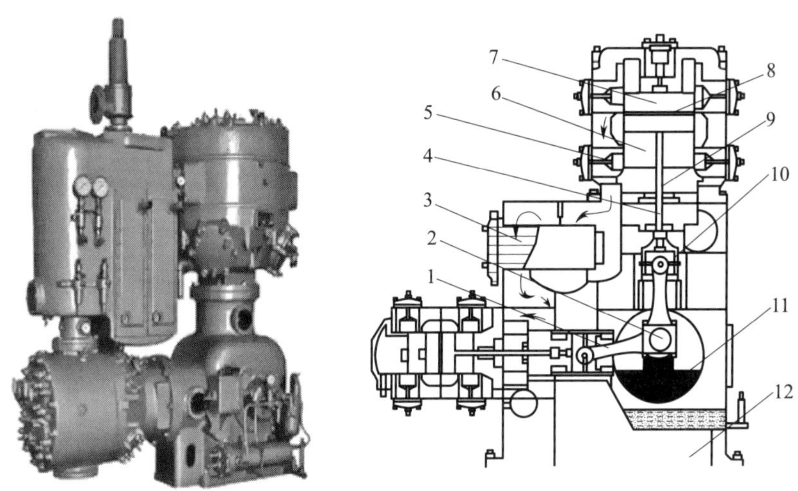

图 3-23　立式活塞式压缩机及其结构

1—连杆；2—曲轴；3—中间冷却器；4—活塞杆；5—气阀；6—气缸；7—活塞；8—活塞环；9—填料；10—十字头；11—平衡重；12—机身

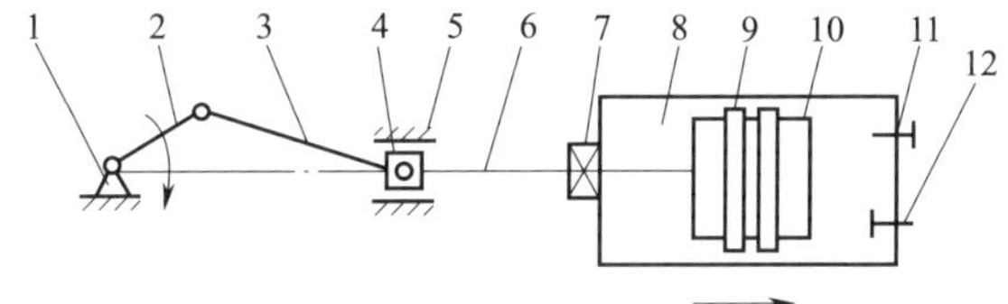

图 3-24　有十字头运动机构

1—机身；2—曲轴；3—连杆；4—十字头；5—滑道；6—活塞杆；7—填料函；8—气缸；9—活塞环；10—活塞；11—排气阀；12—进气阀

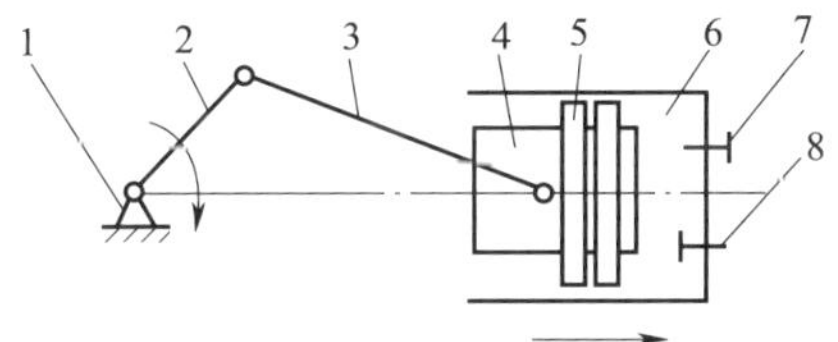

图 3-25　无十字头运动机构

1—机身；2—曲轴；3—连杆；4—活塞；5—活塞环；6—气缸；7—排气阀；8—进气阀

工作机构是实现活塞式压缩机工作循环的主要部件，主要是由气缸、活塞、吸气阀、排气阀等组成，气缸两端都装有若干吸气阀与排气阀，活塞在气缸中作往复运动。

机身用于支承与安装整个运动机构和工作机构又兼作润滑油箱。

另外，润滑系统包括对气缸和传动机构的润滑；冷却系统的冷却水经气缸冷却夹套对缸壁进行冷却；气路系统主要是指吸气阀、吸气管道、中间冷却器和排气阀、排气管道等。

2. 活塞式压缩机的工作原理

如图 3－26 所示为活塞式压缩机单作用气缸的结构。气缸的内表面和活塞工作端面所形成的空间构成了压缩气体的工作腔。当活塞在气缸内往复运动时，气体在气缸内被压缩并完成吸气、压缩、排气、膨胀共 4 个过程。

（1）吸气过程

当活塞向右移动时，气缸内工作腔容积逐渐增大而压力降低，当压力低于进气管中压力时，气体顶开吸气阀进入气缸，直到活塞运动至最右端（此点称为内止点）。

（2）压缩过程

当活塞向左移动时，吸气阀关闭，同时由于排气管中压力大于气缸内部压力，气缸内气体还不足以顶开排气阀，而被封闭在气缸的密封工作腔内。随着活塞继续向左运动，工作腔容积越来越小，气体压力逐渐提高。

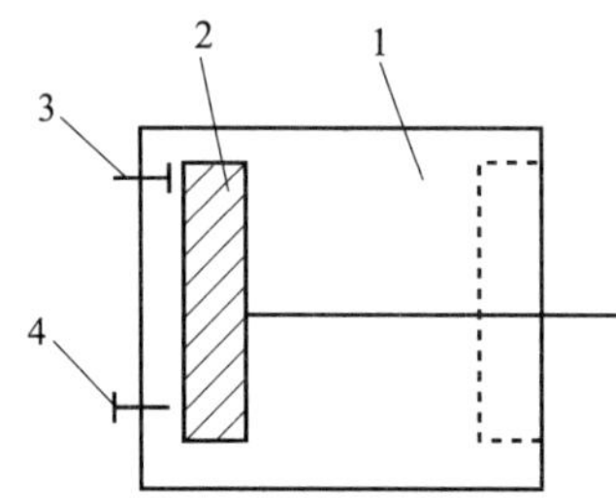

图 3－26　活塞式压缩机单作用气缸的结构

1—气缸；2—活塞；3—进气阀；4—排气阀

（3）排气过程

活塞继续左移至某一位置时，压力达到工作要求的数值，此时排气阀被迫开启，气体在该压力下被排出，直到活塞运行到左边末端（此点称为外止点）。

（4）膨胀过程

为了防止活塞运动到外止点处时与气缸盖相撞击，在设计制造时，活塞与气缸处总留有一定的间隙，所以气体不可能被全部排尽。当活塞再次向右移动时，具有压力的残留气体将随之发生膨胀，当压力降到低于外界大气压力时，压缩机才开始下一次的吸气过程。

活塞不停地在气缸内往复运动，气体被循环地吸入和排出气缸。活塞往复运动一次，完成吸气、压缩、排气、膨胀 4 个过程，称为一个工作循环。活塞从内止点到外止点的运行距离称为行程（或冲程）。

如图 3－27 所示为活塞式压缩机双作用气缸的结构，其与单作用气缸不同之处在于活塞两侧均装有进气阀和排气阀。这样，活塞无论向左或向右运动，都能同时完成吸入和排出气体各一次。

3. 活塞式压缩机的分类

活塞式压缩机种类繁多，可从不同角度进行分类，见表 3－2。

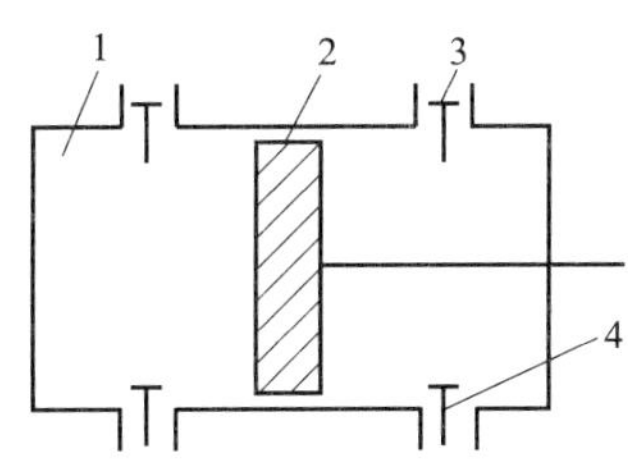

图 3－27　活塞式压缩机双作用气缸的结构

1—气缸；2—活塞；3—排气阀；4—进气阀

表 3－2　　活塞式压缩机的分类

分类角度	名称	说明
按输气量	微型	输气量小于 1 m^3/min
	小型	输气量为 1～10 m^3/min，含 10 m^3/min
	中型	输气量为 10～100 m^3/min
	大型	输气量大于 100 m^3/min
按排气压力	低压	排气压力为 0.3～1 MPa，含 1 MPa
	中压	排气压力为 1～10 MPa，含 10 MPa
	高压	排气压力为 10～100 MPa
	超高压	排气压力大于 100 MPa
按压缩级数	单级	气体经一次压缩即达排气终压
	多级	气体经多次压缩达排气终压
按气缸的工作腔容积	单作用式	仅活塞的一侧气缸为工作腔容积，如图 3－28a 所示
	双作用式	活塞的两侧气缸均为工作腔容积，并实现同一级次的压缩，如图 3－28b 所示
	级差式	同一气缸与活塞各端面形成几个工作腔容积，并实现不同级次的压缩，如图 3－28c 和图 3－28d 所示
按气缸排列方式	立式	气缸中心线与地面垂直，呈 Z 形，如图 3－29a 所示
	卧式	气缸中心线呈水平，且气缸只布置在机身的单侧，呈 P 形，如图 3－29b 所示
	角式	气缸中心线互成一定角度，分别呈 L 形、V 形、W 形、S 形，如图 3－29c、图 3－29d、图 3－29e、图 3－29f 所示
	对动型	气缸水平布置于机身两侧，且相邻的曲拐相差 180°，其中气缸在电机单侧者呈 M 形，如图 3－29g 所示；气缸在电机两侧者呈 H 形，如图 3－29h 所示
	对置型	气缸水平布置于机身两侧，且相邻的曲拐相差非 180°，呈 D 形，如图 3－29i所示
按冷却方式	风冷	气缸用空气冷却
	水冷	气缸用水套冷却
按润滑方式	有油润滑	气缸内注油润滑
	无油润滑	气缸内不注油，依靠自润滑材料润滑
按用途	动力用	提供动力或仪表用压缩气源
	工艺用	在工艺流程中输送工艺气体

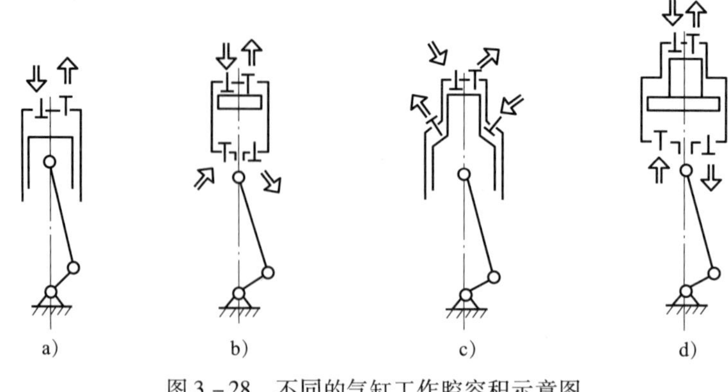

图 3－28　不同的气缸工作腔容积示意图

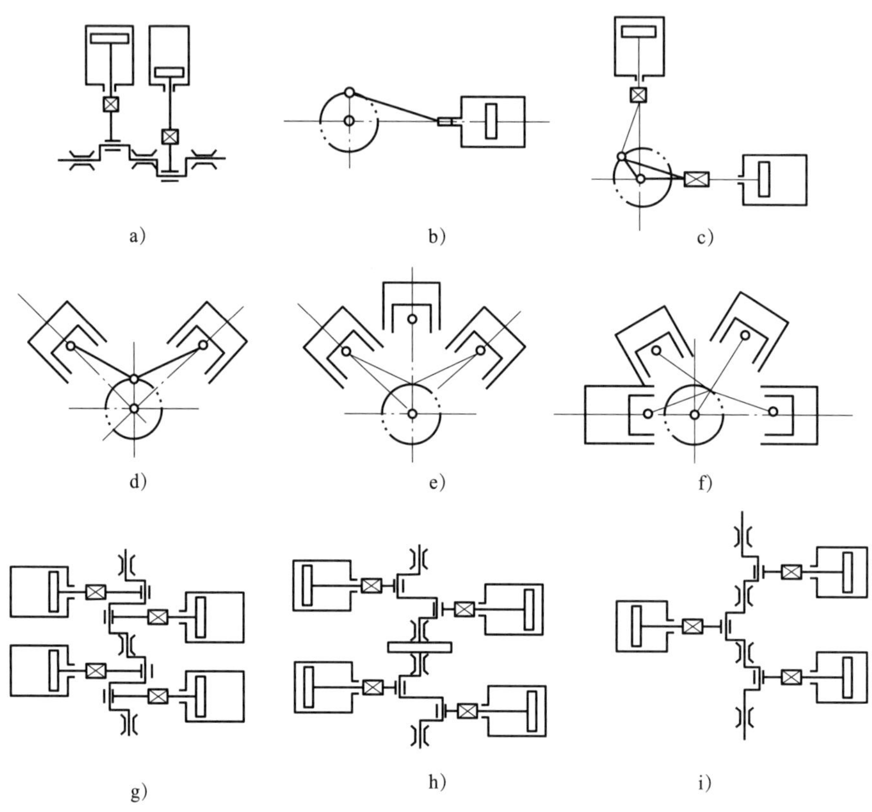

图 3－29　不同的气缸排列方式示意图

4. 活塞式压缩机的特点及应用

活塞式压缩机与其他类型的压缩机相比，有如下特点：

（1）压力范围广

活塞式压缩机从低压到超高压都适用，目前工业上使用的最高工作压力近 350 MPa，实验室中使用压力则更高。

（2）效率高

因压缩过程属封闭过程，所以活塞式压缩机的热效率高，一般大中型机组热效率为

0.7～0.85。

（3）适应性强

活塞式压缩机的排气量可在较广泛的范围内进行选择，特别是在较小排气量的情况下，这对于速度式压缩机是很困难的，甚至是不可能的。此外，气体的密度对于活塞式压缩机性能的影响，并不像速度式压缩机那样显著，所以同一规格的活塞式压缩机，将其用于压缩不同介质时较易改造。

活塞式压缩机的主要缺点是：结构复杂，外形尺寸和整机质量较大，需要较大的基础；气流有脉动性；易损坏零部件多，检修工作量大。

因此，活塞式压缩机适用于中压、高压及超高压以及中小流量的场合。

5. 活塞式压缩机的型号编制

如前所述，活塞式压缩机属于容积式压缩机的一种，其型号反映了压缩机的结构特点、流量、压力等参数及结构的差异。根据《容积式压缩机 型号编制方法》（JB/T 2589—2015）的规定，容积式压缩机型号由大写汉字拼音字母和阿拉伯数字组成，表示方法如图3－30所示，其中活塞式压缩机的结构代号见表3－3，具有特殊使用性能的容积式压缩机，其特征代号按表3－4编号，如需标多项特征代号，应按表3－4中的先后顺序标注。

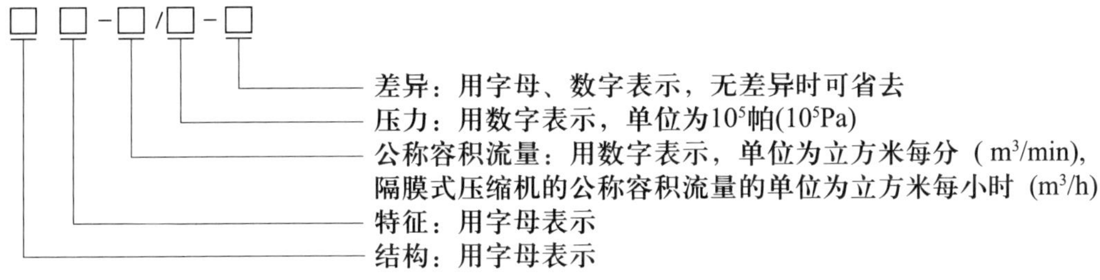

图3－30 容积式压缩机型号表示方法

表3－3 活塞式压缩机的结构代号

结构代号	结构代号的含义	代号来源
V	V形	V——V
W	W形	W——W
L	L形	L——L
S	扇形	S——SHAN（扇）
X	星形	X——XING（星）
M	M形	M——M
H	H形	H——H
Z	立式	Z——ZHI（直）
P	卧式	P——PING（平）
MG	迷宫形	M——MI（迷）G——GONG（宫）
D	两列对动形	D——DUI（对）
DZ	对置形	D——DUI（对），Z——ZHI（置）
ZH	自由活塞形	Z——ZI（自），H——HUO（活）
ZT	整体摩托形	Z——ZHENG（整），T——TI（体）

表 3-4 特殊使用性能的容积式压缩机的特征代号

特征代号	特征代号的含义	代号来源
F	风冷[a]	F——FENG（风）
Y	移动[b]	Y——YI（移）
C	车装	C——CHE（车）
W	无润滑	W——WU（无）
S	水润滑	S——SHUI（水）
WJ	无基础	W——WU（无），J——JI（基）
D	低噪声罩式	D——DI（低）
B	直联便携式	B——BIAN（便）

[a] 表示：固定风冷容积式压缩机，均应在结构代号后注明 F（风——FENG），但微型活塞式压缩机、全无油润滑活塞式空气压缩机、无润滑摆动式空气压缩机除外。

[b] 表示：移动的容积式压缩机机组应在结构代号后加注 Y（移——YI），但移动式压缩机机组中的压缩机本身皆不加注 Y。

示例：

（1）VD-0.25/7 型空气压缩机

往复活塞式，V 形，低噪声罩式，公称容积流量为 0.25 m^3/min，额定排气表压力为 7×10^5 Pa。

（2）WWD-0.8/10 型空气压缩机

往复活塞式，W 形，无润滑、低噪声罩式，公称容积流量为 0.8 m^3/min，额定排气表压力为 10×10^5 Pa。

（3）VY-6/7 型空气压缩机

往复活塞式，V 形，移动式，公称容积流量为 6 m^3/min，额定排气表压力为 7×10^5 Pa。

（4）LD-50/-0.78-0.7 型氮氢气真空压缩机

往复活塞式，L 形，低噪声罩式，公称容积流量为 50 m^3/min，额定吸气真空度为 -0.78×10^5 Pa，额定排气表压力为 0.7×10^5 Pa。

6. 活塞式压缩机的主要零部件

（1）气缸

气缸是活塞式压缩机的重要零部件之一，它连接在机身上，与气阀、活塞构成气体的工作腔容积。

气缸通常由缸体和缸盖两部分组成。其内部设有工作腔、气道、水夹套、润滑油接管、指示器孔等。气缸的类型多种多样，主要取决于气体的工作压力、排气量、材料、冷却方式等。气缸的分类：按冷却方式，可分为风冷和水冷两种气缸；按有无气缸座（后盖），可分为开式、闭式两种气缸；按各零部件组合，可分为整体式、组合式两种气缸；按气缸的压缩方式，可分为单作用、双作用两种气缸；按气缸的材质，可分为铸铁气缸、铸钢气缸、锻钢气缸等。

与活塞外圆面相配合的气缸内壁是气缸的工作表面，又称气缸镜面。为了保证气缸的耐磨性和气密性，对气缸镜面的机械加工和装配精度要求较高。

气缸镜面经过使用若干时间后，由于磨损，常因间隙过大或表面粗糙等造成其不能继续使用。此时，可将气缸镜面再次加工（又称镗缸）或压入一个圆筒形的薄壁气缸套。很多活塞式压缩机的气缸预先就装有气缸套，以便于磨损过量后的更换。

（2）活塞

活塞在气缸中作往复运动，与气缸一起构成工作腔容积。

根据结构类型的不同，活塞可分为筒形、盘（鼓）形、级差式、组合式及柱塞等几种类型。

筒形活塞用于无十字头的单作用小型压缩机中，连杆小头通过活塞销与活塞连接并带动活塞工作，状如筒形。

盘（鼓）形活塞一般用于低压、中压的双作用气缸中，通过活塞杆与十字头相连，不承受侧向力。为了减轻重量，盘（鼓）形活塞多铸成空心的，两端面间用筋板加强。

级差式活塞呈阶梯状，工程上将两个以上不同直径的活塞串联在一起，即组成级差式活塞。整个级差式活塞的重量由最大直径的活塞承受，因此最大直径的活塞上应设置承压面。

组合式活塞的每一个活塞环槽是由直径一大一小的间隔环所组成，活塞环随间隔环依次按顺序装配。组合式活塞用于高压级气缸。

柱塞是不带活塞环的简单的圆柱结构，适用于高压级小直径气缸。柱塞与气缸间隙的密封一般有两种：一种是靠柱塞与气缸的间隙和柱塞上开有的环形沟槽形成曲折密封，另一种是不带沟槽的光柱，靠填料密封。

（3）活塞环

活塞环是气缸镜面与活塞之间的密封零件，同时也起着布油和导热作用。活塞环应密封可靠、耐磨性好，由于它是易损件，因此应尽量按标准选用并及时更换。

活塞环分整体环与分瓣环两种，一般金属活塞环都为整体开口圆环，非金属活塞环为三瓣或四瓣结构，如图 3－31 所示。活塞环开口的目的是获得弹性，常见的开口有直切口、斜切口和搭切口三种类型。直切口易于制造，但泄漏量大；搭切口的切口呈阶梯形，气体不易泄漏，但制造难度大；斜切口介于两者之间，较为常用，其斜角通常取 45°～60°。

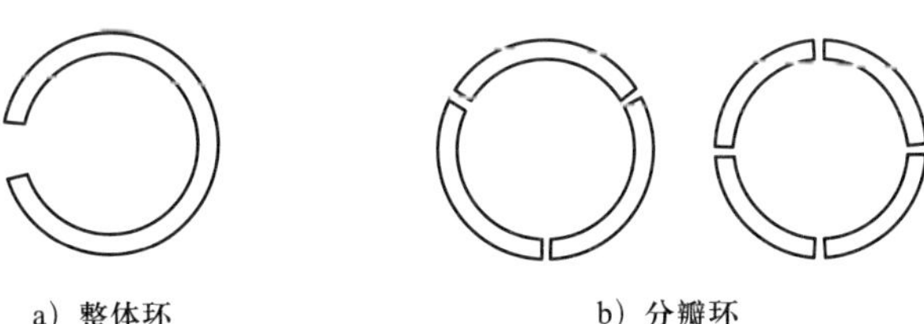

a）整体环　　b）分瓣环

图 3－31　活塞环的结构

（4）气阀

气阀是活塞式压缩机的主要零部件之一，也是一种易损件，其作用是用来控制气缸中气体的吸入和排出。活塞式压缩机上的气阀都是自动阀，即气阀不是用强制机构而是靠阀片两侧的压力差（气缸和阀腔内的气体压力差）来实现启闭的。对于气阀的基本要求是：耐用、阻力小、密封性好、开闭及时且迅速；结构简单、余隙小，加工容易；安装维护方便，互换性好。

气阀主要由阀座、运动密封元件（阀片或阀芯）、弹簧和升程限制器等组成，如图 3－32 所示。阀座起支承气阀的作用，阀片是启闭气阀通道的主要运动元件，弹簧则配合气流推力控制阀片的运动并缓冲阀片对升程限制器的冲击，升程限制器可以限制阀片的升起高度，并兼作弹簧的支承座。

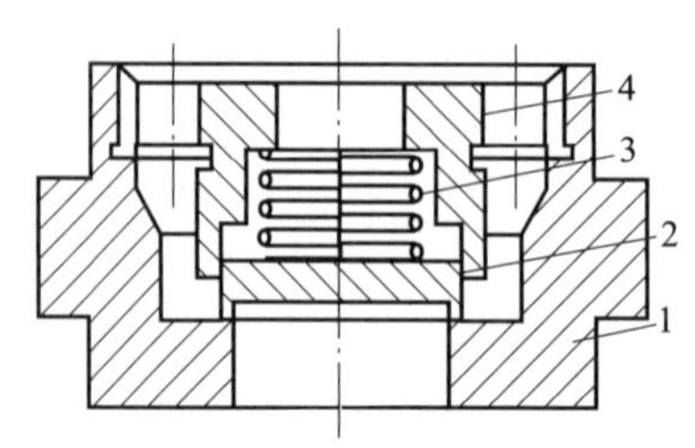

图 3－32　气阀的组成

1—阀座；2—阀片；3—弹簧；4—升程限制器

气阀未开启时，阀片紧贴在阀座上，当阀片两边的压力差足以克服弹簧力与阀片等运动件质量惯性力时，阀片便开启。当阀片两边压差消失时，在弹簧力的作用下使阀片关闭。

气阀的结构类型很多，如环状阀、组合阀、网状阀、孔阀、条状阀、直流阀、舌簧阀和碟阀等，其中以环状阀应用最广，网状阀、组合阀次之。

环状阀及其结构如图 3－33 所示。环状阀阀片呈环状，其数目可根据需要为 1～8 片，

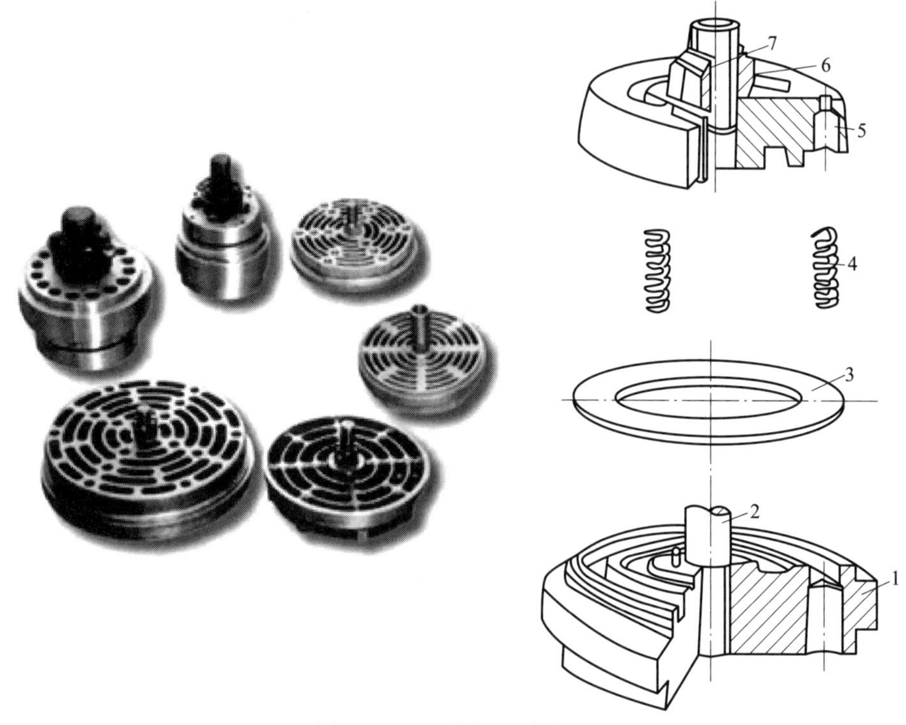

图 3－33　环状阀及其结构

1—阀座；2—连接螺栓；3—阀片；4—弹簧；5—升程限制器；6—螺母；7—开口销

厚度一般为 2 mm 左右。每个阀片的启闭过程由升程限制器上的凸台导向，得以准确就位。阀座是具有若干同心环状通道的圆盘，当阀片紧贴在阀座凸起的密封面上时，则截断气体通路使气阀关闭。升程限制器的结构与阀座的结构基本相似，但与阀座的气体通道不同，是错开的，限制器上布置装有弹簧的弹簧座，在安装弹簧处钻有小孔，用来排出此处可能积聚的润滑油，防止阀片黏附。

阀座与升程限制器依靠连接螺栓等零件来定位紧固，为防松动，螺母处常装有防松装置（如开口销等）。为防止螺母松动后落入气缸，连接螺栓的螺母总是安装在气缸的外侧。

环状阀具有结构简单、工作可靠、抗疲劳性好、成本低等优点。其缺点是：由于阀片是分开的，各阀片动作不一致，气流阻力大；阀片启闭时缓冲效果差，导向部分易磨损。环状阀适用于除超高压压缩机外的各种压缩机上，但无油润滑压缩机使用较少。

7. 活塞式压缩机的辅助系统

活塞式压缩机机组除主机外，还有保证压缩机正常运转所必需的辅助系统，主要包括冷却系统、气路系统和润滑系统等。

如图 3－34 所示为化工用活塞式压缩机常用辅助系统，包括气路系统、冷却系统及其各级的缓冲罐、冷却器、油水分离器和安全阀等。

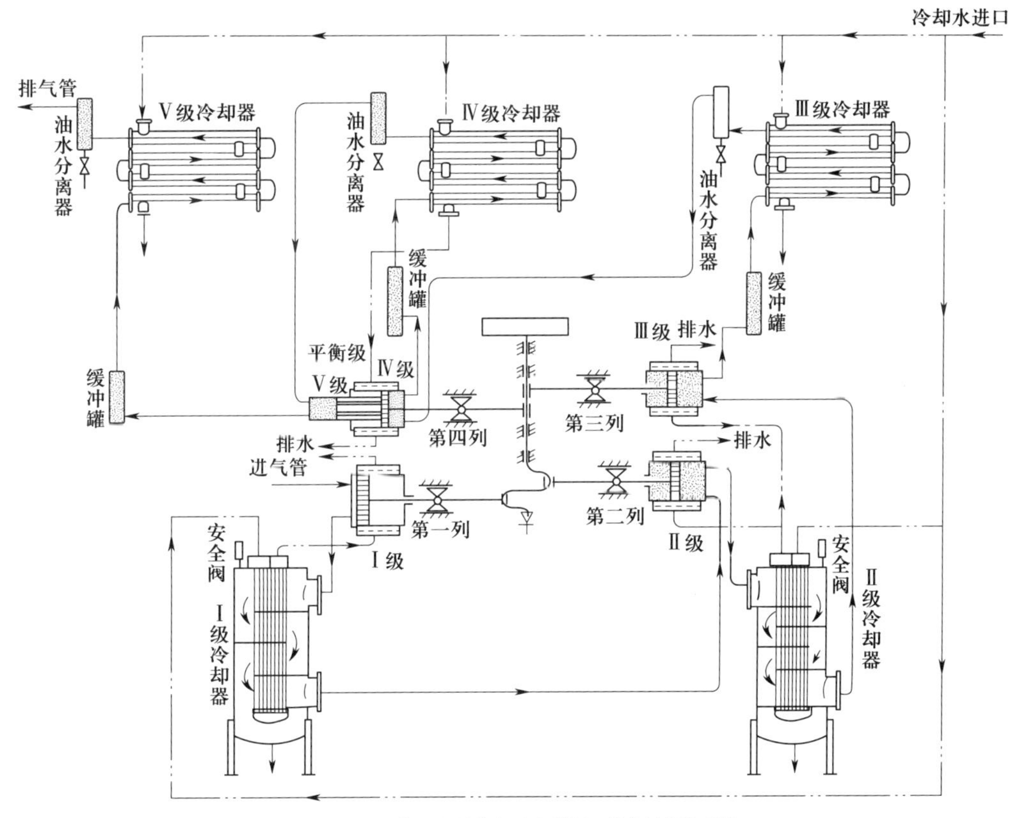

图 3－34　化工用活塞式压缩机常用辅助系统

（1）缓冲罐

活塞式压缩机的运动特性决定了其排出的气体具有脉动现象，因此为了稳定气流，常常在排出口外加装缓冲罐。缓冲罐有圆筒形和球形，分别用在低压级和高压级活塞式压缩机上，有的活塞式压缩机在缓冲罐内加装芯子，进一步构成声学滤波器。

（2）冷却器

气体经压缩后其温度必然会升高，因此在气体进行下一级压缩前，必须用冷却器将气体温度冷却到接近气体吸入时的温度。这样做的目的是：降低气体在下一级压缩时所需做的功，从而减少压缩机的功耗；使气体中的水蒸气凝结出来，将其在油水分离器中分离出来，避免“水击”现象；使气体在下一级压缩后温度不致过高，使压缩机保持良好的润滑。

活塞式压缩机常用的冷却器有列管式、螺旋板式、套管式、沉浸式、喷淋式和风冷式等类型。其中列管式、螺旋板式一般用于低压级活塞式压缩机，套管式、喷淋式多用于高压级活塞式压缩机。如图 3－35 所示为列管式和螺旋板式冷却器。

a）列管式

b）螺旋板式

图 3－35　冷却器

（3）油水分离器

从活塞式压缩机气缸中排出的气体常含有油和水蒸气，经过中间冷却后就形成冷凝液滴，包括油滴和水滴。如果不把这些油滴和水滴分离出来而让其随气体进入下一级气缸，则会导致多种危害，例如：它们会黏附在气阀上，使气阀工作失常、寿命缩短；水滴附着在气缸壁上，会使壁面间润滑不良情况恶化，严重时还会出现“水击”现象；在化工生产流程中，气体中含有油会使触媒中毒，使合成效率下降；空气压缩机和管路中油滴大量积聚会有引起爆炸的危险。为把水及油从压缩机气缸中排出的气体中分离出来，在各级冷却器后常设置油水分离器，如图 3－36 所示。

活塞式压缩机常用的油水分离器有惯性油水分离器和离心力油水分离器两种。

（4）安全阀

活塞式压缩机每级的排气管路上如无其他压力保护装置时，都需要安装起自动保护作用的安全阀。当压力超过规定的值时，安全阀会自动开启放出气体，待气体压力下降到一定值时，安全阀又自动关闭。

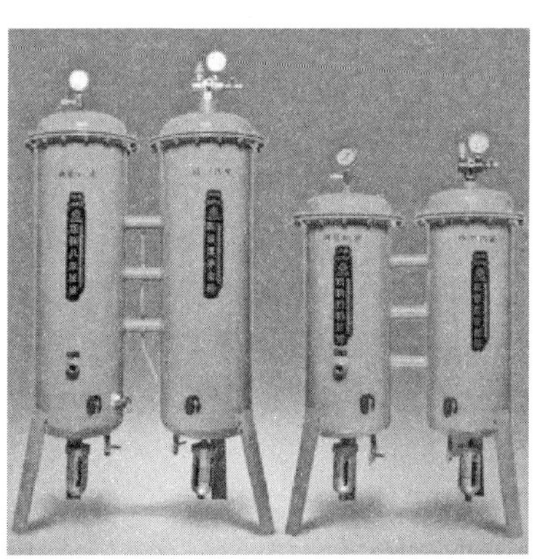

图 3－36　油水分离器

安全阀按排出介质的方式分为开式和闭式两种。开式安全阀是把工作介质直接排向大气且无反压力，用于空气压缩机中。闭式安全阀是把介质排向封闭系统的管路内，用于贵重气体、有毒或有爆炸危险气体的压缩机中。

安全阀不常工作，因此为了避免由于腐蚀或因热干结而引起的卡住现象，阀门应定期打开测试，以确定其不致失灵。

8. 活塞式压缩机的排气量调节

活塞式压缩机在运转时，因为对压缩气体有不同的使用要求和工艺变化，所以要求压缩机的排气量或排气压力也要有相应变化。通常，用户总是根据最大耗气量来选择压缩机，所以生产中需要的实际排气量总是低于额定排气量。对活塞式压缩机来说，排气量调节是指在低于压缩机额定排气量的范围内进行调节。排气量调节的方法有很多种，以下介绍常用的几种。

（1）切断进气口法

此方法是利用停止吸气阀来调节排气量，其调节装置的结构如图 3－37 所示。

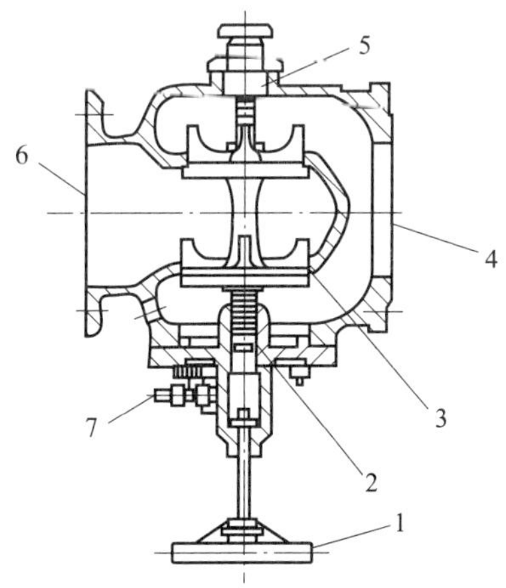

图 3－37　停止吸气阀调节装置的结构

1—手轮；2—小活塞；3—阀板；4—进气口；5—阀体；6—接气缸口；7—压力调节器

在活塞式压缩机的进气口管道上安装有停止吸气阀，当压缩机排气量大于耗气量，排出压力升高至一定数值时，使停止吸气阀关闭，于是压缩机停止吸气，进入空转状态。当排出压力降低至某一数值时，打开停止吸气阀，压缩机再次进入正常工作状态。这种方法属于间歇调节。

切断进气口法广泛用于中型、小型活塞式压缩机，其优点是：结构简单、工作可靠，且压缩机空转几乎不消耗功率。其缺点是：停止吸气时，由于压力下降，气缸内会出现很高的吸气和排气压力比，使活塞力突变；随着压力比增高，会使排气温度急剧增高；由于在气缸中形成真空，所以对某些不允许漏入空气的压缩机严禁使用；对无十字头压缩机不能使用，否则会导致大量润滑油吸入气缸的危险。

（2）顶开吸气阀法

此方法的调节原理是在压缩机部分或全部行程中，设法将吸气阀打开，因而在压缩时，气体将返回吸入管，从而达到调节气量的目的。

顶开吸气阀调节的方法有全程开启法和部分行程顶开法两种。

1）全程开启法。使吸气阀完全开启，气体从吸入阀进入气缸不经压缩就排出气缸，使机器空转，达到调节气量的目的。吸入阀的强制顶开装置，可用自动控制机构来实现，如图3－38所示为全程开启吸入阀调节装置。由于机器空转，仅消耗气体进出吸入阀的功率，所以此法很经济，但缺点是只能间歇调节。

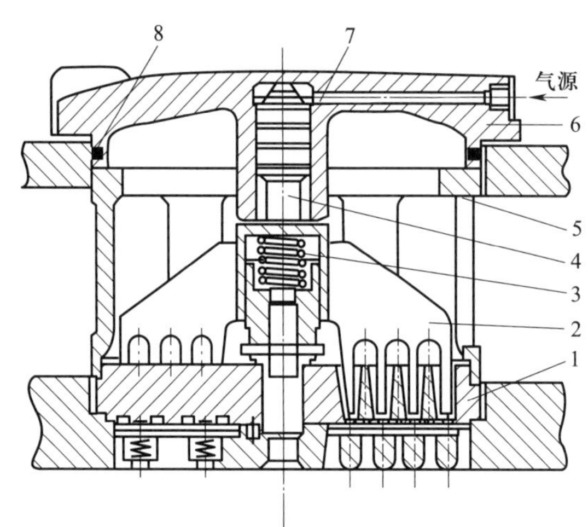

图3－38　全程开启吸入阀调节装置

1—阀座；2—压叉；3—弹簧；4—小活塞；5—压罩；6—气阀压盖；7—气密槽；8—气密圈

2）部分行程顶开法。在压缩机吸气终了时，吸入阀片在弹簧力的作用下仍保持开启状态。活塞反向运动时，缸内气体通过吸入阀倒流回吸入管内，当作用于阀片的气体压力升高并达到能克服弹簧压力时，阀片即关闭，最后只剩下部分气体经压缩后排出，从而起到定量调节的作用。这种顶开吸气阀调节的方法称为部分行程顶开法。

由图3－39可知，当吸气终了时，活塞反向运动中分为两步进行：一是1—2为吸气阀开启状态，此时部分气体倒流回吸入管并被压缩；二是2—3为吸气阀关闭状态，因为气体

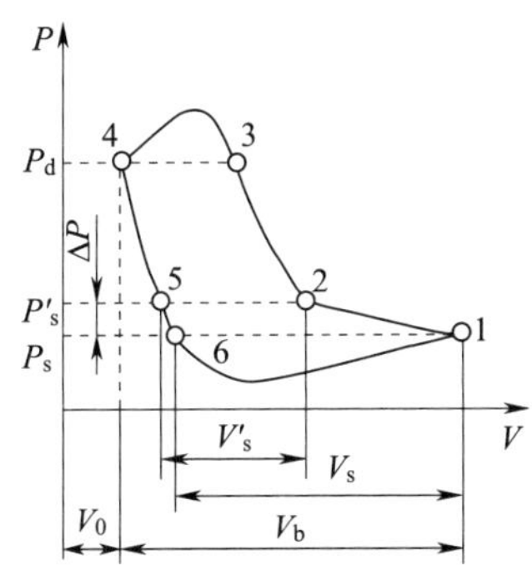

图 3－39　部分行程顶开法气体状态

压力升至 2 点时，恰好能克服弹簧压力而使阀片关闭，所以这一状态才是真正的压缩过程。3—4 为排出过程，4—6 为膨胀过程，实际吸气量仅为 V_s'。

（3）补充余隙容积法

在气缸中除余隙容积外，可另补充一固定空腔与气缸相连形成补充容积。补充容积使余隙容积内存有的已压缩气体在膨胀时压力降低、体积增加，从而使气缸中吸入气体减少，排气量降低。补充容积常采用补充余隙调节器，其结构有固定和可变容积两种。前者可实现分级调节，后者可实现连续调节。这种调节器可以安装在气缸盖上或安装在气缸侧面。利用补充余隙容积法调节排气量基本上不消耗功率，因为该方法只是增加了膨胀过程，膨胀过程是气体放出能量而对活塞做功，所以这种方法是很经济的，但结构复杂一些。利用补充余隙容积法调节气量时，整个压缩机的工况是变化的（如压力比等），特别是在多级压缩机中更应考虑这些影响。

另外还有停止运转和改变转速等方法调节排气量，但对于大型压缩机这些方法有一定的局限性，因此这里不再详述。

9. 活塞式压缩机的运行和维护

（1）润滑

活塞式压缩机润滑的目的是在所有作相对运动的表面上注入润滑油，形成油膜，以减少磨损、降低摩擦功耗、带走摩擦热、冷却摩擦面、防止运动件卡住、提高活塞环填料的密封能力及防止零件生锈等。

1）气缸和填料函润滑系统。气缸润滑是供活塞环与缸壁间的润滑，填料函润滑是供填料函的密封环与活塞杆间的润滑。这类润滑系统由专门的注油器供给压力油，压力油通过油管输送至各注油润滑点。因此，注油器产生的油压必须大于注油点处气体的压力。

气缸与填料函处注入的油量必须适当，过少达不到润滑目的；过多会使气体带油过多，结焦后加快磨损并影响气阀及时启闭，影响气体冷却器效果，在空压机中会导致爆炸。

2）传动部件润滑系统。传动部件润滑是通过齿轮泵或转子泵将润滑油输送至摩擦面进行的，油路是循环的，在循环油路上设有油冷却器和油过滤器。

压缩机的循环油路可有以下 A 型、B 型和 C 型三种方案。

A 型油路：油箱→油泵→油过滤器→油冷却器→曲轴中心孔→连杆大头→连杆小头→十字头滑道→回入油箱。

B 型油路：油箱→油泵→油过滤器→油冷却器→机身主轴承→曲轴中心孔→连杆大头→连杆小头→十字头滑道→回入油箱。

C型油路：油箱→油泵→油过滤器→油冷却器→
→十字头上下滑道→回入油箱。
→机身主轴承→连杆大头→连杆小头→十字头滑道→回入油箱。

（2）维护保养

维护保养是指为保证压缩机在维修间隔期内始终处于良好的运转状态，延长机器使用寿命而进行定期的检查、清洗、排除故障和调整等工作。通过维护保养，能全面掌握机器的状况，可以及时发现问题，排除故障，改善机器的工作条件。即使机器出现故障，通过维护保养记录能够及时判断并采取措施，因此维护保养工作极为重要。活塞式压缩机设备（以下简称设备）的维护保养分为三级。

1）一级维护保养。一级维护保养是每天应该进行的工作，一般在班前、班后及当班时间进行，目的是保证设备正常运转和工作现场文明整洁。

一级维护保养的内容主要有：每天或每班应向活塞式压缩机设备各加油点加油一次，如向余隙阀、放空阀加压缩机油，向吸气阀压开装置的小气缸内压入黄油，有特殊要求的，如电机轴承的润滑，按说明书规定加油。按操作规程使用设备，勤检查、勤调整、及时处理故障并记入运行日记。工作时，要保持设备和地面清洁，交班前应将设备擦干净。冬天室温低于 5 ℃时，停机后应放掉设备容积腔里的冷却水。

2）二级保养。保持设备内部清洁，使之能可靠工作，如清洁过滤器，排除设备缺陷，消除设备隐患等。二级保养应在设备停机期间进行。

二级保养主要内容有：每 800 h 清洗气阀一次，清除阀座、阀盖积炭，清洗润滑油过滤器、过滤网，对运动机构做一次检查。每 1 200 h 清洗空气滤清器一次，装在尘埃多的地方的滤清器要勤洗，以减少气缸磨损。每 2 000 h 将机油过滤一次，除去金属屑及灰尘杂质，如果油不干净，应换油。对整台设备内的间隙进行一次全面检查。

3）三级保养。三级保养的目的是提高设备中修间隔期内的完好率，工作内容与小修基本相同，具体内容可查阅相关资料。

二、离心式压缩机

离心式压缩机是速度式（动力式）压缩机的一种。它是依靠高速旋转的叶轮对气体所产生的离心力来压缩并输送气体的机器。

随着石油化工生产规模的不断扩大和机械加工工艺的发展，离心式压缩机得到了越来越广泛的应用，主要用来压缩和输送石油化工生产中的各种气体。近年来新建的大型合成氨厂、乙烯厂均采用了离心式压缩机，并实现了单机配套。由于设计和制造水平的提高，离心式压缩机已跨入了被活塞式压缩机占据的高压范围，迅速地扩大了它的应用领域。

1. 总体结构

如图3－40所示为DA120－61离心式压缩机及其结构，其设计流量为125 m^3/min，排气压力为6.24×10^5 Pa，工作转速为13 900 r/min，由功率为800 kW的电动机通过增速器驱动。

从图3－40可以看出，离心式压缩机主要由转子、固定元件、轴承及密封装置等部件组成。其中转子由主轴、叶轮、联轴器、平衡盘等组成；机壳、隔板、吸气室、扩压器、弯道及回流器等称为固定元件；密封装置包括级间密封、叶轮进口密封、前轴封、后轴封等。人们习惯地将离心式压缩机的固定元件和密封装置统称为定子。

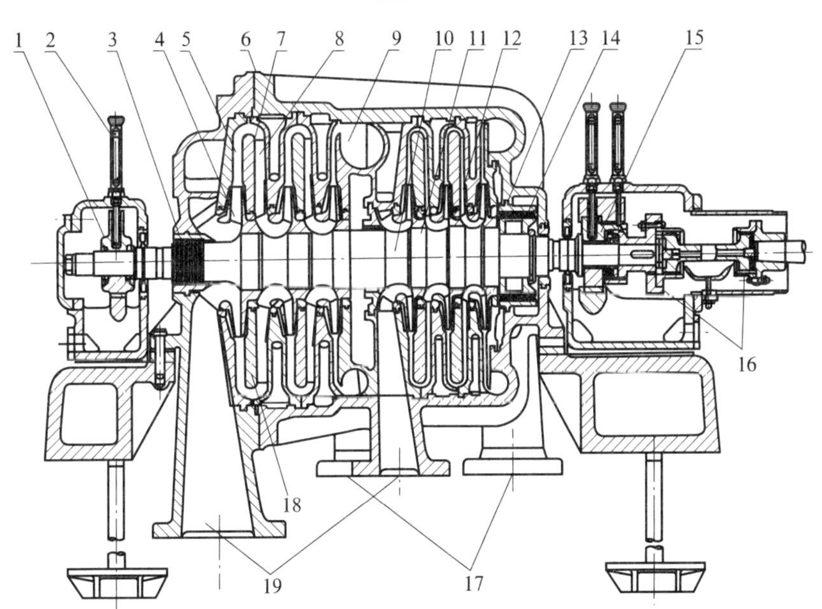

图3－40　DA120－61离心式压缩机及其结构

1—径向轴承；2—温度计；3—前轴封；4—叶轮；5—扩压器；6—机壳；7—弯道；8—回流器；9—蜗壳；10—主轴；11—叶轮进口密封；12—级间密封；13—后轴封；14—平衡盘；15—径向、推力轴承；16—联轴器；17—排出管；18—隔板；19—吸气室

2. 工作原理

为了更好地理解离心式压缩机的工作原理，首先介绍几个常用术语，即级、段、缸和列的概念。

级是由一个叶轮及其相配合的固定元件所构成的基本单元，是组成离心式压缩机的基础。根据级在离心式压缩机（或离心式压缩机的段）中所处的位置不同，又分成首级、中间级和末级。在离心式压缩机的段中，除了段的第一级（首级）和最后一级（末级）外，其余的各级均为中间级。首级由吸气室、叶轮、扩压器、弯道和回流器组成；中间级（见图3－41）由叶轮、扩压器、弯道和回流器组成；末级（见图3－42）由叶轮、扩压器和蜗壳组成（也有的末级只有叶轮及蜗壳而无扩压器）。

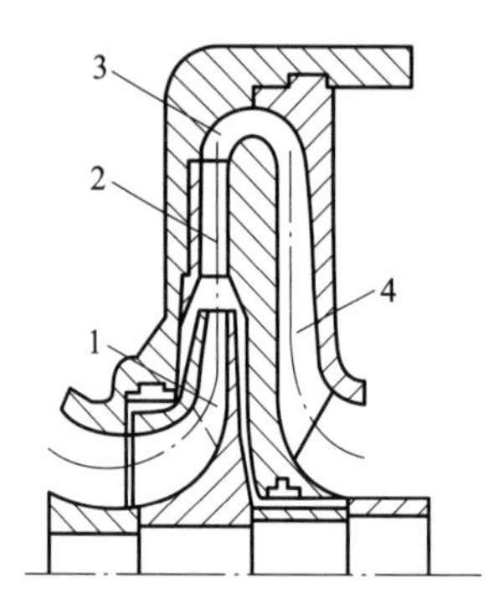

图3－41　中间级的组成

1—叶轮；2—扩压器；3—弯道；4—回流器

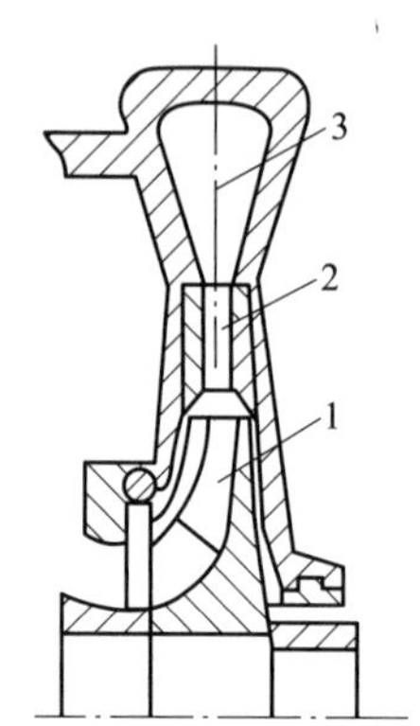

图3－42　末级的组成

1—叶轮；2—扩压器；3—蜗壳

段是指以中间冷却器作为分段的标志，气流从吸入开始至被引出冷却的过程或从吸入至排出机外的过程。每个气缸内可以有一个或几个段，每个段可以有一个或几个级。如图3－40所示的DA120－61离心式压缩机中，气流在第三级后被引出进行冷却，所以它是两段压缩机，一级至三级是第一段，后面的四级至六级为第二段。

将一个机壳称为一个缸，多机壳的离心式压缩机就称为多缸离心式压缩机。一般离心式压缩机每个缸内可有一级至十级。多缸压缩机各缸的转速可以相同，也可不同。

列是指离心式压缩机缸的排列方式，缸排列在一条直线上称为一列，一列可由一个至几个缸组成。

由图3－40可以看出，气体先由吸气室吸入，流经叶轮时，叶轮对气体做功，使气体的压力、温度、速度提高，比容缩小。经过叶轮出来而获得能量的气体，进入扩压器，使速度降低，压力进一步得以升高。最后经过弯道、回流器导入下一级而继续压缩。由于气体在压缩过程中温度升高，而气体在高温下压缩，功耗将会增大。为了减少压缩功耗，故在压缩过程中采用中间冷却，即由第三级出口的气体不直接进入第四级，而是通过蜗壳和排出管引到外面的中间冷却器进行冷却。冷却后的低温气体，再经吸气室进入第四级压缩，最后由末级出来的高压气体经主排出管输出。

由此可知，离心式压缩机的工作过程同离心泵类似，气体由吸气室吸入，随叶轮一起高速旋转，在离心力的作用下，其动能和静压能升高，经叶片间流道沿半径方向甩出。进入流通面积逐渐增大的扩压器后，气体的动能降低转化为静压能，使气体的压力进一步得到提高，然后经弯道和回流器进入下一级继续压缩。在完成最后一级的压缩后，气体由蜗壳收集，从排出管排出。

3. 离心式压缩机的分类及型号编制

（1）分类

按总体结构，离心式压缩机可分为水平剖分型、垂直剖分型和等温型三种。

1）水平剖分型。该机型的气缸沿水平中分面剖分成上下两半部分，其结构的特点是拆装较方便，但不适用于高压气体或较小相对分子质量气体，其使用压力一般不超过 5 MPa。水平剖分型离心式压缩机主要用作各种化工装置的空气压缩机，氨、丙烷、丙烯等冷冻压缩机，合成尿素气体压缩机的低压段以及用来输送煤气等。

2）垂直剖分型。该机型又称筒型，采用筒型机壳，垂直剖分，用螺栓将端盖与圆筒形机壳连接在一起（端盖与机壳间有时也可采用剪切环连接）。垂直剖分型压缩机主要用作合成氨、合成尿素、合成甲醇的合成气压缩机以及其他石油化工用循环机等。其使用压力可达 45 MPa，最高排气压力可达 70 MPa。

3）等温型。该机型在气缸内部设置级间冷却器，使每级气体压缩后立即降温，再导入下一级中保持基本等温压缩。等温型压缩机结构较紧凑，且能在低功耗、高效率条件下进行压缩，同时占地面积小、建设费用低，主要用作压力比较高的合成气和空气压缩机。

（2）型号编制

目前我国离心式压缩机的型号编制方法已经统一，如图 3－43 所示。

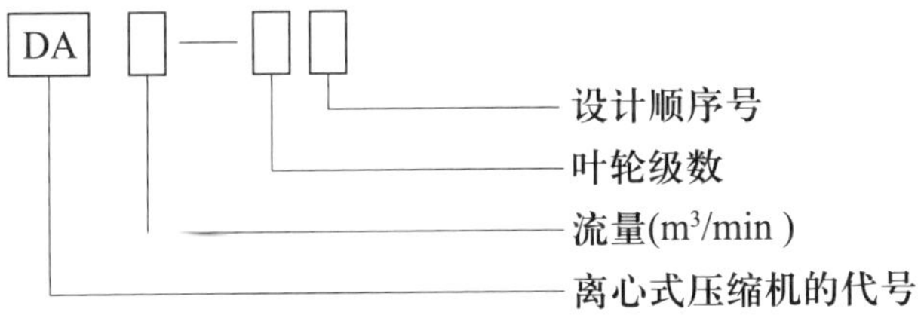

图 3－43 离心式压缩机的型号编制方法

示例：

DA120－121 型离心式压缩机

流量为 120 m^3/min，共有 12 级叶轮，第一次设计的离心式压缩机。

DA350－61 型离心式压缩机

流量为 350 m^3/min，共有 6 级叶轮，第一次设计的离心式压缩机。

4. 离心式压缩机的特点

目前，在生产中除了流量较小和超高压的气体压缩外，大多数倾向采用离心式压缩机，有逐渐取代活塞式压缩机的趋势。实践证明，离心式压缩机（特别是用工业汽轮机驱动的离心式压缩机）与活塞式压缩机相比，具有以下特点：

（1）生产能力大，供气量均匀。

（2）结构简单紧凑，占地面积小，易损零件少，便于检修，运转可靠；连续运转周期长，一般能连续运转 1 ~2 年以上，所以不需要备机；操作及维修所需的人力、物力比活塞压缩机少得多。

（3）气体介质不与润滑系统的润滑油接触，不会污染被压缩的气体，有利于化工生产。这对于压缩不允许与油接触的气体（如氧气）特别适宜。

（4）转速高，因此适合用工业汽轮机或燃气轮机直接拖动，可合理而又充分利用大型石油化工厂的热能，降低了能耗。

（5）对于具有同等容量的离心式压缩机和汽轮机组，比活塞式压缩机和电动机组的价格低得多，所以建厂费用低。

（6）效率比活塞式压缩机的效率低，一般低 5% ~10%，且不适于气量太小及压力比较高的场合。同时，由于离心式压缩机稳定工况较窄，其气量调节虽较方便，但经济性较差。

5. 离心式压缩机的主要零部件

（1）主轴

主轴在离心式压缩机中的作用是支持旋转零件并传递扭矩。由于主轴上需安装多个零件且高速旋转，因此其结构必须考虑安装方便、平衡、对中等许多因素。主轴按结构一般分为阶梯轴、节鞭轴和光轴三种。

阶梯轴和光轴的相关内容详见本教材第一章第 1 节所述。

节鞭轴的结构如图 3 -44 所示，轴的部分表面挖有环状凹形气体流道，级间无轴套，叶轮由轴肩和销钉定位。这种类型的主轴既能满足气流流道的需要，又有足够的刚度。

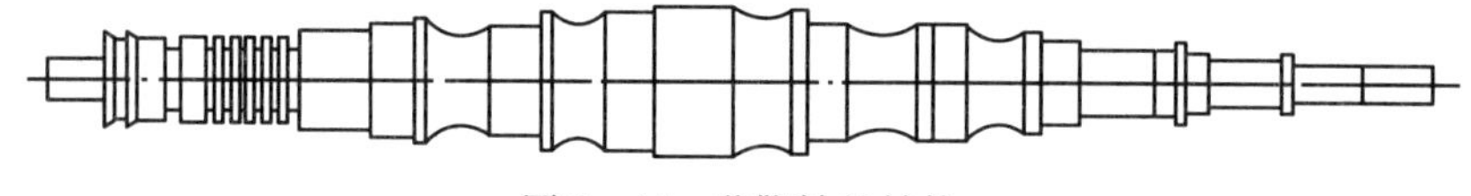

图 3 -44　节鞭轴的结构

（2）叶轮

叶轮是离心式压缩机中唯一对气体做功的部件。叶轮随主轴高速旋转，气体在叶轮叶片的作用下，跟着叶轮作高速旋转。受旋转离心力的作用以及叶轮里的扩压流动影响，在流出叶轮时，气体的压力、速度和温度都得到提高。因此叶轮的结构类型直接影响离心式压缩机的性能和效率。

叶轮一般由轮盘、叶片和轮盖三者组合而成。其结构多种多样，一般按叶片弯曲类型和整体结构类型进行分类。

1）按叶片弯曲类型不同，叶轮可分为前弯叶片式、径向叶片式和后弯叶片式三类，如图 3 -45 所示。

①前弯叶片式。如图 3 -45a 所示，这类叶轮叶片的弯曲方向与叶轮旋转方向相同，产生的能量较大，其中动能部分所占的比例较大，因而流动损失大、效率较低。

②径向叶片式。这类叶轮有两种类型：一种是具有弯曲叶片的径向出口叶片式叶轮，如

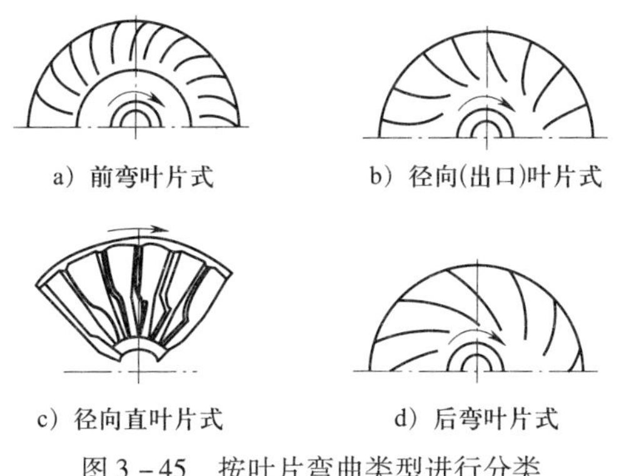

图 3－45 按叶片弯曲类型进行分类

图 3－45b 所示，气流径向进入叶片流道；另一种是径向直叶片式叶轮，如图 3－45c 所示，在叶轮的入口处有一导风轮，气流轴向进入叶轮，经导风轮导流后，再流入径向式叶片流道。径向叶片式叶轮产生的能量头和效率大小介于前弯叶片式叶轮和后弯叶片式叶轮之间。

③后弯叶片式。如图 3－45d 所示，这类叶轮叶片弯曲方向与叶轮旋转方向相反，产生的能量头较小，但静压能所占的比例较大，加上流动损失较小，因而效率较高。

综上所述，对于固定离心式压缩机，其效率是首要的经济指标，故一般采用后弯叶片式叶轮；而对于移动离心式压缩机，为了使其结构紧凑、质量减小，均采用径向叶片式叶轮或前弯叶片式叶轮。

2）按整体结构类型不同，叶轮分为闭式、半开式和开式三类，如图 3－46 所示。离心式压缩机常用闭式叶轮和半开式叶轮，开式叶轮很少采用。

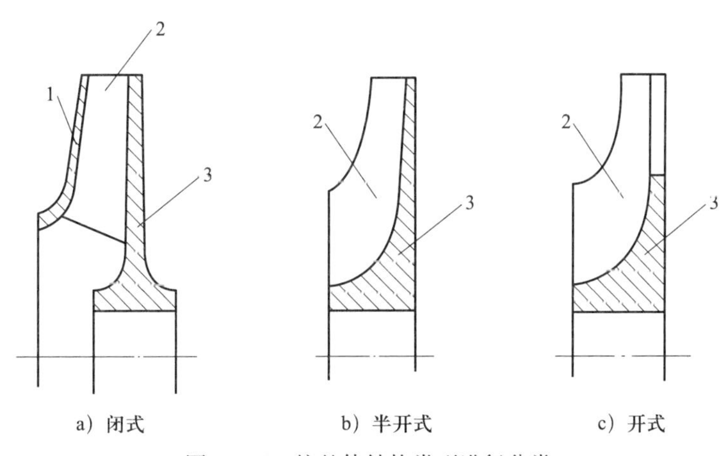

图 3－46 按整体结构类型进行分类

1—轮盖；2—叶片；3—轮盘

①闭式。闭式叶轮由轮盘、叶片和轮盖组成，如图 3－46a 所示。这种叶轮对气体流动有利，轮盖处装有气体密封，减少了内泄漏损失。叶片槽道间也不存在潜流引起的损失，因此效率高。另外，叶轮和机壳侧面间隙也不像半开式叶轮那样要求严，可以适当放大，使检修时拆装方便。这种叶轮在制造上虽较半开式叶轮和开式叶轮复杂，但因效率高和其他优

点，故在离心式压缩机中得到了广泛应用。

②半开式。半开式叶轮没有轮盖且通常采用径向直叶片式，故又称为半开式径向直叶片式叶轮，如图3－46b所示。由于叶片槽道一侧被轮盘封闭而另一侧敞开，所以改善了气体通道，减少了流动损失，提高了效率。但是，由于叶轮侧面间隙很大，有一部分气体从叶轮出口倒流回进口，内泄漏损失大。此外，叶片两边存在压力差，使气体通过叶片顶部从一个槽道流向另一个槽道，因而这种叶轮的效率低于闭式叶轮。

③开式。开式叶轮仅由轮盘和叶片组成，如图3－46c所示。在叶轮上，叶片槽道两个侧面都是敞着的，气体通道是由叶片槽道和与叶轮前后有一定间隙的机壳形成的。这种通道对气体流动不利，使气体流动损失很大，此外，在叶轮和机壳之间引起的摩擦损失也很大，故这种叶轮的效率很低，在压缩机中很少被采用。

此外，按吸入方式不同，叶轮可分为单吸叶轮和双吸叶轮。其中的双吸叶轮如图3－47所示，实质上是由两个单吸叶轮并联而成的，其特点是可以两面进气，适用于大流量的离心式压缩机或多级离心式压缩机的第一级。这种叶轮还具有轴向力自行平衡的优点，但其结构和制造工艺较为复杂。

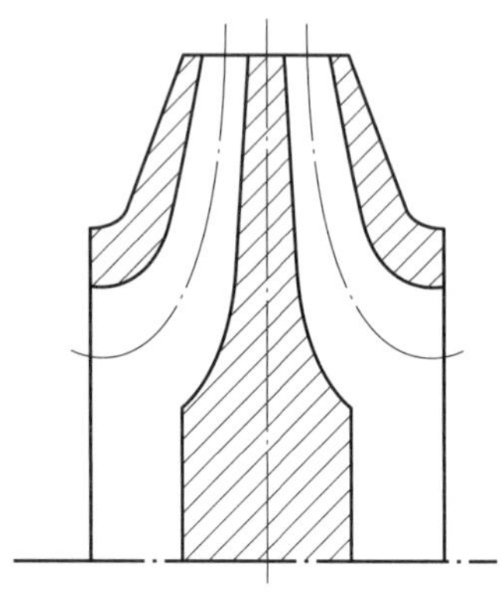

图3－47　双吸叶轮

(3) 扩压器

扩压器（见图3－48）的作用是使从叶轮中流出的具有较高速度的气体减速，将气体的动能有效地转化为压力能。扩压器一般分为无叶片扩压器、叶片扩压器和直壁扩压器三类。

图3－48　扩压器

无叶片扩压器的结构简单，造价低。其优点是：由于没有叶片，当进气速度和方向发生变化时，对工况影响不显著，不存在进口冲击损失；同一无叶片扩压器可与不同出口角的叶轮匹配，具有良好的适应性。其缺点是：径向尺寸较大，气体流动路程较长，流动损失较大，故效率比有叶片的扩压器低。

叶片扩压器是在无叶片扩压器的环形通道中沿圆周装有均匀分布的叶片。当气流经过叶片扩压器时，一方面因直径的加大而减速扩压，另一方面由于叶片的导流，可使气流的方向

角逐渐加大，从而获得较大的减速增压效果。

直壁扩压器实际是叶片扩压器的一种，由于其导叶间的通道有一段是由直线或接近于直线的段所组成，故称为直壁扩压器。直壁扩压器的优点是：气流速度、压力分布要比一般弯曲形通道的叶片扩压器均匀得多，有较高的效率和较好的扩压效果；气体流过时的流动损失较小。其缺点是：对工况适应性差，结构复杂；径向尺寸太大，加工较困难；仅适用于流量较小的离心式压缩机。

（4）弯道和回流器

弯道和回流器的作用是把通过扩压器后的气体引导到下一级去继续进行压缩，其结构如图3－49所示。弯道是连接扩压器与回流器的一个半环形气体通道，通常由隔板和气缸组成。弯道内一般不设置叶片，气流在弯道内转180°以后进入回流器。弯道前后的宽度一般相等或略有减小，稍带有收敛性，这有助于改善气体流动情况。

回流器由两块隔板和装在隔板之间的反向导叶组成。反向导叶可以和机体铸成一体，也可分开制造并用螺栓连成一体。反向导叶片数量一般为12～18片。

由于气流在弯道和回流器内流动阻力较大，因此必须降低弯道和回流器流道的表面粗糙度的数值，来减小气体流动阻力。

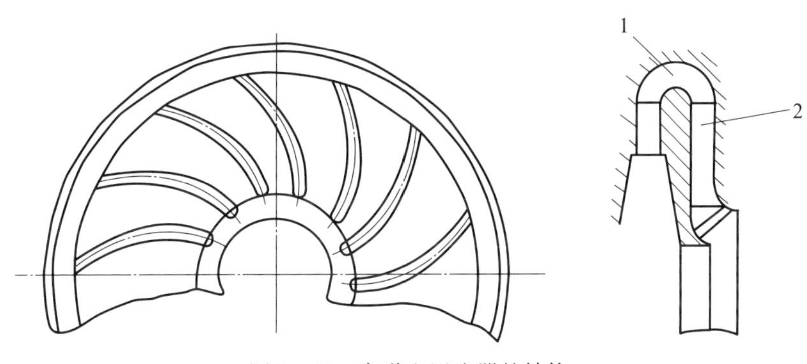

图3－49　弯道和回流器的结构

1—弯道；2—回流器

（5）密封装置

由于离心式压缩机的转子和定子一个高速旋转而另一个固定不动，两部分之间必定具有一定的间隙，因此就一定会有气体在机器内由一个部位泄漏到另一个部位，同时还向机器外部进行泄漏。为了减少或防止气体的这些泄漏，需要采用密封装置。防止机器内部通流部分各空腔之间气体泄漏的密封称为内部密封，防止或减少气体由机器向外部泄漏或由外部向机器内部泄漏（在机器内部气体压力低于外部气压时）的密封称为外部密封或轴端密封。

离心式压缩机常用的密封有迷宫型密封、浮环油膜密封、机械接触式密封和干气密封等，近几年又出现了一种新型的磁流体密封。

6. 离心式压缩机的辅助系统

（1）润滑系统

一般离心式压缩机的润滑系统由油箱、油泵（主油泵、辅助油泵）、油冷却器、油过滤器、蓄压器、高位油箱、油净化装置以及油加热器等部分组成，如图 3－50 所示为二氧化碳压缩机组润滑系统。

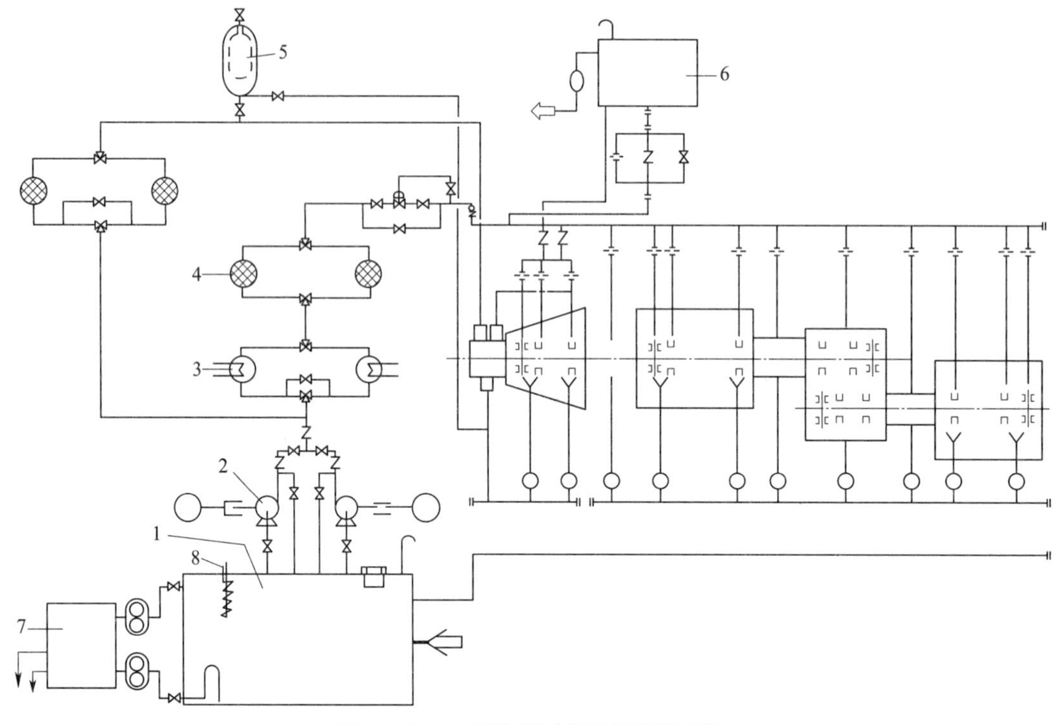

图 3－50　二氧化碳压缩机组润滑系统

1—油箱；2—主油泵；3—油冷却器；4—油过滤器；5—蓄压器；6—高位油箱；7—油净化装置；8—油加热器

（2）振动与位移监测装置

为了保障离心式压缩机机组的安全运行，机组一般设有振动与位移监测装置。这种监测装置一般设有指示器或显示仪表，供操作人员检查、监视用。振动与位移监测装置一般设有声光报警和停车联锁，当仪表装置测量的轴振动、位移值达报警值时，仪表系统发出声光报警，提醒操作人员注意设备已处于异常状态，应检查处理；当轴振动、位移继续增大达停车联锁值时，为防止事故进一步扩大，停车联锁动作并发出声光报警，设备停车，声光报警提醒操作人员处理停机后的有关事宜。

（3）段间冷却与分离系统

离心式压缩机的压力比都比较高，一般都在 3.5 以上，有的一个缸可达 30 或更高。对于这样高的压力比，如果不进行冷却，不仅多消耗功，而且排气温度太高，对压缩机的轴承、气缸等零部件工作不利，特别是对于易燃易爆气体更是不允许。因此在压缩过程中必须对气体实行冷却，以降低排气温度和功耗。

气体冷却方式一般有两种：一是实行缸内冷却，即当气体经过扩压器、回流器时受到冷却。为了有足够的冷却面积，一般扩压器和回流器的径向尺寸比不需要冷却的机器大得多，压缩机容量越大，越难有足够的冷却面积，从结构上实现起来越困难。此外，加大冷却面积会增加气体流动损失，降低效率，因此这种方式现在一般采用的较少。二是实行缸外冷却，即把压缩机分为若干段，段间将气体引出机外到中间冷却器中进行冷却，然后返回压缩机下一段继续进行压缩。这种方法从结构上实现起来比较容易，目前普遍采用。当然，这种方法增加了气体在压缩机段的进口、出口、中间冷却器及连接管路中的压力损失，降低了由冷却带来的效益。

7. 离心式压缩机的性能、性能曲线及工况调节

(1) 离心式压缩机级的性能

因为离心式压缩机由级组成，所以其性能决定于级的性能。反映离心式压缩机性能最主要的参数为压力比、效率、功率及流量等。为了便于将压缩机级的性能清晰地表示出来，常将压缩机在不同流量时级的压力比 ε、效率 η 及功率 N 随该级的进口流量 Q_j 而变化的关系用 $\varepsilon - Q_j$、$\eta - Q_j$ 及 $N - Q_j$ 的曲线形式表示出来，这些曲线便是级的性能曲线。与离心泵相同，离心式压缩机级的性能曲线也是通过实验测定的，它反映各参数之间的变化规律。如图 3 -51所示为某离心式压缩机级的性能曲线，是在叶轮圆周的线速度为 $u = 270$ m/s、设计点效率为 $\eta_{pol} = 0.81$、压力比 $\varepsilon = 1.54$、设计点的气体流量 $Q_{j设计} = 67.6$ m^3/min 时所得到的 $\varepsilon - Q_j$ 及 $\eta_{pol} - Q_j$ 的曲线。

对于大多数离心式压缩机而言，其级的性能曲线是一条在流量不为零处有一最高点、呈驼峰状的曲线。在最高点右侧，压缩比随计量的增大而急剧降低，离心式压缩机的功率 W 和效率 η 随流量 Q_j 的增大而增大，但当增至一定限度后，都随流量的增大而减小。离心式压缩机级的性能曲线，除反映级的压力比和流量、效率和流量的关系外，也可反映出压缩机级的稳定工作范围。当实际流量小于设计流量到一定程度时，离心式压缩机就会出现不稳定的工况。因为当实际流量小于设计流量时，气流进入叶片的方向与叶片进口的角度不一致，即冲角 $\delta_i > 0$ 时在叶片的工作面会产生气流分离现象（见图 3 -52），且气流沿着与叶轮旋转相反的方向移动而形成一个气流分离区，如图 3 -52 中的黑点部分，如流量盘越小，则分离现象越严重，气流的分离区域越大。此时如果流量减小到最小值，则整个叶片流道不但没有气体流出，而且会形成旋涡倒流，气流从叶轮的出口倒流回叶轮的进口，此时级出口的压力下降，倒流回来的气体弥补了流量的不足，从而维持正常工作，重新把倒流回来的气体压出去，这样又造成级中流量的减小，机器及排气管中产生低频高振幅的压力脉动，并产生噪声，叶轮应力增加，整机发生剧烈振动。如果离心式压缩机在这种情况下持续工作，将导致机器的损坏，这种现象称为喘振。

实验证明，喘振一般是由叶片扩压器中气流边界层分离并扩及整个流道所引起的。离心式压缩机在喘振时的工作状态称为喘振工况。当离心式压缩机运转的实际流量大于设计流量 $Q_{j设计}$，并达到某一最大流量 $Q_{j\,max}$ 的情况下，则叶片扩压器的最小通流截面处的气流速度将达到声速，此时叶轮对气体所做的功，都消耗在克服流动损失上，而气体的压力并不升高，级的这种工况称为滞止工况。喘振工况与滞止工况之间为稳定工况范围。

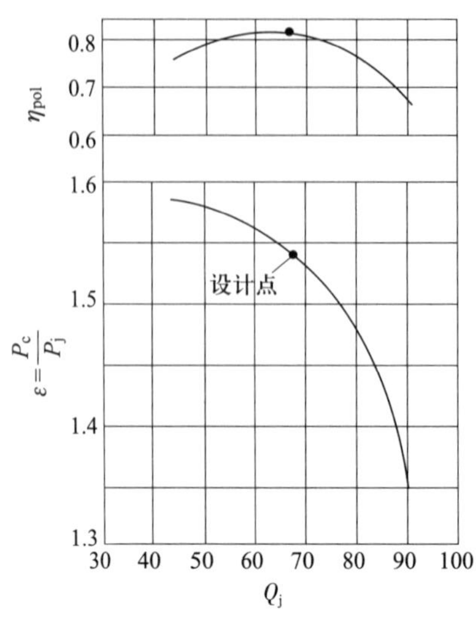

图 3－51　某离心式压缩机级的性能曲线

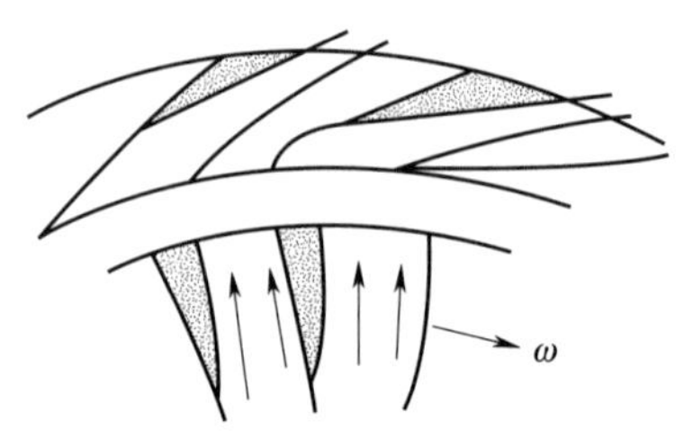

图 3－52　气流分离现象

一般衡量离心式压缩机一个级的性能好坏，不仅要求其在设计流量下效率最高，而且要求其稳定工况范围要宽。

如图 3－53 所示为某离心式压缩机在不同转速下测得的一组级的 $\varepsilon-Q_j$ 曲线，每条曲线都有自身的稳定工况区域，即在曲线左部端点之内的范围，如果流量再小于这个范围，机器将发生喘振。

将每条曲线的左部端点连接起来，即可得出一条喘振的边界线，边界线右侧部分就表示该机器的稳定工况范围。

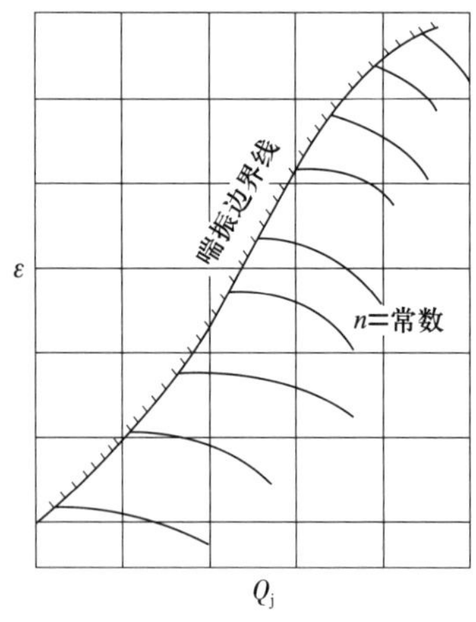

图 3－53　某离心式压缩机在不同转速下测得的一组级的 $\varepsilon-Q_j$ 曲线

（2）离心式压缩机的性能曲线

离心式压缩机的性能曲线与离心式压缩机级的性能曲线相似，也是将整机的压力比、效率及功率与进口气体流量之间的关系用性能曲线表示在坐标图上，而且这些主要性能参数也是由实验得出的。图 3 – 54 所示为 DA350 – 61 型离心式压缩机的性能曲线。压缩机的性能曲线不论是多级的或是有中间冷却的，都与单级性能曲线大致相同，都具有随着流量 Q_j 增加而压力比 ε 下降的特性，功率 N 随流量的增加而增加，则流量增加到某一程度后出口压力或压力比很快下降，这时功率也随之下降。

多级离心式压缩机同样也有最小流量和最大流量，与单级情况一样，当气体流量减小到某一定值时，机器开始喘振，此时的气体流量为喘振工况的流量 Q_{min}。当流量增加到某一定值时，就不可能再增加，这时的流量称为滞止工况的流量 Q_{max}。多级离心式压缩机的性能曲线实际上是由单级的性能曲线串联叠加而成的，但由于多级离心式压缩机的压力比 ε 较高，所以气体的密度有较大的改变，其性能曲线就有所不同。一般情况下，多级离心式压缩机的性能曲线稳定工况的范围较单级窄些。如图 3 – 55 所示为二级串联离心式压缩机的性能曲线。

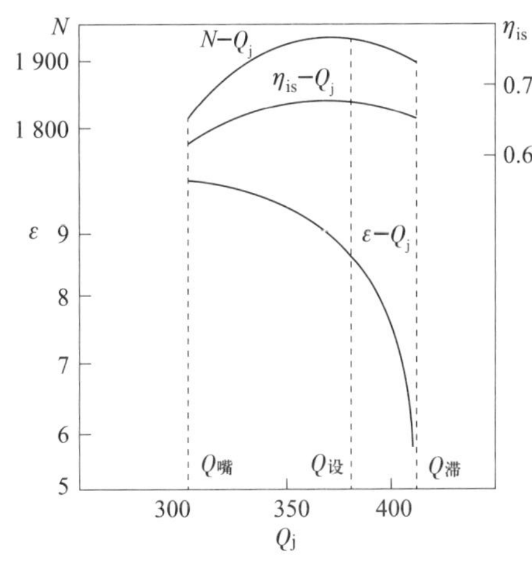

图 3 – 54　DA350 – 61 型离心式压缩机的性能曲线

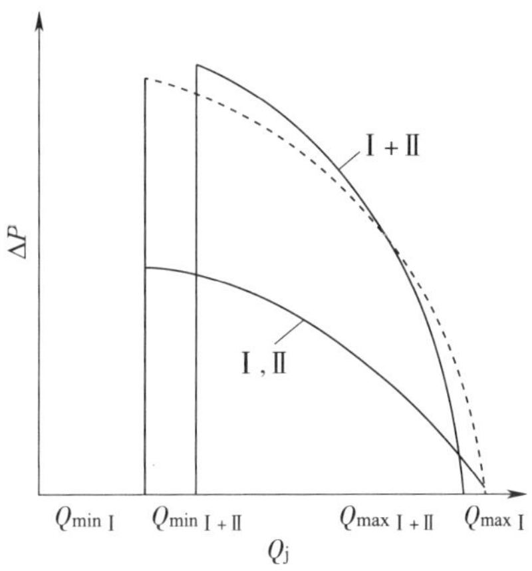

图 3 – 55　二级串联离心式压缩机的性能曲线

（3）离心式压缩机的工况调节

1）根据工艺流程的不同要求，按调节任务可分为以下 3 种方式。

①等压力调节：改变压缩机的流量而保持压力不变。

②等流量调节：改变压缩机的压力而保持流量稳定。

③比例调节：保证压缩机的压力比不变（如防喘振调节），或保证所压送的两种气体的容积流量百分比不变。

2）常用的调节方法有 5 种，即压缩机出口节流调节、压缩机进气节流调节、采用可转动的进口导向叶片（进气预旋）调节、改变压缩机转速调节和采用可转动的扩压器叶片调节。

①压缩机出口节流调节。出口节流调节是一种很简便的离心式压缩机工况调节方法。在离心式压缩机排气管中装一阀门，利用阀门开启度的大小来调节流量，由于关小阀门时阻力增加，其流量也相应减小。如图 3 – 56 所示为改变出口阀的开度调节离心式压缩机的工况，出口节流阀关得越小，阻力损失越大，特别是当离心式压缩机性能曲线变陡，且调节的流量

又较大时，它的缺点更加突出。目前除了在小型鼓风机及通风机中使用这种方法外，一般很少采用。

②压缩机进口节流调节。对于转速不变的离心式压缩机，进口节流调节是一种简便而又广泛应用的工况调节方法。所谓进口节流调节就是把调节阀门装在离心式压缩机的进气管上，改变阀门开度，即可改变压缩机的性能曲线，达到调节工况的目的。

这种调节方法虽较出口节流调节有较好的经济性，但仍然带来一定的节流损失。此外在节流时，要注意使阀门后的气流保持均匀的流动，以免影响到后面离心式压缩机的工作而降低效率。

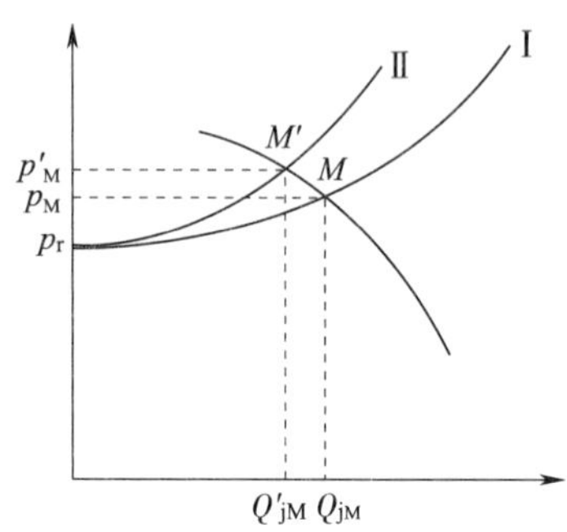

图 3－56　改变出口阀的开度调节离心式压缩机的工况

③采用可转动的进口导向叶片（进气预旋）调节。这是一种改变叶轮进口前安装的导向叶片角度，使进入叶道中的气流产生预旋的工况调节方法。导向叶片是一组放射状的叶片，它可绕叶片本身的轴线旋转，可分为径向导向叶片（见图 3－57）和轴向导向叶片（见图 3－58）两种。

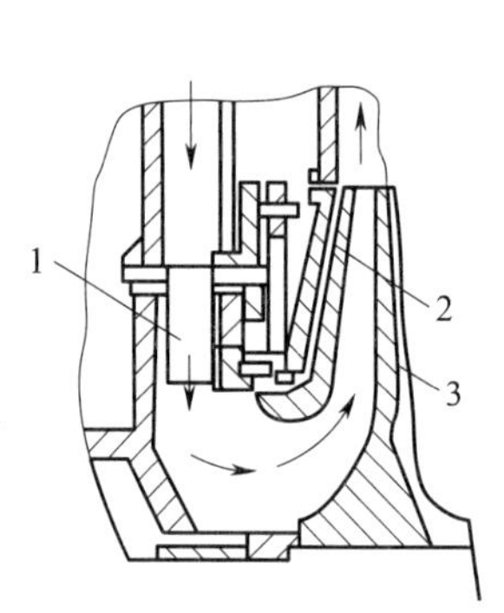

图 3－57　径向导向叶片

1—导向叶片；2—接传动件；3—叶轮

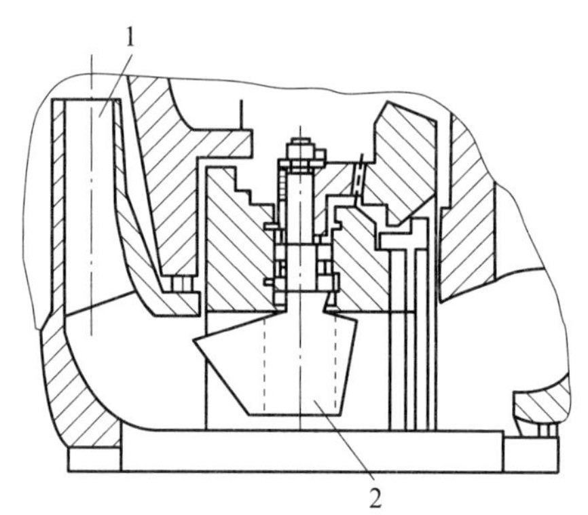

图 3－58　轴向导向叶片

1—叶轮；2—导向叶片

当导向叶片转动一个角度时，进入叶轮的气流就产生正向或负向旋转，从而改变了进入叶轮的气流方向角。当压缩机的压力比或流量需要减小时，可采用正向旋转。如果压缩机的压力比或流量需要增大时，则可采用负向旋转。但进行负向旋转调节时，叶轮进口的相对速度会增加，因而马赫数也要增大，会使压缩机效率下降。

进口导向叶片一般采用流动阻力较小的翼形叶片，这样节流损失比进口节流调节损失小。虽然由于旋转改变了进入叶轮的气流方向，会产生一定的冲击损失，但其功率消耗较进口节流调节要小得多，故采用可转动的进口导向叶片（进气预旋）调节的经济性较好。

④改变压缩机的转速调节。在性能曲线讨论中可以看出，当离心式压缩机的转速改变时，其性能曲线也随之改变。所以当生产中要求改变离心式压缩机工况时，即可利用调节其转速的方法，改变其性能曲线、工况点来满足生产要求。

改变转速调节具有调节范围大的特点，此外改变转速时也不产生其他调节方法所带来的附加损失，所以是一种最经济的调节工况的方法，对于工作中需要经常改变工况的大型离心式压缩机，通常采用这种方法。采用改变转速调节工况时必须改变驱动机的转速，因此最好采用汽轮机或燃气轮机驱动离心式压缩机。如采用电动机驱动，为便于改变转速可采用增速箱，或采用大型直流机组或采用变频方法，但这样会使设备复杂化，价格昂贵。此外采用改变转速调节工况时还应考虑转子的临界转速、叶轮强度、轴承负荷和原动机的容量等问题。

⑤采用可转动的扩压器叶片调节。叶片扩压器与无叶片扩压器相比，其性能曲线形状较陡，稳定工作区较窄，这是因为叶片扩压器的进口冲角对气体流动的影响很大，当冲角大到一定值时，离心式压缩机就会产生喘振。在叶片扩压器组成的级中，喘振一般是由于叶片扩压器的冲角过大造成的，当叶片扩压器进口叶片几何角度改变时，压缩机级的性能曲线将左右移动。从调节结果来看，不同角度对离心式压缩机的能量头并无多大影响，只能使性能曲线平移，故极少用来作为单独的调节方法使用，一般都配合其他的调节措施联合应用。由于这种调节方法能使性能曲线左右平移，在调节喘振流量和喘振点这一特殊应用上能发挥很大作用，所以可用于扩大离心式压缩机的稳定工作区，这是防止进入喘振线的行之有效的办法。

扩压器叶片的转动，可以采用传动机构来达到，且可使离心式压缩机在运行中随时被调节，但是若各级都需用它来调节则显得比较复杂了。

8. 离心式压缩机的维护

（1）日常维护

1）每班、每日定时擦拭机体，保持机器各部位清洁，机体应无油污。

2）零部件完整齐全，指示仪表灵敏可靠。

3）按时填写运行记录，做到准确、齐全、整洁。

4）按规定的时间、路线认真做好巡回检查工作。操作人员每小时应巡回检查一次，并填写巡回检查记录。机、电、仪维修人员每班至少巡回检查两次，并做好巡回检查记录。巡回检查中发现的问题应按机、电、仪维修人员各自的职责和有关维护规定及时进行适当处理，对有运行隐患的部位要加强检查，不能立即处理的应及时向有关负责人汇报。

（2）紧急停车

发生下列情况之一时，应立即紧急停车，并立即向总控室及有关部门报告：

1）机组转速升高到危急保安器应该动作的转速而危急保安器不动作。

2）机组发生强烈振动，出现红灯报警并继续增强，不能消除。

3）机组轴位移过大，出现红灯报警或轴位移突然大幅度增加，超过红灯报警值。

4）机组联轴器断裂或断轴。

5）汽轮机发生水击，压缩机分液缸满液位，造成压缩机缸体进水。

6）机组任何一个轴承断油，轴承冒烟或轴承回油温度突然升到 80 ℃以上。

7）油压过低而保安系统不动作。

8）设备内发出明显异常声响或汽轮机轴封发现火花。

9）油系统着火不能很快扑灭。

10）油箱油位突然降低使油泵抽空。

11）油管、主蒸汽管、工艺管道破裂或法兰松开而不能恢复。

12）压缩机发生严重喘振而不能消除。

13）真空度下降到极限值而不能恢复。

14）压缩机密封突然漏气，密封油系统故障不能排除。

15）机组调节、控制系统发生严重故障，机组失控而不能继续运行。

16）主蒸汽中断，主蒸汽温度、压力超过设计极限或降到极限而不能恢复。

17）工艺系统发生紧急停车情况或工艺系统需要紧急停机。

18）其他危及机组和人身安全的情况。

（3）停机维护

1）转子完全静止后，必须立即启用盘车装置进行盘车。电动液压盘车 8 h 后改为手动盘车，每半小时盘动转子 90°，停车 16 ~ 24 h 每 4 h 盘车一次，以后可根据机组故障和预定开车时间每班盘车一次，直至蒸汽室温度降至 100 ℃。停机后电动液压盘车因故不能进行时，应立即采用手动盘车。停机后盘车装置在一段时间内出现故障而使转子无法盘动时，应将转子静止时位置做出记号，在盘车装置正常后盘动转子时应特别小心，因为转子和气缸的临时弯曲都已到较大数值，可每隔半小时盘动转子 90°，使转子稍许调直后再进行连续盘车或定期盘车。停机后盘车装置根本不可能进行电动或手动盘车时，机组在停机后 6 h 内禁止启动。

2）停机后润滑油系统应正常运行，以满足冷却轴颈及盘车装置运行需要。盘车装置停运后，一般在蒸汽室温度降至 100 ℃或轴承进出油温度相等时停止润滑油系统运行。

3）停机后除关闭向汽轮机供汽的所有阀门外，还要打开这些切断阀后至气缸间的疏水排放阀，防止漏气到气缸内增加转子和气缸热变形程度及造成部件的腐蚀损坏。低压缸进口二氧化碳气体阀应关闭，防止气体进入内缸。

4）停机时间在 1 周以上时，应每周进行润滑油系统循环一次，并同时盘动转子 720 °以上。

5）较长时间内停止运行的机组，应进一步考虑采取防腐保护措施，寒冷地区还应采取必要的防冻措施。

思考与练习

1. 试述活塞式压缩机的结构和工作原理。

2. 说明活塞式压缩机“LD－50/－0.78－0.7”型号的含义。
3. 简述离心式压缩机的工作原理。
4. 说明离心式压缩机“DA350－61”型号的含义。
5. 简述离心式压缩机的辅助系统各部分的功能。
6. 试解释离心式压缩机的性能曲线。
7. 常用离心式压缩机的工况调节方法有哪些?
8. 试述离心式压缩机日常维护要求。

§3－3　风机

学习目标

1. 了解风机的分类；
2. 熟悉风机的型号编制；
3. 掌握化工生产常用风机的结构、原理及特点。

加压或输送气体的机器称为压气机。根据排气压力的等级不同，压气机通常分为压缩机（排气压力大于或等于 300 kPa）、风机（排气压力小于 300 kPa）和真空泵（进气压力小于环境大气压力）。所以风机同压缩机一样，也是一种输送气体并提高气体压力的机器，只是排气压力较低。

风机的应用范围很广，属通用机械，在国民经济的各行业中几乎都要采用它。风机一般用于通风换气、降温、除尘、燃料燃烧所需空气的供应及燃烧后烟气的排出，是工业生产的重要设备。

在化工生产中，风机主要用于空气、半水煤气、烟道气、二氧化氮、二氧化硫、二氧化碳以及其他生产过程中气体的输送和加压。

一、分类

按排气压力 P_d（表压）的大小，可将风机分为通风机和鼓风机两大类，具体分类如图 3－59 所示。

- 风机
  - 通风机（$P_d \leqslant 15\times10^3$ Pa）
    - 低压通风机：$P_d \leqslant 1\times10^3$ Pa
    - 中压通风机：1×10^3 Pa $< P_d \leqslant 2\times10^3$ Pa
    - 高压通风机：2×10^3 Pa $< P_d \leqslant 15\times10^3$ Pa
  - 鼓风机（15×10^3 Pa $< P_d \leqslant 30\times10^3$ Pa）

图 3－59　风机按排气压力分类

按作用原理，可将风机分为容积式和透平式（见图 3－60）。其中，容积式因其排气压力较高，主要应用于鼓风机，而通风机较多采用透平式。

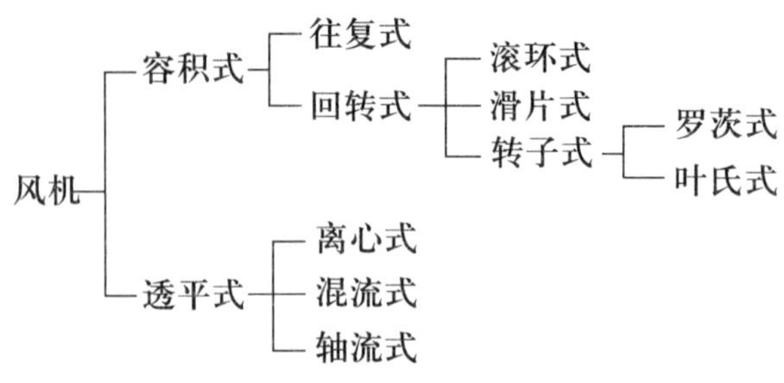

图 3－60　风机按作用原理分类

按风机在生产中的位置和作用或输送的介质来进行命名和分类：如输送空气或半水煤气的风机，称为空气或水煤气鼓风机；用于排出凉水塔中空气的风机，称为凉水塔轴流风机（或简称风扇）；用于硝酸尾气排送的，称为氧化氮排风机等。

本节主要介绍化工生产中常用的离心式通风机和罗茨式鼓风机，如图 3－61 和图 3－62 所示。

图 3－61　离心式通风机

图 3－62　罗茨式鼓风机

二、风机的型号编制

1. 离心式通风机的型号编制

离心式通风机的型号全称包括名称、型号、机号、传动方式、旋转方向和出风口位置六部分，如图 3－63 所示。为了区别型号相同而用途不同的风机，常在型号前冠以用途代号。常用离心式通风机用途代号见表 3－5。

示例：“C4－73－11 No5.5 C 顺 90°” 表示该通风机是排尘离心式通风机，压力系数为 0.4，比转数为 73，风机进口侧为单侧吸入式，第一次设计，叶轮直径约为 550 mm，悬臂支承传动带传动，叶轮顺时针方向旋转，出风口位置为顺 90°。

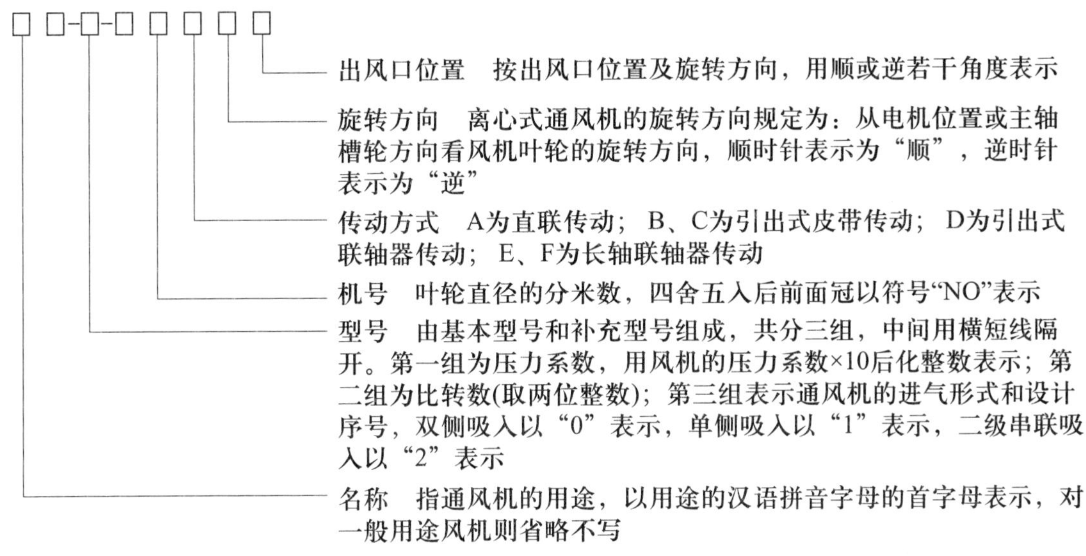

图 3－63　离心式通风机型号编制规则

表 3－5　离心式通风机用途代号

用途	代号			用途	代号		
	汉字	汉语拼音	简写		汉字	汉语拼音	简写
排尘通风	排尘	CHEN	C	矿井通风	矿井	KUANG	K
输送	煤粉	MEI	M	电站锅炉引风	引风	YIN	Y
防腐蚀	防腐	FU	F	电站锅炉通风	锅炉	GUO	G
工业炉吹风	工业炉	LU	L	冷却塔通风	冷却	LENG	LE
耐高温	耐温	WEN	W	一般通风换气	通风	TONG	T
防爆炸	防爆	BAO	B	特殊风机	特殊	TE	E

2. 罗茨式鼓风机的型号编制

国产罗茨式鼓风机的型号也是由字母和数字组成的，其组成如图 3－64 所示。

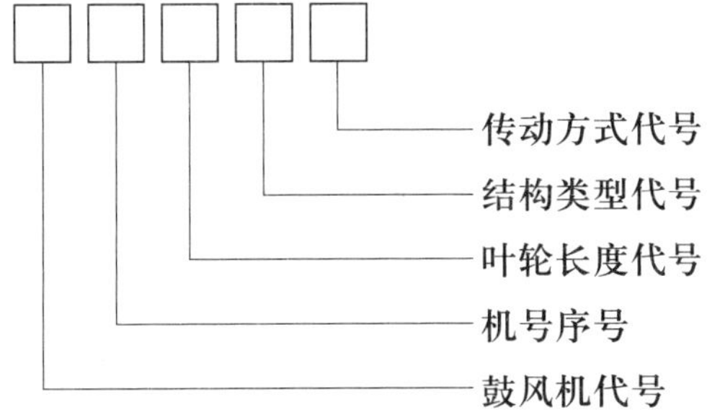

图 3－64　罗茨式鼓风机型号编制规则

（1）鼓风机代号

用字母表示，如“L”表示罗茨式鼓风机；“SL”表示水冷罗茨式鼓风机。

(2) 机号序号

用阿拉伯数字表示，表示风机的性能参数。具体表示可查阅有关资料。

(3) 叶轮长度代号

用阿拉伯数字表示，表示风机的尺寸参数。具体表示可查阅有关资料。

(4) 结构类型代号

用字母表示，如“W”表示卧式，“L”表示立式。

(5) 传动方式代号

用字母表示，如“B”表示带轮中间支承，“C”表示带轮悬臂支承，“D”表示电动机通过联轴器直联。

例如，“L13LD”表示机号序号为1号，第三种叶轮长度，立式，传动方式为联轴器与原动机直联的罗茨式鼓风机。

三、化工生产中常用的风机

1. 离心式通风机

离心式通风机主要由吸入口、机壳、叶轮（前盘、后盘）、叶片、出口、截流板（风舌）、支架等组成，如图3-65所示。

离心式通风机按其叶轮数目可分为单级离心式通风机和多级离心式通风机，其主要结构和工作原理与离心泵相似。离心式通风机主要用于送气量较大而气体压力要求不太高的场合。

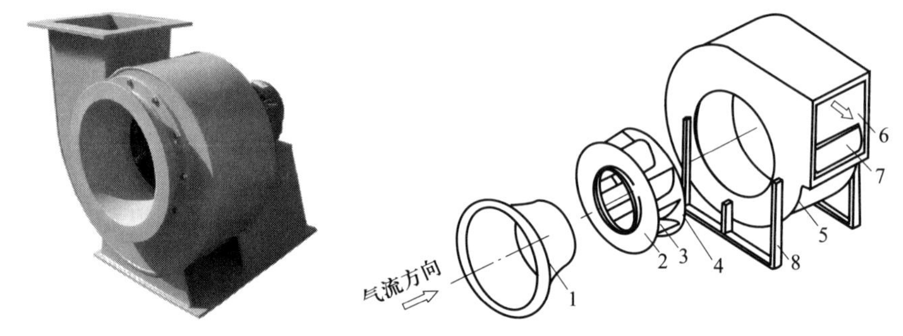

图3-65　离心通风机及其结构

1—吸入口；2—叶轮前盘；3—叶片；4—叶轮后盘；5—机壳；6—出口；7—截流板（风舌）；8—支架

2. 罗茨式鼓风机

罗茨式鼓风机是回转容积式风机的一种，其特点为：输风量与回转数成正比，当风机的出口阻力有变化时，输送的风量并不因之而受显著的影响；由于工作转子不需要润滑，所输送的气体纯净、干燥；结构简单，运行稳定，效率高，便于维护和保养。因此，罗茨式鼓风机在化工生产中得到了广泛应用。

罗茨式鼓风机按结构类型可分为立式和卧式两种。卧式罗茨式鼓风机的两根转子中心线在同一水平面内，进出风口在机座的上部和下部侧面。立式罗茨式鼓风机的两根转子中心线在同一垂直面内，鼓风机的进出风口在机座的两侧面。通常情况下，流量大于或等于 40 m^3/min时制成卧式，流量小于 40 m^3/min 时制成立式。罗茨式鼓风机按冷却方式可分为风冷式和水冷式。风冷式罗茨式鼓风机运行中的热量采取自然空气冷却，为了增加散热面积，机壳表面采用翘片式的结构。水冷式罗茨式鼓风机运行中的热量用冷却水强制冷却，在机壳表面制造水夹套，使冷却水在夹套中循环冷却。

如图 3－66 所示，罗茨式鼓风机主要由机壳、前后盖板、主轴、从动轴、传动齿轮以及一对断面呈“∞”形的转子等组成。在一个长圆形的机壳内，两个转子分别固定在由轴承支承的相互平行的主轴与从动轴上，机壳外的两轴端装有相同的啮合齿轮，主动轴通过联轴器或皮带轮与电动机相连。两个转子之间及转子与机壳之间分别留有 0.4 mm 和 0.3 mm 左右的间隙，以使转子既能自由转动，又不过多地漏气。部分较大型罗茨式鼓风机还带有润滑油循环系统、减速装置、除尘器、消声器以及安全阀等。

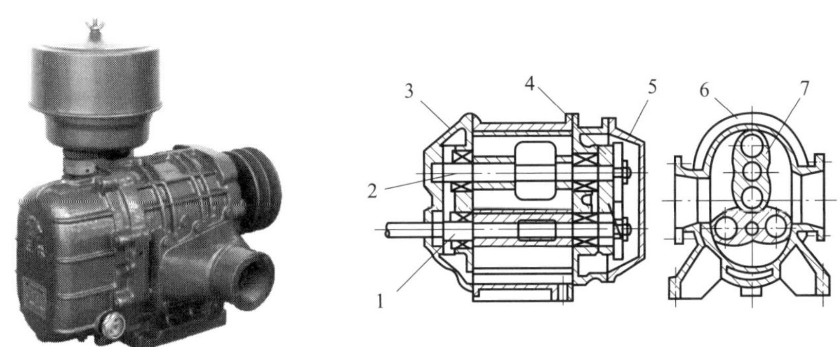

图 3－66　罗茨式鼓风机及其结构

1—主轴；2—从动轴；3—前盖板；4—传动齿轮；5—后盖板；6—机壳；7—转子

3. 罗茨式鼓风机的工作原理

罗茨式鼓风机是一种容积式风机，通过一对转子的“啮合”（转子之间有间隙，又不相互接触）使进气口隔开，转子由一对同步齿轮传动，做反方向运动，将吸入的气体无压缩地从吸气口推至排气口。气体到达排气口的瞬间，因排气侧高压气体的回流而被加压，从而完成气体输送，如图 3－67 所示。

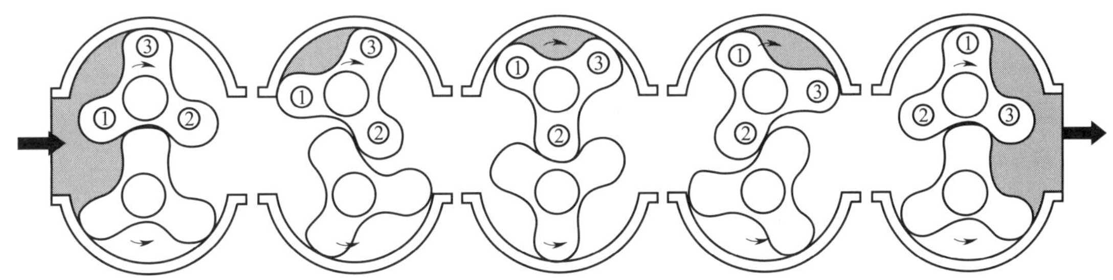

图 3－67　罗茨式鼓风机的工作原理

从工作原理看，罗茨式鼓风机的旋转方向并无规定。如果风口是上下安置的，最好使气体从上面进入，从下面排出，这样可利用下面气体较高的压力抵消一部分转子和轴的重量，以减小轴承所受的压力，如图 3－68 所示。

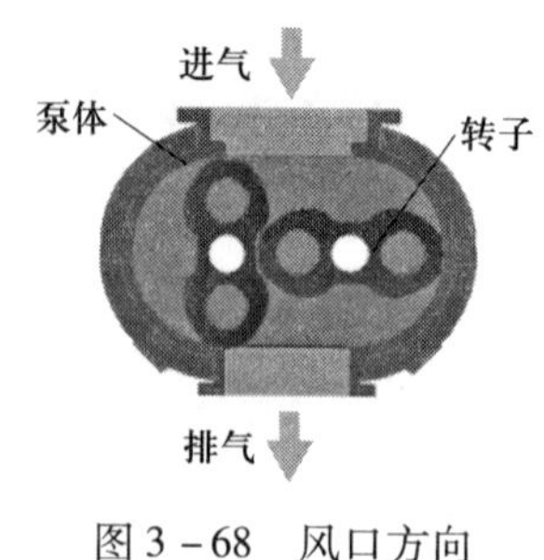

图 3－68　风口方向

思考与练习

1. 试述风机的定义及应用。
2. 试述离心式通风机的结构及分类。
3. 简述罗茨式鼓风机的结构及工作原理。

第四章

固体输送机器

化工生产中有多种散粒或块状的固体物料，通常先要将其送入粉碎、筛分、混合等设备进行预处理，然后输送到料仓和有关的加工设备中去。如蒸发器、搅拌器、反应器、干燥器等设备的定量加料或出料往往需借助于固体输送机器来完成。另外，各生产工序、车间之间也有各种不同的物料、半成品、成品需要输送。

根据固体输送机器在构造和主要部件上的特征，可以将它们分为如下三大类。

（1）起重机械。由一组带有专门为起升物品用的机构组成，可以兼作输送之用，最主要的是用来整批地提升物品。例如，抓斗式起重机。

（2）地面输送机械和悬置输送设备。这类设备不一定有起升物品的机构，主要是用来整批地搬运物品。例如，各种无轨或有轨行车、架空索道以及某些专用设备。

（3）连续输送机械。这类设备可将物料按一定的输送线路，以恒定或变化的速度连续进行输送。应用连续输送机械可以形成恒定的物料或脉动性的物流。例如，带式输送机、斗式提升机及螺旋输送机等。

本章介绍几种化工生产中常用的连续输送机械。

§4－1　带式输送机

学习目标

1. 掌握带式输送机的结构及特点；
2. 熟悉带式输送机的布置形式。

带式输送机运行可靠、输送能力强、输送距离大、维护方便，适用于冶金、煤炭、机械制造、电力、轻工、化工、建材和粮食等行业输送散状和成件物品，是最常用的连续输送机械。

带式输送机及其结构如图4－1所示。其牵引构件和承载构件是一条闭合的输送带，输送带绕在机架两端的传动滚筒和改向滚筒上，由拉紧装置张紧，在沿输送带长度方向上用上托辊和下托辊支承，构成封闭循环线路。当驱动装置驱动传动滚筒回转时，由传动滚筒与输送带间的摩擦力带动输送带运行。

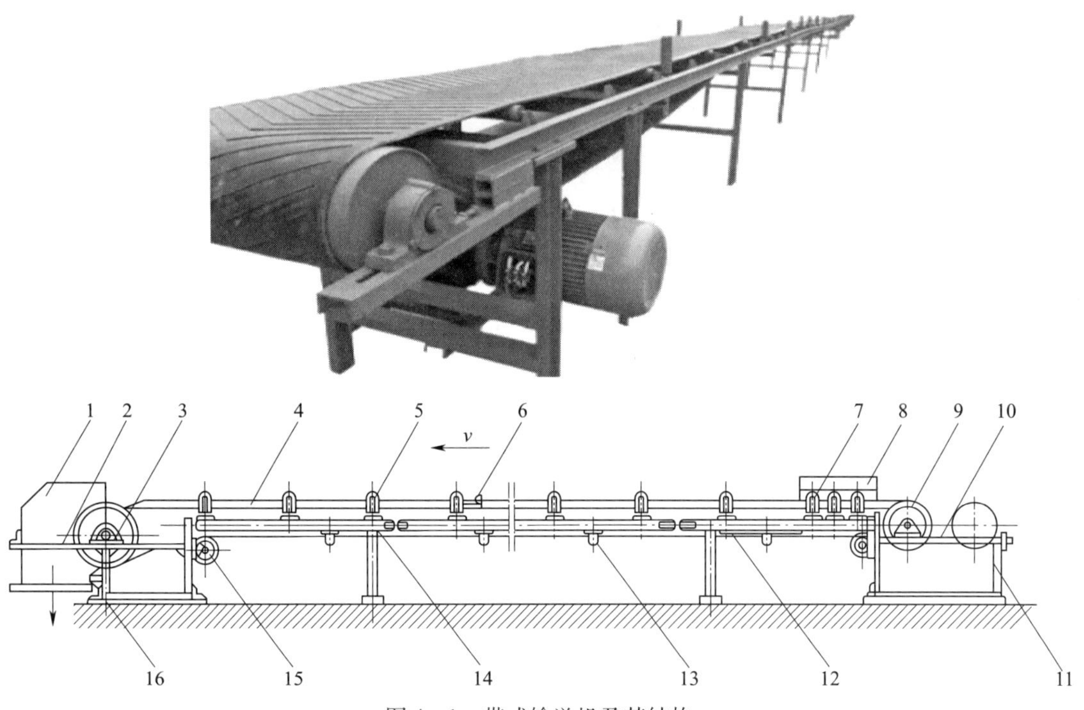

图4－1　带式输送机及其结构

1—头罩；2—头架；3—传动滚筒；4—输送带；5—上托辊；6—槽形调心托辊；7—缓冲托辊；8—导料槽；9—改向滚筒；10—拉紧装置；11—尾架；12—空段清扫器；13—下托辊；14—中间架；15—改向滚筒；16—清扫器

被输送物料一般经导料槽加至带上，物料随着输送带的移动被送到卸料端，并通过卸料装置进行卸料。

根据使用要求，常见的带式输送机布置形式有水平、倾斜、倾斜—水平、水平—倾斜及水平—倾斜—水平等5种（见图4－2）。

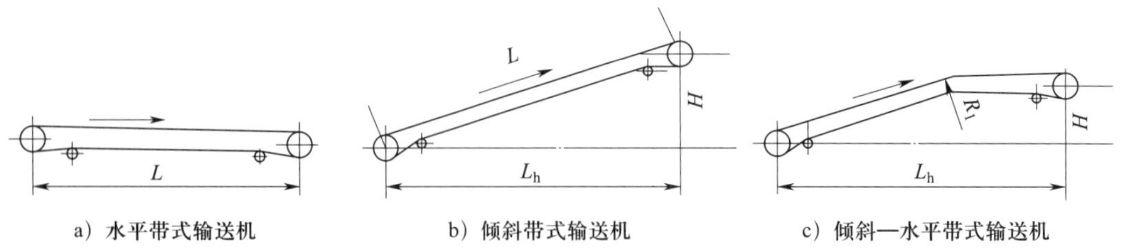

a）水平带式输送机　　b）倾斜带式输送机　　c）倾斜—水平带式输送机

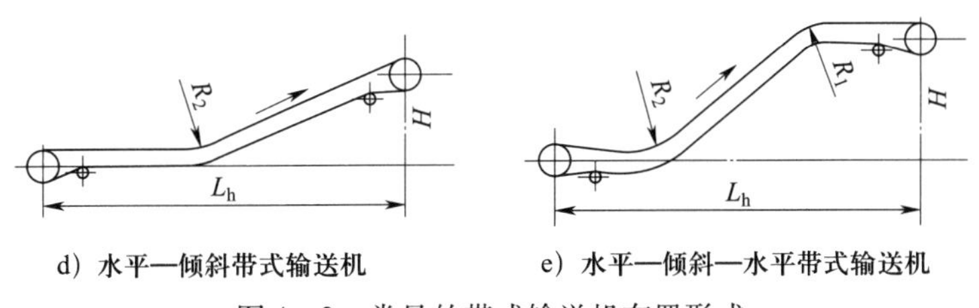

d）水平—倾斜带式输送机　　e）水平—倾斜—水平带式输送机

图 4－2　常见的带式输送机布置形式

思考与练习

1. 试述带式输送机的特点及应用。
2. 试述带式输送机的结构及工作原理。

§4－2　斗式提升机

学习目标

1. 掌握斗式提升机的结构；
2. 熟悉斗式提升机的特点。

在带或链等挠性牵引构件上，每隔一定间隔安装若干个料斗作连续向上输送物料的机器称为斗式提升机。斗式提升机是一种应用较广泛的垂直运输设备，它适用于化学材料、水泥、煤、粮食等物料的运送。

斗式提升机及其结构如图 4－3 所示。它是由封闭的牵引构件、固定于牵引构件上部的驱动装置和下部的张紧装置等主要构件组成。斗式提升机的运行部分和滚筒（或链轮）都安装在一个封闭的机壳内，机壳由上部区段、中间段和下部区段组成。为了便于观察运行构件的工作，在机壳的适当位置上设有检视门。装有料斗的牵引构件（牵引链）由驱动装置驱动，并由张紧装置张紧。物料由机壳下部的进料口装入各料斗，当料斗被提升至上部滚筒（或链轮）时，便卸入提升机的卸料口。

斗式提升机具有结构简单、占地面积小、输送能力大、输送高度较高（一般为 12～32 m，最高可达 80 m）、密封性能较好、扬尘少、管理方便、操作维护简单等优点。但其过载敏感性大，必须均匀地供给物料，牵引件容易被磨损。

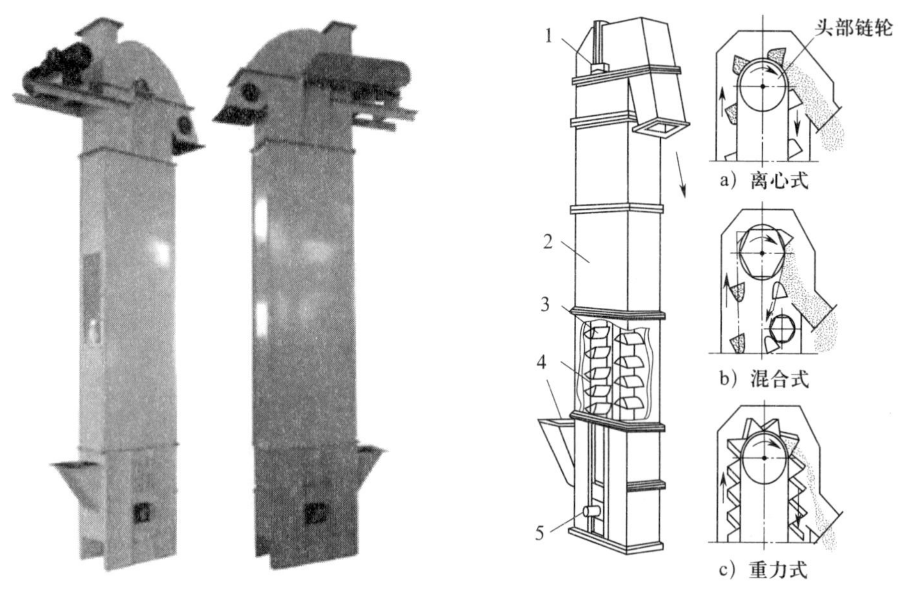

图 4－3　斗式提升机及其结构

1—驱动装置；2—机壳；3—料斗；4—牵引链；5—张紧装置

思考与练习

1. 试述斗式提升机的结构。
2. 试述斗式提升机的特点。

§4－3　螺旋输送机

学习目标

1. 熟悉螺旋输送机的类型；
2. 掌握螺旋输送机的结构及特点。

螺旋输送机是一种不具有牵引构件的连续输送机械，主要用于输送粉粒状和小块状物料，不适宜输送易变质、黏性大、易结块和纤维状的物料，因为这些物料会黏结或缠绕在螺旋叶片上，使物料积塞，造成螺旋输送机不能正常工作。

螺旋输送机可分为水平式螺旋输送机、垂直式螺旋输送机和弹簧螺旋输送机三种，其中

水平式螺旋输送机应用最广。

用于水平及微斜方向输送散粒状物料的水平式螺旋运输机及其结构如图 4 -4 所示。其构造主要包括有下部的半圆柱形料槽和在其内安置的装在悬挂轴承上的螺旋，由驱动装置带动螺旋转动，物料通过加料斗装入料槽内，在卸料口处卸料。在中间卸料口处，装有能关闭的卸料闸门。

当驱动装置带动螺旋运转时，加入槽内的物料由于本身重力及其对料槽的摩擦力的作用，只沿料槽向前移动，而不与螺旋一起旋转。

料槽一般由薄钢板焊制而成，槽底为圆形，槽顶为平面，上装可卸盖，以免运转时粉尘泄漏，且保证操作安全。料槽包括头节、尾节和中间节，用螺栓连接在一起。最短时可以只用头节和尾节，较长时可用头节加数段中间节再加上尾节组成，每节料槽长度一般为 1 ~3 m。

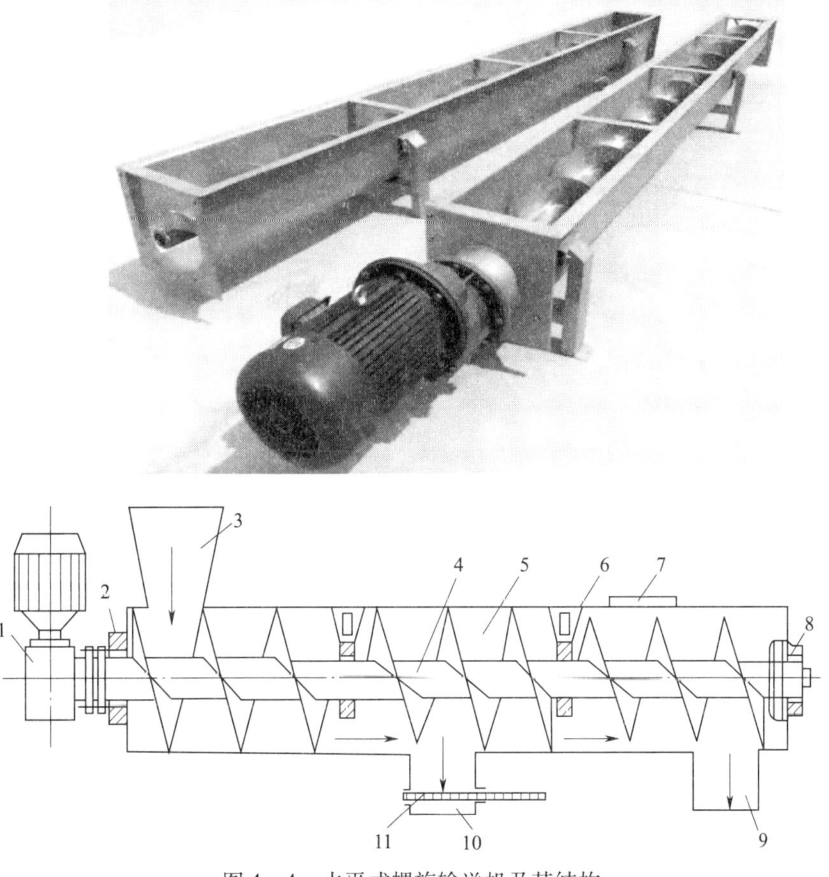

图 4 -4　水平式螺旋输送机及其结构

1—驱动装置；2—首端轴承；3—加料斗；4—螺旋；5—料槽；6—悬挂轴承；7—中间加料斗；8—末端轴承；9—卸料口；10—中间卸料口；11—卸料闸门

螺旋由转轴和螺旋叶片组成，转轴多为无缝钢管制造。螺旋叶片多用厚度为 2 ~8 mm 的钢板冲压而成，然后焊接于轴上，并相互焊接而成。如图 4 -5 所示，螺旋叶片的类型一般有 4 种。其中，如图 4 -5a 所示为实体形螺旋，其螺旋螺距为叶片直径 0. 8 倍，适用于输送流动性好的、干燥的、粉状和粒状物料；如图4－5b所示为带形螺旋，其螺旋螺距与螺旋叶片直径相同，适用于输送块状的或黏滞性的物料；如图4－5c所示为叶片形螺旋，如图4－5d所示为齿形螺旋，它们适用于输送黏度较大的和可压缩性物料，多用在输送过程同时完成搅拌、混合等工序的场合，其螺旋螺距约为螺旋叶片直径的1.2倍。

螺旋输送机的优点是结构简单，造价低廉，占地面积小，容易实现密闭输送，可以多点进、出物料，操作管理简单，维修费用低；缺点是部件摩擦阻力大、消耗功率大、部件磨损快，物料在输送过程中易被破碎。

螺旋输送机在我国已有标准系列，目前广泛应用的是GX型螺旋输送机。

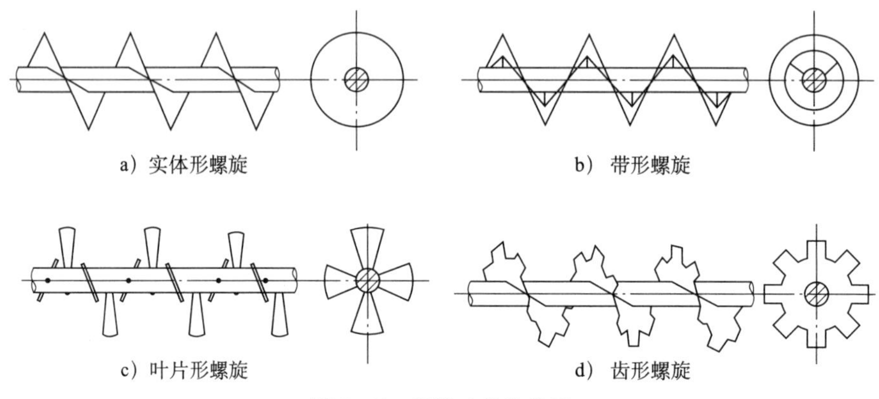

图4－5　螺旋叶片的类型

思考与练习

1. 试述螺旋输送机的结构。
2. 试述螺旋输送机的特点。

第五章

分离机器

§5-1 概述

学习目标

1. 了解分离机器的概念；
2. 掌握分离过程的类型及特点；
3. 熟悉分离机器的类型。

依靠机械作用力，对固液、液液、气液、气固等非均相混合物进行分离的机器称为分离机器。

分离机器是重要的化工单元操作设备，主要用于脱水、浓缩、澄清、净化及固体颗粒分级等，已广泛应用于化工、轻工、矿山、冶金、煤炭、能源、环境保护等领域。分离机器的技术水平和质量直接影响许多生产过程的连续性，工艺过程的先进性，产品的质量、能耗等。

一、分离过程

工业生产中，实现混合物分离的过程可分为过滤与沉降两大类型。

1. 过滤

借助过滤介质将固体颗粒截留，而透过液相，实现固液两相分离的过程称为过滤。过滤时需在过滤介质两侧保持一定的压力差，该压力差即为过滤推动力。过滤推动力一般为重力、压力或离心力。过滤可以获得含液量较低的固体。过滤又可分为滤饼过滤、深层过滤、滤芯过滤和动态过滤。

（1）滤饼过滤

滤饼过滤是指固相颗粒在过滤介质表面被截留并形成滤饼层，而后滤饼层代替过滤介质截留固体颗粒。在过滤过程中，由于滤饼不断增厚，过滤介质只起支承作用。

（2）深层过滤

深层过滤是指用一定厚度的颗粒状物质作过滤介质，过滤时固体颗粒进入并附着在过滤介质孔内，液体则透过过滤介质。深层过滤的固体颗粒主要聚集在过滤介质内部而不是表面，聚集到一定程度须予以清洗，主要用于有细小颗粒的低浓度悬浮液的澄清分离。

（3）滤芯过滤

滤芯过滤是指用筒状结构的滤芯作为过滤介质的过滤过程。滤芯一般为一次性使用，不可清洗，通常用于含微量细颗粒悬浮液的过滤。

（4）动态过滤

动态过滤是指悬浮液平行于过滤介质表面流动，使过滤在无滤饼或薄层滤饼的情况下进行。动态过滤可用于如高黏度、高分散、高压缩、易变形等物料的分离，如过滤介质为薄膜介质也可以实现动态膜过滤。

2. 沉降

在重力、离心力、静电力或磁力等作用下，将悬浮液中的固体颗粒分离的过程称为沉降。当固体颗粒密度大于液体密度时，借助于重力作用，分离固液混合物的过程为重力沉降。如果沉降过程是在离心力场中进行的，即为离心沉降，离心力场使固体颗粒所受的作用力可以成百至成万倍地大于重力，强化了沉降过程，对那些在重力沉降中无法分离的细小颗粒能有效地予以分离。沉降也可以分离密度不同、互不相溶的两种液体混合物（乳浊液），还可用于对颗粒大小不同或密度不同的固体颗粒进行分级。

二、分离机器的分类

分离机器按分离的推动力不同可分为真空过滤、加压过滤、离心过滤、离心沉降、重力沉降、旋流分离等类型。其中，利用离心沉降或离心过滤操作的机器统称为离心机；利用重力沉降或旋流分离操作的机器统称为沉降器；利用真空过滤和加压过滤操作的机器称为过滤机。本章主要介绍化工生产中常用的过滤机和离心机。

思考与练习

1. 试述分离机器的概念。
2. 试述分离过程的类型及特点。
3. 试述分离机器的类型。

§5-2　过滤机

学习目标

1. 熟悉过滤机的分类；
2. 掌握板框式压滤机的组成、工作原理及特点；
3. 掌握转鼓真空过滤机的组成、工作原理及特点。

过滤机是利用多孔性过滤介质，截留液体与固体颗粒混合物中的固体颗粒，而实现固液分离的机器。过滤机广泛应用于化工、石油、制药、食品、选矿、煤炭和水处理等行业。

一、过滤机的分类

过滤机按操作方法不同可分为间歇式过滤机和连续式过滤机。

间歇式过滤机的过滤、洗涤、干燥和卸料等是在机器的同一部位完成的，但在不同时间依次进行。此类过滤机结构简单、价格便宜，但生产效率低、劳动强度大，适于在腐蚀性介质中操作。

连续式过滤机的过滤、洗涤、干燥和卸料等是在设备的不同部位进行的，可连续完成，生产效率高，操作过程自动化以及便于调节且节约劳动力，在工业上被广泛应用。

过滤机按获得过滤推动力的方法不同，分为重力过滤机、加压过滤机和真空过滤机三类。

重力过滤机是借助悬浮液的重力和位差，在过滤介质上形成的压力作为过滤的推动力，一般为间歇式操作。

加压过滤机以在悬浮液进口处施加的压力或对湿物料施加的机械压榨力作为过滤推动力，适用于要求过滤压差较大的悬浮液。这种过滤机又分为间歇式操作和连续式操作两种，其分类如图 5-1 所示。

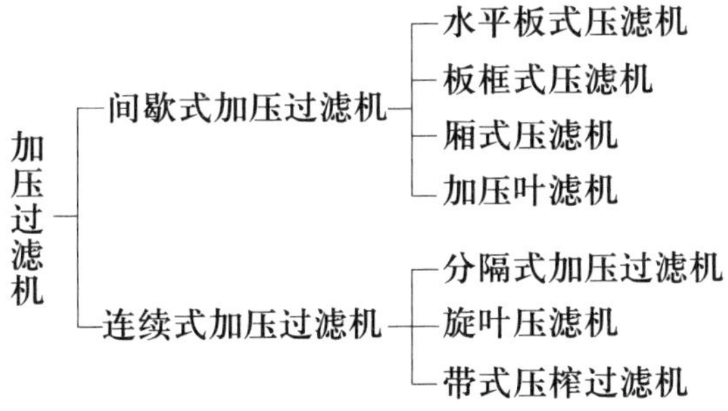

图 5-1　加压过滤机的分类

真空过滤机是在滤液出口处形成负压作为过滤的推动力，也可分为间歇式操作和连续式操作两种，如图 5－2 所示。间歇式操作的真空过滤机可过滤各种浓度的悬浮液，连续式操作的真空过滤机适用于过滤含固体颗粒较多的稠厚悬浮液。

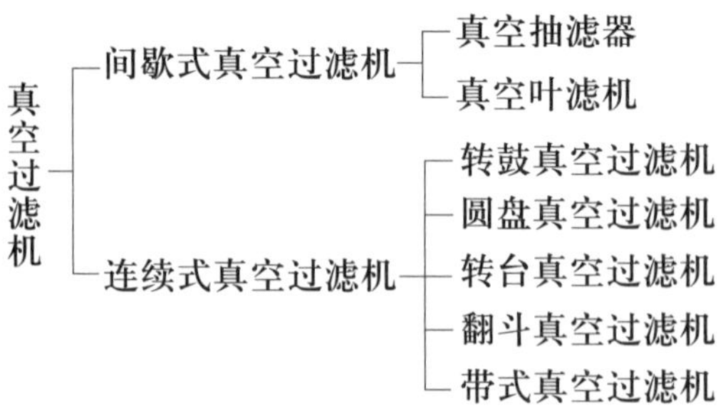

图 5－2　真空过滤机的分类

二、常用过滤机

1. 板框式压滤机

板框式压滤机由滤板（有洗涤板、非洗涤板之分）、滤框、压紧机构、机架等组成，滤板与滤框交替重叠排列。如图 5－3 所示为板框式压滤机及其结构。滤板的表面上设有排液凹槽和支承滤布用的凸起，滤板右上角的圆孔是滤浆通道，左上角的圆孔是洗水通道。洗涤板左上角的洗水通道与两侧表面的凹槽相通，使洗水流进凹槽，非洗涤板与洗水通道不相通。滤板和滤框有矩形、方形或圆形，可用金属、塑料或木材等材料制成。压紧机构根据操作压力与滤板尺寸提供滤室密封的压紧力，可以采用手动压紧、机械压紧或液压压紧。

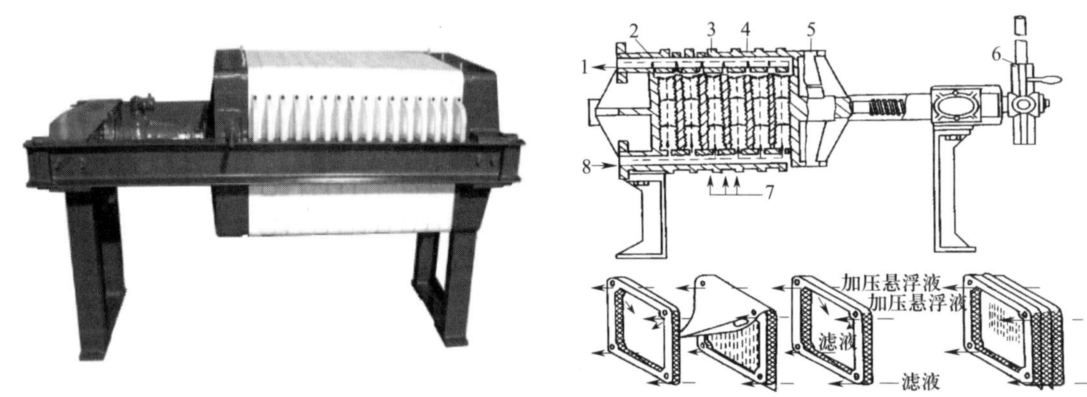

图 5－3　板框式压滤机及其结构

1—滤液出口；2—止推板；3—滤框；4—滤板；5—压紧板；6—手动压紧轮；7—滤布；8—悬浮液入口

为了避免板和框的安装次序错误，在生产制造时常在板与框的外侧面分别铸有一个、两个和三个小钮，分别表示单钮板（非洗涤板）、双钮框、三钮板（洗涤板）。板框式压滤机的工作原理如图 5－4 所示。

板框式压滤机的优点是：构造简单，过滤面积大而占地小，过滤压力高，便于用耐腐蚀材料

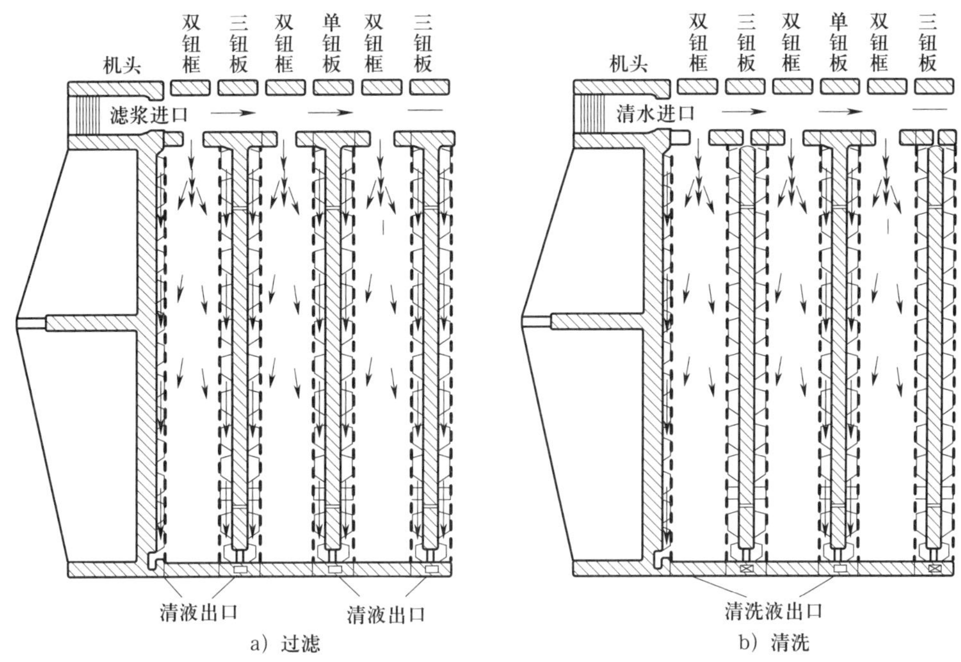

图 5－4　板框式压滤机的工作原理

制造，操作灵活，过滤面积可根据生产任务调节；缺点是属于间歇操作，劳动强度大，生产效率低。

2. 转鼓真空过滤机

根据过滤面的位置不同，转鼓真空过滤机可分为外滤面和内滤面两种，其中外滤面转鼓真空过滤机应用较广，如图 5－5 所示为外滤面转鼓真空过滤机的实物图。外滤面转鼓真空过滤机按结构分为下部加料式、上部加料式和预敷转鼓式三种类型，其中下部加料式转鼓真空过滤机最为常用。下部加料式转鼓真空过滤机按卸料方式的不同，又可分为刮刀卸料式、绳索卸料式、折带式、辊子卸料式。

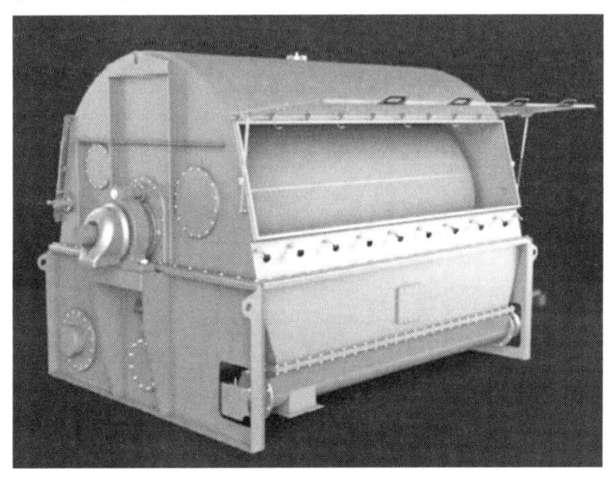

图 5－5　外滤面转鼓真空过滤机的实物图

下面以刮刀卸料外滤面为例介绍转鼓真空过滤机的工艺流程和工作原理，如图 5 - 6、图 5 - 7 所示。转鼓真空过滤机有一水平转鼓，鼓壁开孔，鼓面上铺以支承板和滤布，构成过滤面。过滤面下的空间分成若干隔开的扇形滤室，各滤室有导管与分配阀相通。转鼓每旋转一周，各滤室通过分配阀轮流接通真空系统和压缩空气系统，顺序完成过滤、洗渣、吸干、卸渣和过滤介质（滤布）再生等操作。过滤时，转鼓下部沉浸在悬浮液中缓慢旋转，沉没在悬浮液内的滤室与真空系统连通，滤液被吸出过滤机，固体颗粒则被吸附在过滤面上形成滤渣。滤室随转鼓旋转离开悬浮液后，继续吸去滤渣中含有的液体。当需要除去滤渣中残留的滤液时，可在滤室旋转到转鼓上部时喷洒洗涤水。这时滤室与另一真空系统接通，洗涤水透过滤渣层置换颗粒之间残存的滤液。滤液被吸入滤室并单独排出，然后卸除已经吸干的滤渣。这时滤室与压缩空气系统连通，反吹滤布松动滤渣，再用刮刀刮下滤渣。压缩空气（或蒸汽）继续反吹滤布，可疏通孔隙，使之再生。

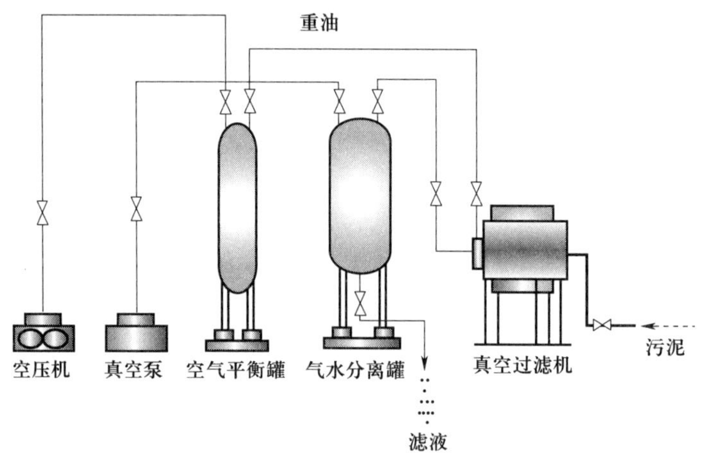

图 5 - 6　转鼓真空过滤机的工艺流程

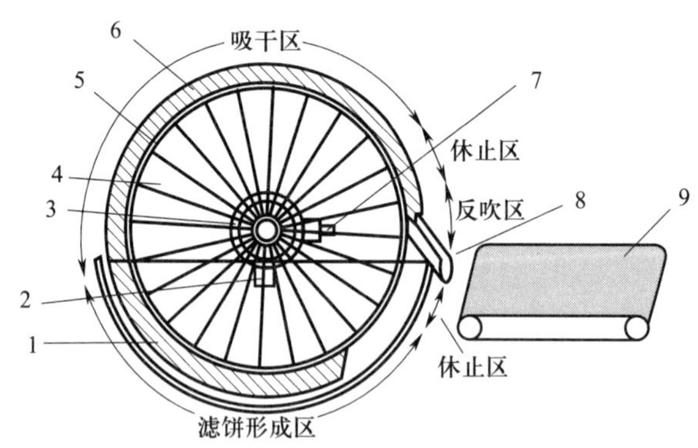

图 5 - 7　转鼓真空过滤机的工作原理

1—滤渣；2—真空管路；3—分配阀；4—扇形滤室；5—空心转筒；6—滤饼；7—压缩空气管路；8—刮刀；9—履带

分配阀（见图 5 - 8）的动盘固定在转鼓轴颈上，与转鼓同步旋转。动盘端面有一圈孔，

每个孔与转鼓上对应的一个滤室相连。阀座不转动，其内侧端面上开有几条弧形槽，分别与外侧的接管连通。阀座与动盘贴合，各弧形槽顺序与动盘上的孔相通，旋转的滤室即可与固定的真空或压缩空气系统顺序连接，使过滤操作循环进行。

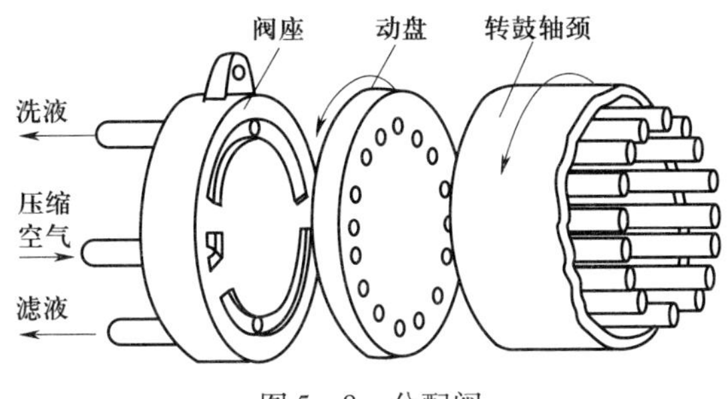

图 5－8　分配阀

转鼓真空过滤机的优点是：能连续和自动操作；对各种悬浮液的适应性好；能有效地进行洗涤与脱水，洗涤液和滤液可以分开；外滤面在大气压一侧，操作现场干净，易于检查和修理；检修费用低。其缺点是：成本高；真空系统必须随时维护；使用范围受热液体或挥发性液体的蒸汽压限制，沸点低的或在操作温度下滤液易挥发的物料不能过滤；难以处理固体物质含量多和颗粒特性变化大的料浆。

转鼓真空过滤机广泛用于化工、冶金、食品、石油、造纸等行业的产品生产以及废水处理，主要适用于分离流动性好，较稠的悬浮液。

思考与练习

1. 试述过滤机有哪些类型。
2. 试述板框式压滤机的组成、工作原理及特点。
3. 试述转鼓真空过滤机的组成、工作原理及特点。

§5－3　离心机

学习目标

1. 了解离心机的概念；
2. 熟悉离心机的分离过程；
3. 掌握离心机的类型，以及化工常用离心机的种类及特点；

4. 了解离心机的型号编制。

离心机是利用转鼓旋转产生的离心力，来实现悬浮液、乳浊液及其他物料的分离或浓缩的机器。它具有结构紧凑、体积小、分离效率高、生产能力大以及附属设备少等优点，广泛应用在资源开发、化工生产过程以及“三废”（废气、废水、废渣）治理等工业生产中。

一、离心机的分离过程

离心机的分离一般分为离心过滤、离心沉降和离心分离三个过程。

1. 离心过滤过程

离心过滤过程常用来分离固体含量较多且颗粒较大的悬浮液。如图 5 - 9 所示，过滤式离心机的转鼓由拦液板、鼓壁和鼓底组成。鼓壁上均匀分布许多小孔，供排出滤液用，转鼓内壁上铺有过滤介质，过滤介质一般由金属丝底网和滤布组成。转鼓旋转时，转鼓内的悬浮液在离心力作用下，其中的固体颗粒沿径向移动被截留在过滤介质表面，形成滤渣层，而液体则透过滤渣层、过滤介质和鼓壁上的小孔被甩出，从而实现固体颗粒与液体的分离。在离心力场中，悬浮液所受的离心力为重力的千百倍，从而强化了过滤过程，加快了过滤速度。随着分离过程的进行，滤渣层在离心力作用下被逐步压实，滤渣孔隙里的液体也在离心力的作用下被不断甩出，从而可得到较干燥的滤渣。

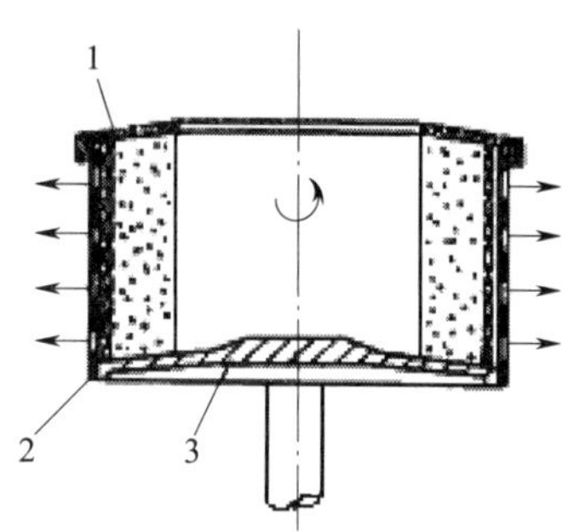

图 5 - 9　过滤式离心机的转鼓

1—拦液板；2—鼓壁；3—鼓底

2. 离心沉降过程

离心沉降过程常用于分离固体物质含量较少且粒度较细的悬浮液。如图 5 - 10 所示，沉降式离心机的转鼓鼓壁上无孔，不设过滤介质。当转鼓旋转时，悬浮液在离心力的作用下，固体颗粒因密度大于液体密度而向鼓壁沉降，形成沉渣，而留在内层的澄清液体则经转鼓上的溢流口排出。

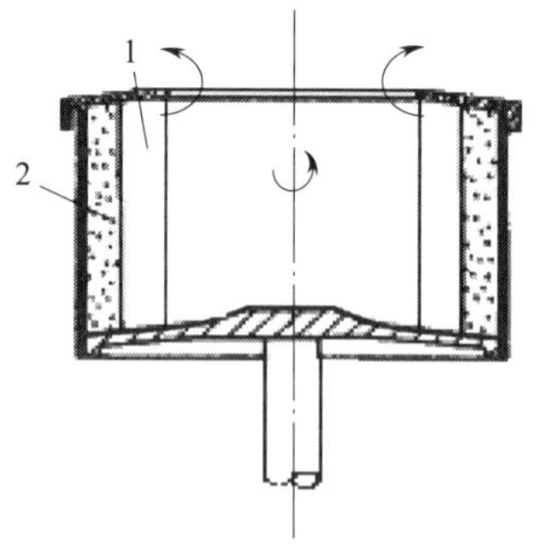

图 5 - 10　沉降式离心机的转鼓

1—液体；2—固体

3. 离心分离过程

离心分离过程常用于分离两种密度不同的液体所形成的乳浊液或含有极微量固体颗粒的悬浮液。在离心力的作用下，液体按密度不同分为里外两层，密度大的在外层，密度小的在里层，通过一定的装置将它们分别引出，固相则沉于鼓壁上，间歇排出。用于这种分离过程的离心机称为分离机，其转鼓也是无孔的，如图 5－11 所示。

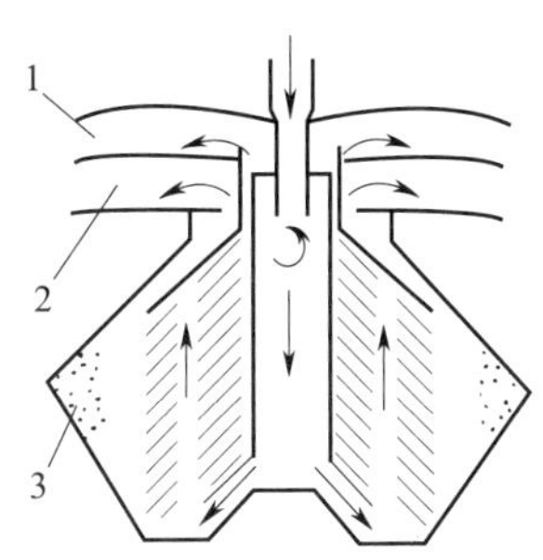

图 5－11　分离机的转鼓

1—清液出口；2—重液出口；3—沉渣

二、分离因数

当物体绕一个中心轴作匀速圆周运动时，则有向心力作用于该物体上，向心力的方向沿半径指向轴心。根据牛顿第三定律可知，此时必将会产生一个大小相等、方向相反的力，此力称为离心力。离心分离过程就是靠物料在离心机的转鼓内随转鼓一同高速旋转而形成的离心力场中进行的，物料产生的离心力 F_c 大小为：

$$F_c = mR\omega^2 = m\frac{D}{2}\left(\frac{2\pi n}{60}\right)^2 = 0.55\times10^{-2}mDn^2 \tag{5-1}$$

式中，m 为物料的质量，kg；R 为转鼓的旋转半径，m；D 为转鼓直径，m；ω 为旋转角速度，rad/s；n 为转速，r/min。

由式（5－1）可知，离心力大小与旋转物体的质量、转速和转鼓直径有关。

离心机分离效果通常用分离因数 F_r 来衡量。分离因数是指被分离物料在离心力场中所受到的离心力 F_c 和它在重力场中所受的重力 G 的比值。即：

$$F_r = \frac{F_c}{G} = \frac{R\omega^2}{g} = 0.56\times10^{-3}Dn^2 \tag{5-2}$$

显然，分离因数也是离心加速度（$R\omega^2$）与重力加速度（g）的比值。

分离因数是离心机性能的重要标志之一，它反映了离心机分离能力的大小。对于一定物料，F_r 值越大，F_c 值就越大，分离效果则越好。因此，为了获得较大的推动力，对于固体颗粒小、液体黏度大和难分离的悬浮液要采用分离因数较大的离心机。

由式（5－2）可以看到，提高转速，F_r 值增长很快。但分离因数 F_r 不能无限制地提高，对于一定直径的转鼓，它的极限取决于转鼓的机械强度。

从以上所述可知，由于离心力通常远大于重力，所以在设计离心机时，可忽略重力的影响。故离心机转鼓轴线位置，仅取决于其结构和操作的方便性，可布置在空间的任意位置上。

三、离心机的分类

离心机广泛应用于工业生产中，为满足不同生产过程的需要，离心机的品种规格较多。离心机的分类方法也很多，主要有以下 4 种。

1. 按分离过程分类

（1）过滤式离心机

过滤式离心机包括三足式离心机、上悬式离心机、卧式刮刀卸料式离心机等。

（2）沉降式离心机

沉降式离心机包括三足式沉降式离心机、刮刀卸料沉降式离心机和螺旋卸料式离心机等。

（3）分离机

分离机包括管式分离机、多室式分离机和碟片式分离机等。

2. 按分离因数分类

（1）常速离心机

常速离心机的分离因数 $F_r<3\ 500$，并以 $F_r=400\sim1\ 200$ 最为常见，其中有过滤式也有沉降式。此类离心机适用于含固体颗粒较大或颗粒中等及纤维状固体的悬浮液分离，其转速较低而转鼓直径较大，装载容量较大。

（2）高速离心机

高速离心机的分离因数 $F_r=3\ 500\sim50\ 000$。此类离心机通常是沉降式和分离式，适用于胶泥状或细小颗粒稀薄悬浮液和乳浊液的分离。其转鼓直径一般较小，转速较高。

（3）超高速离心机

超高速离心机的分离因数 $F_r>50\ 000$。此类离心机为分离式，适用于较难分离的、分散度较高的乳浊液和胶体溶液。其转鼓多为细长的管式，转速很高。

3. 按操作方式分类

（1）间歇运转离心机

此类离心机在操作过程中的加料、分离、卸渣等过程均是间歇进行的，有的过程（加料和卸渣）还需要在慢速或停车下进行，如三足式离心机、上悬式离心机等。

（2）连续运转离心机

此类离心机是在全速运转下连续进行加料、分离、卸渣等操作过程的，如卧式刮刀卸料离心机、活塞推料离心机及螺旋卸料离心机等。

4. 按卸料方式分类

按卸料方式不同，离心机可分为人工卸料（包括人工上部卸料和人工下部卸料）、机械卸料（刮刀卸料、活塞推料、螺旋卸料等）及惯性卸料（离心力卸料、振动卸料、进动卸料等）。

此外，还可以按离心机转鼓轴线在空间的位置将其分为立式、卧式等。

四、化工生产常用离心机

随着离心分离技术的发展，先后出现了多种离心分离机器，虽然它们在结构上各有差异，但基本上均由机壳、转鼓、主轴、轴承、传动部分、支承、加料、卸料等部分组成。各种离心分离机器有各自的特点及应用场合。下面分别介绍几种在化工生产中常用的过滤式和沉降式离心机、分离机的工作原理、结构特点、操作及应用。

1. 三足式离心机

三足式离心机多为过滤式的，是一种立式离心机，工业上常用的有人工上部卸料三足式离心机和自动下部卸料三足式离心机，广泛应用在化工、制药、食品等工业行业。

人工上部卸料三足式离心机如图 5－12 所示，它主要由转鼓、主轴、轴承、轴承座、底盘、外壳、支柱、带轮及电机等部分组成。转鼓、主轴、轴承座、外壳、电机、带轮等都装在底盘上，再用三根摆杆悬吊在三个支柱的球面座上。摆杆上装有缓冲弹簧，摆杆两端分别用球面和底盘及支柱相连接，使整个底盘可以摆动，有利于减轻由于鼓内物料分布不均所引起的振动，使机器运转平稳。

图 5－12　人工上部卸料三足式离心机

离心机由电机通过皮带轮带动主轴。需要停车时，转动机壳侧面的制动把手能使制动带刹住制动轮，离心机便停止工作。

这种离心机是间歇式操作的，每个操作周期一般由启动、加料、过滤、洗涤、甩干、停车、卸料几个过程组成。为使机器运转平稳、加料时应均匀布料，悬浮液应在离心机启动后逐渐加入转鼓。处理膏状物料或成件物品时，在离心机启动前应将物料均匀放入转鼓内。物料在离心力场中，所含的液体经由滤布、转鼓壁上的孔被甩到外壳内，在底盘上汇集后由滤液出口排出，固体则被截留在转鼓内，当达到湿含量要求时停车，并靠人工将物料由转鼓上部卸出。

自动下部卸料三足式离心机如图 5－13 所示，其总体结构与人工上部卸料三足式离心机的基本相同，只是转鼓底开有卸料孔。卸料机构主要由刮刀升降油缸、旋转油缸及刮刀等机构所组成。卸料时转鼓低速（30 r/min）运转，控制系统的压力油进入控制升降和旋转的执行油缸驱动活塞运动，并通过机械传动驱动刮刀进行卸料。这种离心机克服了人工上部卸料三足式离心机的缺点，但结构复杂、造价高。

图 5－13　自动下部卸料三足式离心机

此外还有吊出卸料式、气流机械卸料式、立式活塞上部卸料式等三足式离心机。

三足式离心机的特点主要包括以下 4 个方面：

（1）对物料的适应性强，若选用适当的过滤介质，可以分离微米级的细颗粒，也可用于成品件的脱液。可调节分离时间，分离各种难分离的和要求高的物料，也可对滤饼进行洗涤。

（2）结构简单，制造、安装、维修方便，成本低，操作容易。

（3）弹性悬吊支承结构可减少机器振动，运转平稳。

（4）易于实现密闭和防爆。

2. 卧式活塞推料式离心机

卧式活塞推料式离心机（见图 5－14）是连续运转、自动操作、液压脉动卸料的过滤式离心机，它的加料、分离、洗涤、甩干等过程都是连续进行的，只有卸料工序是脉动的。

图 5－14　卧式活塞推料式离心机

卧式活塞推料式离心机有单级、双级和多级之分，也有柱锥双级的型号，目前我国以生产单级、双级和柱锥双级三种型号的产品为主。

卧式活塞推料式离心机的工作原理如图 5－15 所示。转鼓由空心主轴带动全速运转后，悬浮液通过进料管连续进入装在推料盘上的圆锥形布料斗中。在离心力的作用下，悬浮液经布料斗均匀地进入转鼓中，滤液经筛网网隙和转鼓壁上的过滤孔甩出转鼓外，固相被截留在筛网上形成圆筒状滤饼层。推料盘借助于液压系统控制做往复运动，当推料盘向前移动时，滤饼层被向前推移一段距离，推料盘向后移动后，空出的筛网上又形成新的滤饼层。因推料盘不停地往复运动，滤饼层则被不断地沿转鼓轴向向前推移，最后被推出转鼓，经排料槽排出机外，而液相则被收集在机壳内，通过排液口排出。

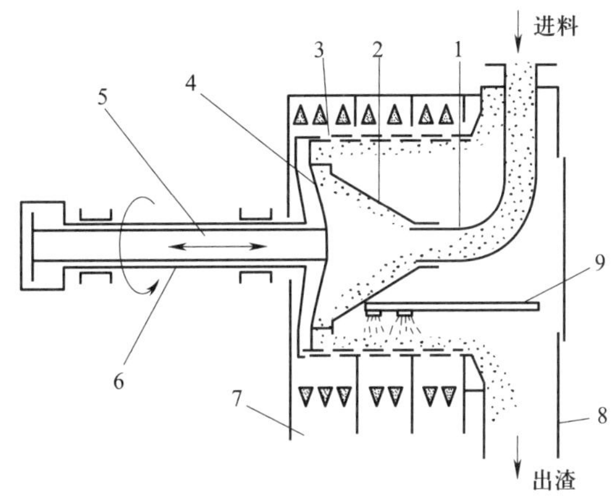

图 5－15　卧式活塞推料式离心机的工作原理

1—进料管；2—布料斗；3—转鼓；4—推料盘；5—推杆；6—空心主轴；7—排液口；8—排料槽；9—洗涤管

若滤饼需在机内洗涤，洗涤液通过洗涤管或其他的冲洗设备连续喷在滤饼层上，洗涤液连同分离液由机壳的排液口排出。

卧式活塞推料式离心机具有效率高、产量高、操作稳定可靠等优点。但是，它只适于分离粗、中颗粒，对悬浮液的浓度波动比较敏感，易产生漏料现象，因此应用具有局限性，一般多应用于硫铵、碳酸氢铵、氯化铵等化工、化肥、制药行业。

3. 螺旋卸料沉降式离心机

螺旋卸料离心机是全速运转，可连续进料、分离、螺旋输送器卸料的离心机，有沉降式、过滤式及沉降过滤组合式三种类别，其中沉降式应用得较多。

图 5－16　卧式螺旋卸料沉降式离心机

螺旋卸料沉降式离心机有卧式和立式两种，在此只介绍使用较多的卧式螺旋卸料沉降式离心机，如图 5－16 所示。

卧式螺旋卸料沉降式离心机的工作原理如图 5－17 所示。悬浮液经进料管连续输入机内，经螺旋输送器的内筒进料口进入转鼓内，在离心力作用下悬浮液在转鼓内形成环形液流，固体粒子在离心力作用下沉降到转鼓的内壁上。由于差速器的差动作用使螺旋输送器与转鼓之间形成相对运动，沉渣被螺旋推送到转鼓小端的干燥区进一步脱水，然后经出渣口排出。液相形成一个内环，环形液层深度是通过转鼓大端的溢流挡板进行调节的。分离后的液体经溢流孔排出，沉渣和分离液分别被收集在机壳内的沉渣和分离液隔仓内，最后利用重力卸出机外。

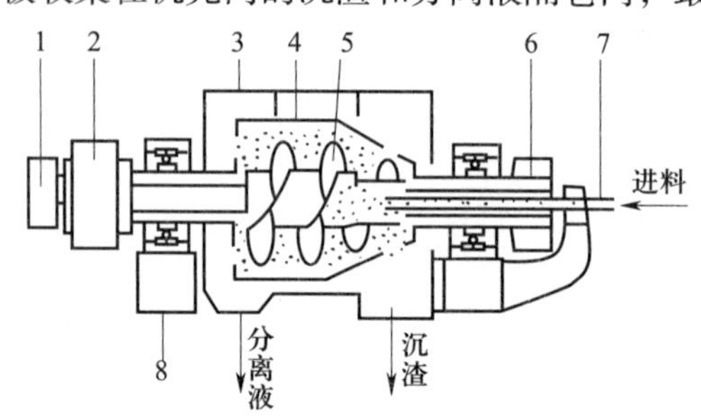

图 5－17　卧式螺旋卸料沉降式离心机的工作原理

1—带轮；2—差速器；3—机壳；4—转鼓；5—螺旋输送器；6—主带轮；7—进料管；8—机座

螺旋卸料沉降式离心机的主要特点如下：

（1）应用范围广，能广泛地用于化工、石油、食品、制药、环保等需要固液分离的领域。能够完成固相脱水，液相澄清，液液固、液固固三相分离以及粒度分级等分离过程。

（2）对物料的适应性较强，能分离的固相粒度范围较广，在固相粒度大小不均时能照常进行分离。

（3）能自动、连续、长期运转，维修方便，能够进行封闭操作。

（4）单机生产能力大，结构紧凑，占地小，操作费用低。

（5）固相沉渣的含湿量一般比过滤离心机高，大致接近于真空过滤机。

（6）固相沉渣洗涤效果不好。

五、离心机的型号编制

为了全面地反映离心机产品的性能特点，以便区别选用，我国已制定了离心机、分离机的型号编制方法的国家标准。

离心机型号由一组不同参数及代号所组成，如图 5－18 所示。

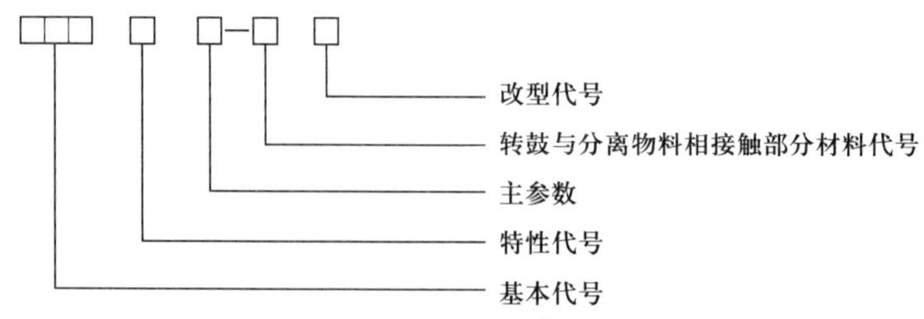

图 5－18　离心机型号表示方法

其中，基本代号由3个大写汉语拼音字母组成，分别代表“类”“组”“型”。“类”表示离心机的类型，如三足式离心机用“S”表示，上悬式离心机用“X”表示，活塞推料式离心机用“H”表示。“组”表示各机型的主轴位置、卸料方式以及转鼓级数等特点，如“S”表示人工上部卸料，“Z”表示重力卸料，“L”表示立式，“Y”表示一级活塞推料等。“型”用于指明分离过程，如“C”表示沉降式，“Z”表示沉降过滤组合式等（除螺旋卸料离心机外，该项空缺则隐含该机型为过滤式）。

特性代号用于表示离心机的操作方法、防爆、密封等特性，也用大写汉语拼音字母表示。

主参数是指离心机的转鼓内径或内径乘转鼓工作长度，用阿拉伯数字表示，单位为mm。转鼓与分离物料相接触部分的材料代号，用材料名称中代表性的大写汉语拼音字母表示。

改型代号是指离心机结构或性能有显著改变时，按顺序在原型号尾部分别用A、B、C等英文字母以示区别。

示例1：　SGZ 1000－N 三足式过滤式离心机

SGZ 表示三足式刮刀下部卸料自动过滤式离心机；1000 表示转鼓内径为1 000 mm；N 表示转鼓与分离物料相接触部分的材料为耐蚀钢。

示例2：　HRZ 500－N 双级活塞推料式离心机

HRZ 表示卧式柱/锥双级活塞推料过滤式离心机；500 表示最大级转鼓内径为500 mm；N 表示转鼓与分离物料相接触部分的材料为耐蚀钢。

示例3：　LW 450×1030－N 卧式螺旋卸料沉降式离心机

LW 表示卧式螺旋卸料沉降式离心机；450 表示转鼓最大直径为450 mm；1030 表示转鼓的有效工作长度为1 030 mm；N 表示转鼓与分离物相接触部分的材料为耐蚀钢。

思考与练习

1. 离心分离与其他分离操作过程相比有何特点？试述离心机的分离过程。
2. 分离因数的意义是什么？
3. 试述化工生产常用离心机的类型及特点。
4. 试述离心机的型号编制规则。
5. 解释离心机 SGZ 1000－N 三足式过滤式离心机的型号中各部分的表示内容。

第六章

工业汽轮机、烟气轮机、燃气轮机

化工生产中应用的工业汽轮机、烟气轮机、燃气轮机，所需的蒸汽、烟气、燃气主要来自工艺过程。这样既能实现工厂能量的综合利用，又能提高工厂的经济效益。

§6-1 工业汽轮机

学习目标

1. 了解工业汽轮机的概念；
2. 熟悉工业汽轮机的总体结构；
3. 熟悉工业汽轮机的工作原理；
4. 掌握工业汽轮机的类型、特点及型号编制。

汽轮机是用蒸汽来做功的旋转式热能动力机械，与其他原动机相比，具有效率高、功率大、转速容易控制、寿命长、运转安全可靠等优点，因此被广泛地应用在发电、冶金、石油化工、交通运输、轻工业等行业。随着技术的进步，汽轮机在我国得到了更为广泛的推广和应用。

工业汽轮机是指除中心电站汽轮机及公用热电站汽轮机和船舶汽轮机以外的其他汽轮机（见图6-1），包括工矿企业采用的用于驱动泵、风机、压缩机等机械的汽轮机，以及用于工厂自备电站的汽轮机。

从20世纪70年代起，工业汽轮机由于化工等工业行业的需求得到了很大的发展，已由单台生产进入成熟的系列化生产阶段。目前，工业汽轮机正继续向着提高效率、转速和可靠

图 6-1 工业汽轮机

性三大目标发展，并向设计与制造现代化和机组调节自动化方向迈进。

一、工业汽轮机的结构

工业汽轮机主要由静子和转子两大部分组成。静子包括气缸及其滑销系统、隔板和喷嘴组以及进排汽部分、汽封和轴承、轴承座等；转子包括主轴、叶轮或转鼓、动叶片、止推盘、危急保安器、联轴器及其他装在轴上的零部件等。工业汽轮机的结构如图 6-2 所示。

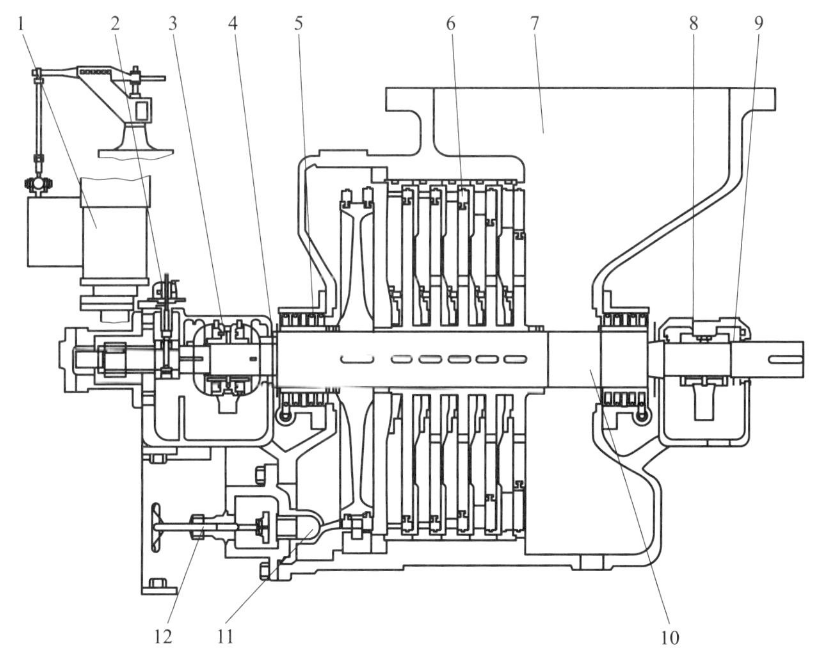

图 6-2 工业汽轮机的结构

1—自动控制调速系统；2—危急保安器；3—双面止推轴承；4—油封组件；5—汽封组件；6—叶轮叶片；7—气缸；8—滑动轴承；9—后轴承座；10—主轴；11—喷嘴；12—手动调节阀

二、工业汽轮机的工作原理

在工业汽轮机中，由喷嘴和与其配合的动叶片构成的做功单元称为级。级是工业汽轮机中最基本的做功单元，蒸汽的热能转变成机械能的能量转变过程就是在级内进行的。

喷嘴又称静叶片，其作用是将蒸汽的热能转换为动能。喷嘴是一个截面形状特殊且不断变化的通道，蒸汽进入喷嘴后发生膨胀，消耗了热能，其压力和温度都降低了，流速却增加了，获得了高速汽流。

动叶片又称工作叶片，装满了叶轮一周。动叶片的作用是将蒸汽的动能转变为叶轮转动的机械能，即由喷嘴流出的高速汽流流经动叶片时对动叶片产生作用力，推动叶片运动，通过叶轮使轴产生旋转运动，带动驱动泵、压缩机、风机等机械对外做功。

工业汽轮机将蒸汽的热能转变为机械能做功，是通过冲动作用原理和反动作用原理来实现的。

三、工业汽轮机的分类

工业汽轮机可根据其工作原理、热力特性、级数、汽流方向和蒸汽初压进行分类。

1. 根据工作原理进行分类

（1）冲动式工业汽轮机

这类工业汽轮机按冲动作用原理设计，蒸汽主要在工业汽轮机级的喷嘴中膨胀或在动叶中有少量膨胀。其转子采用转盘式，按机组功率大小在一个主轴上设置一个或多个叶轮。冲动式工业汽轮机应用比较普遍，尤其适合于小功率工业汽轮机，国产的工业汽轮机多属此种类型。

（2）反动式工业汽轮机

这类工业汽轮机各级按冲动和反动作用原理设计，蒸汽在汽轮机级的喷嘴和动叶中膨胀程度近似相等，其转子采用转鼓式。这类工业汽轮机最早多为国外某些制造厂采用，目前功率稍大的工业汽轮机或用于化工工业驱动用汽轮机基本上都是这种类型。

2. 根据热力特性进行分类

（1）凝汽式工业汽轮机

这类工业汽轮机的蒸汽在机内做功后，在低于大气压力的真空状态下排入凝汽器并凝结成水。这类工业汽轮机在电力、化工等部门获得广泛应用。

（2）抽汽凝汽式工业汽轮机

这类工业汽轮机的蒸汽在机中膨胀做功时，将其中的一部分蒸汽从汽轮机中间抽出去，供用户使用，也可以供其他压力较低的汽轮机使用，其余大部分蒸汽在后面几级做功后排入凝汽器。抽汽压力可以在某一范围内调节时，称为调节抽汽凝汽式工业汽轮机。这类工业汽轮机在化工生产中获得了广泛应用。

（3）背压式工业汽轮机

这类工业汽轮机的蒸汽进入机内膨胀做功后，在大于大气压的压力下排出气缸。其排汽可供工业或其他生活用汽以及供压力较低的汽轮机用汽。

（4）抽汽背压式工业汽轮机

这类工业汽轮机工作蒸汽在机组的某中间级抽出供工业用汽，排汽供采暖用汽或其他热负荷用。因其抽汽压力在一定范围内可调节，又称调节抽汽背压式工业汽轮机。

（5）乏汽式工业汽轮机

这类工业汽轮机利用其他设备的低压排汽或工业生产的工艺流程中副产蒸汽做功，其进汽压力通常较低。

（6）多压式工业汽轮机

这类工业汽轮机若工艺过程中有某一个压力的蒸汽用不完时，就把这部分多余的蒸汽用管路注入机组中的某个中间级内，与原来的蒸汽一起工作，这样可以从多余的工艺蒸汽中获得能量，得到一部分有用功，使得蒸汽热量能够综合利用。这类工业汽轮机又称为注入式工业汽轮机或混压式工业汽轮机。

3. 根据级数进行分类

（1）单级工业汽轮机

这类工业汽轮机由单个级或一个双列速度级（又称复速级）组成。其机型较小，机组结构简单，功率为0.5～3 000 kW，主要作为辅机而得到广泛应用。其中轴流式双列速度级是其主要类型，具有高背压、大焓降、小流量及部分进汽、高转速的特点。

单级工业汽轮机有卧式和立式两种类型，其中卧式又分为双支座式和悬臂式。

（2）多级工业汽轮机

随着机组功率的增大，单级工业汽轮机满足不了大功率的要求，因此出现了多级工业汽轮机。多级工业汽轮机由依次排列的若干个级串联而成，蒸汽依次通过每一级膨胀做功，其功率等于各级功率的总和。因此，多级工业汽轮机的功率可以很大。由多个冲动级组成的工业汽轮机称冲动式多级工业汽轮机，由多个反动级组成的工业汽轮机称反动式多级工业汽轮机。也有些工业汽轮机中既有冲动级又有反动级，称冲动和反动组合式工业汽轮机。

多级工业汽轮机进汽参数较高、排汽参数较低，焓降高，内效率为80%～90%，具有大功率和高效率的特点，是工业汽轮机的主要类型。

4. 根据气流方向进行分类

（1）轴流式工业汽轮机

这类工业汽轮机的级内蒸汽基本上沿轴向流动，是工业汽轮机的主要类型。

（2）径（辐）流式工业汽轮机

这类工业汽轮机的级内蒸汽基本上沿径（辐）向流动，其中向心式工业汽轮机具有高效、紧凑、简单、可靠等优点，特别适用于小功率工业汽轮机。在同样的进汽量和进汽、排汽参数下，向心式工业汽轮机比轴流式的功率大15%～50%；同等功率下，向心式工业汽轮机的效率可从轴流式工业汽轮机的30%～60%提高到62%～80%，是进一步发展和应用的单级小功率工业汽轮机的主要类型。

（3）周（回）流式工业汽轮机

这类工业汽轮机的级内蒸汽大致沿轮周方向扩张流动，多数属于小功率工业汽轮机。

5. 根据蒸汽初压进行分类

(1) 低压工业汽轮机

这类工业汽轮机的新蒸汽压力为1.2~1.5 MPa。

(2) 中压工业汽轮机

这类工业汽轮机的新蒸汽压力为2~4 MPa。

(3) 高压工业汽轮机

这类工业汽轮机的新蒸汽压力为6~10 MPa。

(4) 超高压工业汽轮机

这类工业汽轮机的新蒸汽压力为12~14 MPa。

(5) 亚临界压工业汽轮机

这类工业汽轮机的新蒸汽压力为16~18 MPa。

(6) 超临界压工业汽轮机

这类工业汽轮机的新蒸汽压力大于22.2 MPa。

四、工业汽轮机的型号编制

用来表示工业汽轮机基本特征的符号称为工业汽轮机的型号。目前，国产工业汽轮机的型号编制方法如图6-3所示。

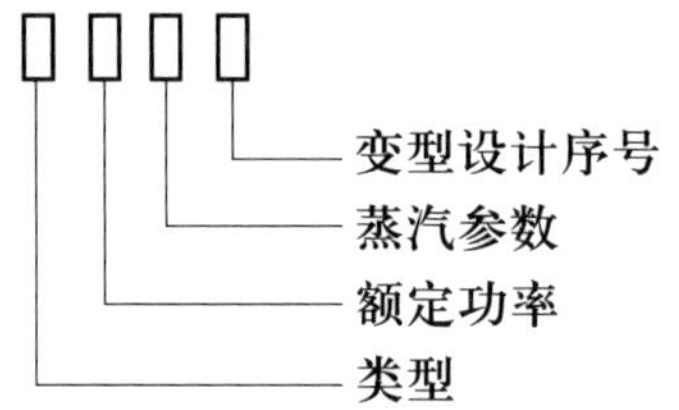

图6-3 国产工业汽轮机的型号编制方法

其中，工业汽轮机类型用汉语拼音字母表示，其类型代号见表6-1；工业汽轮机额定功率用阿拉伯数字表示，单位为MW；蒸汽参数一般分为几段，中间用斜线分开，其表示方法见表6-2；变型设计序号用数字表示，若为按原型制造的工业汽轮机，型号中没有此部分。

例如：

“N 300-16.2/535/535 型工业汽轮机”表示类型为凝汽式、额定功率为300 MW、新蒸汽压力为16.2 MPa、新蒸汽温度为535 ℃、再热蒸汽温度为535 ℃的中间再热式工业汽轮机。

表6-1　国产工业汽轮机类型代号

代号	类型	代号	类型
N	凝汽式	CB	抽汽背压式
B	背压式	B	船用
C	一次调节抽汽式	Y	移动式
CC	两次调节抽汽式	—	—

表6-2 蒸汽参数表示方法

汽轮机类型	蒸汽参数表示方法	示例
凝汽式	主蒸汽压力/主蒸汽温度	N 50—8.82/535
中间再热式	主蒸汽压力/主蒸汽温度/中间再热温度	N 300—16.7/537/537
一次调节抽汽式	主蒸汽压力/调节抽汽压力	C 50—8.82/0.118
两次调节抽汽式	主蒸汽压力/高压抽汽压力/低压抽汽压力	CC 25—8.82/0.98/0.118
背压式	主蒸汽压力/背压	B 50—8.82/0.98
抽汽背压式	主蒸汽压力/抽汽压力/背压	CB 25—8.82/0.98/0.118

思考与练习

1. 试述工业汽轮机的工作原理。
2. 试述工业汽轮机的类型及特点。
3. 试述国产工业汽轮机的型号编制方法。

§6-2 烟气轮机

学习目标

1. 了解烟气轮机的概念；
2. 熟悉烟气轮机的结构；
3. 熟悉烟气轮机的工作原理；
4. 掌握烟气轮机的分类及其特点。

烟气轮机（又称烟气透平机）是指将烟气的热能和压力能转变为机械能的原动机，如图6-4所示。烟气轮机在炼油厂的流化、催化、裂化装置再生烟气能量回收系统中已得到广泛的应用。

图6-4 烟气轮机

一、烟气轮机的结构

目前，烟气轮机的结构主要有两种：一种是国产YL型烟气轮机和美国I-R公司与Elliott公司生产的烟气轮机，这种烟气轮机为轴向进气、径向排气的悬臂式支架结构，有单级和双级两种；另一种是德国 GHH 公司生产的径向进气、径向排气的两端支承的结构，有三级和四级两种。

现以国产 YL 型单级烟气轮机为例说明烟气轮机的主要结构与系统的组成概况。

如图 6－5 所示，国产 YL 型单级烟气轮机为双支点悬臂式烟气轮机，主要由转子组件、进气锥、壳体、气封组件、轴承箱、底座等部分组成。

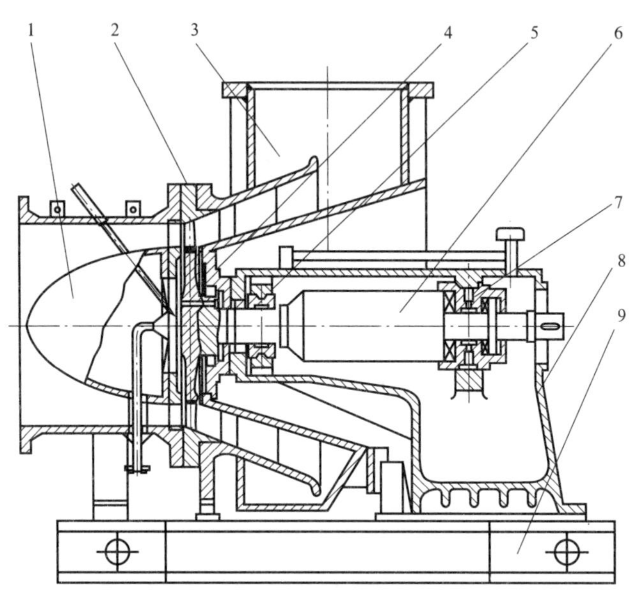

图 6－5　国产 YL 型单级烟气轮机

1—进气锥；2—过渡衬环；3—壳体；4—气封组件；5—径向轴承；6—转子组件；7—径向推力轴承；8—轴承箱；9—底座

转子组件主要由一级、二级轮盘和一级、二级动叶片及主轴等组成。一级、二级轮盘之间和两级轮盘与主轴之间，以止口定位，并热装在轴端。一级、二级轮盘为实心结构，采用耐高温合金材料模锻并加工而成，轮缘开有枞树形叶根榫槽与带枞树形叶根的动叶配合，并用锁紧片将动叶锁紧固定在轮盘的榫槽内，且保留 0.10 ~ 0.25 mm 的热膨胀间隙。一级、二级动叶由耐高温合金精铸或模锻成型，动叶表面均喷涂有高温耐磨涂层，能保证使用 30 000 h不脱落。

壳体主要包括进气机壳、过渡机壳、排气机壳，其中的进气机壳主要由机壳、导流锥及一级静叶组件组成。进气机壳为不锈钢焊接件，导流锥为不锈钢铸件，并焊接在进气机壳内。一级静叶组件由一级静叶片和固定镶套组成一个组合体，用螺栓紧固在进气锥端部。过渡机壳主要由过渡壳体、二级导流叶环组件、拉紧螺杆、压把和圆柱头螺钉组成，过渡机壳设计成垂直剖分二瓣结构或垂直和水平剖分四瓣结构。排气机壳结构由进出口法兰、扩压器及壳体组成，为不锈钢焊接整体型。为防止壳体内产生高温热应力，一般壳体厚度较薄，在排气机壳壳体外表面焊有加强筋。

轴承箱为水平剖分结构，由箱体和箱盖组成。轴承箱为铸钢件，接有轴承润滑油进出口

管线，装有轴承、油封和转速探头、轴振动探头及轴位移探头。

底座为焊接件。支承排气机壳的两个支承底座为刚性支座，以保证机组的中心标高不变。它既要支承排气机壳的重量，又要承受入口管热膨胀的轴向推力和出口管热膨胀的拉力或压力。

烟气轮机除以上主要部件外，通常还设有冷却、润滑、监测等辅助系统。

二、烟气轮机的工作原理

烟气轮机的一列静叶和一列动叶组成一个最基本的做功单元称为级，是组成烟气轮机的最基本的工作单元。在级里烟气的热能变为轴的机械功，这个能量转换过程是在静止的喷嘴（又称静叶）和转动的动叶中完成的。

烟气在喷嘴中膨胀，工质的压力和温度降低，热能转化为工质的动能，以很高的速度冲向叶片，然后在动叶的流道中顺着流道的形状改变其流动的方向。为了使气流转向，叶片必须有一个力作用于气流，于是气流也必须有一个与之相适应的作用力作用于叶片上，这个力在周向的分力就推动着工作轮不断地旋转并输出机械功。

三、烟气轮机的分类

烟气轮机按结构类型可分为单级烟气轮机和多级烟气轮机。如果整台烟气轮机只有一个级，称为单级烟气轮机；如果整台烟气轮机包含有两个级，称为两级烟气轮机，两级以上则称为多级烟气轮机。两级烟气轮机的效率比单级烟气轮机的效率高，目前国内制造的两级烟气轮机的效率约为83%，而单级烟气轮机的效率约为78%。

烟气轮机按照烟气在级内流动方向可分为轴流式烟气轮机和径流式烟气轮机。烟气在级内轴向流动的称为轴流式烟气轮机。通常所见的大多数烟气轮机为轴流式，因为轴流式容许流过的工质流量较大，结构上宜做成多级，能够满足高膨胀比和大功率要求，效率又较高。此外，轴向进气可使烟气进入烟气轮机机时能稳定流动，以确保烟气中的催化剂颗粒均匀分布。烟气在级内径向流动的称为径流式（或称向心式）烟气轮机，适用于小功率场合，但它存在着离心分离作用，容易产生颗粒集中的倾向，入口压力损失较大。

思考与练习

1. 简述烟气轮机的概念。
2. 简述烟气轮机的结构。
3. 简述烟气轮机的工作原理。
4. 烟气轮机有哪些类型？

§6-3　燃气轮机

学习目标

1. 了解燃气轮机的结构；
2. 熟悉燃气轮机的工作原理；
3. 掌握燃气轮机的分类及其特点。

燃气轮机是以连续流动的气体为工质带动叶轮高速旋转，将燃料的能量转变为有用功的内燃式动力机械，是一种旋转叶轮式热力发动机，如图6-6所示。

图6-6　燃气轮机

一、燃气轮机的结构

燃气轮机由压气机、燃烧室和燃气透平等组成。

压气机（即压缩机）的作用是对进气进行增压。它就像一台风扇，将进气加压并送入燃烧室。压气机有轴流式和离心式两种。轴流式压气机效率较高，适用于大流量的场合。在小流量时，轴流式压气机因后面几级叶片很短，效率低于离心式。功率为数兆瓦的燃气轮机中，有些压气机采用轴流式加一个离心式作末级，因而在达到较高效率的同时又缩短了轴向长度。

流体工质在燃烧室中被燃烧，工质的做功能力增加。

燃气透平将燃气的热能转变为机械能。透平就像一个风车，被加热的流体（燃气）驱动旋转而带动压气机，并通过旋转轴将多余的功输出（带动发电机）。

对于一台燃气轮机来说，除了以上主要部件外还必须有完善的调节保安系统，此外还需要配备良好的附属系统和设备，包括启动装置、燃料系统、润滑系统、空气滤清器、进气和排气消声器等。

如图 6－7 所示为某集团公司的燃气轮机系统。该系统由压气机、燃烧室和高压透平组成燃气发生器，高压透平驱动压气机，它们在同一根轴上，称为高压轴。低压透平驱动空气压缩机，称为动力透平。动力透平与压缩机低压缸和变速器的大齿轮在同一根轴上，称低压轴或动力轴。另外，压缩机高压缸与变速器小齿轮在同一根轴上。因此，该燃气轮机压缩机组共有三根轴。

空气经过过滤后，一股进入压气机，并在燃烧室内与燃料燃烧产生燃气后，进入燃气透平做功，然后排气通入一段转化炉。如果一段转化炉停运，排气可经旁路排气管排向大气。经过滤后的另一股空气进入空气压缩机的低压缸，提高压力后再入高压缸，然后送往工艺系统。

与燃气轮机通过变速器同轴提供功率的还有辅助汽轮机，以补偿燃气轮机的功率。

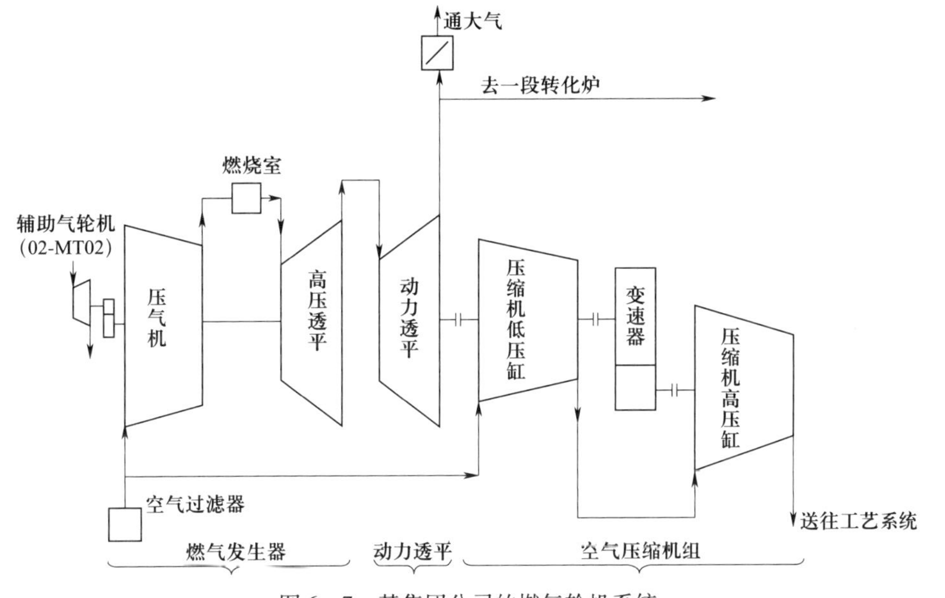

图 6－7　某集团公司的燃气轮机系统

二、燃气轮机的工作过程

燃气轮机的工作过程是：压气机从大气中连续吸入空气并将其压缩；压缩后的空气进入燃烧室，与喷入的燃料混合后燃烧，成为高温燃气，随即流入燃气透平中膨胀做功，推动透平叶轮带着压气机叶轮一起旋转；加热后的高温燃气的做功能力显著提高，因而燃气透平在带动压气机的同时，尚有余功作为燃气轮机的输出机械功。燃气轮机由静止启动时，需用启动机带着旋转，待加速到能独立运行后，启动机才脱开。

三、燃气轮机的分类

燃气轮机分为重型和轻型两类：重型燃气轮机零件较为厚重，大修周期长，寿命可达10万小时以上；轻型燃气轮机结构紧凑而轻，所用材料一般较好，其中以航机的结构为最紧凑、最轻，但寿命较短。

四、燃气轮机的特点

与活塞式内燃机和蒸汽动力装置相比较，燃气轮机的主要优点是小而轻。单位功率的质量，重型燃气轮机一般为2～5 kg/kW，而航机一般低于0.2 kg/kW。燃气轮机占地面积小，当用于车、船等运输机械时，既可节省空间，也可加大功率以提高速度。燃气轮机的主要缺点是效率不够高，在部分负荷下效率下降快，空载时的燃料消耗量高。

思考与练习

1. 试述燃气轮机的结构及其工作原理。
2. 试述燃气轮机的分类及其特点。

第三篇

化工设备

第七章

压力容器

§7－1　压力容器的分类及主要零部件

学习目标

1. 了解压力容器的组成和分类；
2. 掌握压力容器主要零部件的作用。

化工生产中有很多用来储存物料、进行物理过程和化学反应的设备。这些设备虽然作用不同，大小、形状各异，内部构件更是千差万别，但它们有个共同的特点，就是都有一个外部壳体。我们把化工生产中所用各种设备的外部壳体统称为容器。容器是化工设备的一个基本组成部分。

承受介质压力且与外界隔离的密闭容器称为压力容器。这类容器应用广泛、类型繁多，比较容易发生事故，且事故的危害往往是非常严重的，因此，我国都把压力容器作为一种特种设备进行安全监察。

按照《固定式压力容器安全技术监察规程》的规定，压力容器应同时具备下列条件：

（1）最高工作压力大于或等于 0.1 MPa（不含液柱静压力）。

（2）内直径（非圆形截面指断面最大尺寸）大于或等于 0.15 m，且容积大于或等于 0.025 m^3。

（3）介质为气体、液化气体或最高工作温度高于或等于标准沸点的液体。

一、压力容器的组成

压力容器最基本的结构是一个密闭的筒体。化工生产中常用的中低压容器大多数是圆筒形容器，它是由壳体（筒体）、封头（端盖）、法兰、接口管、人孔或手孔、支座等组成（见图 7－1），统称为化工设备通用零部件。

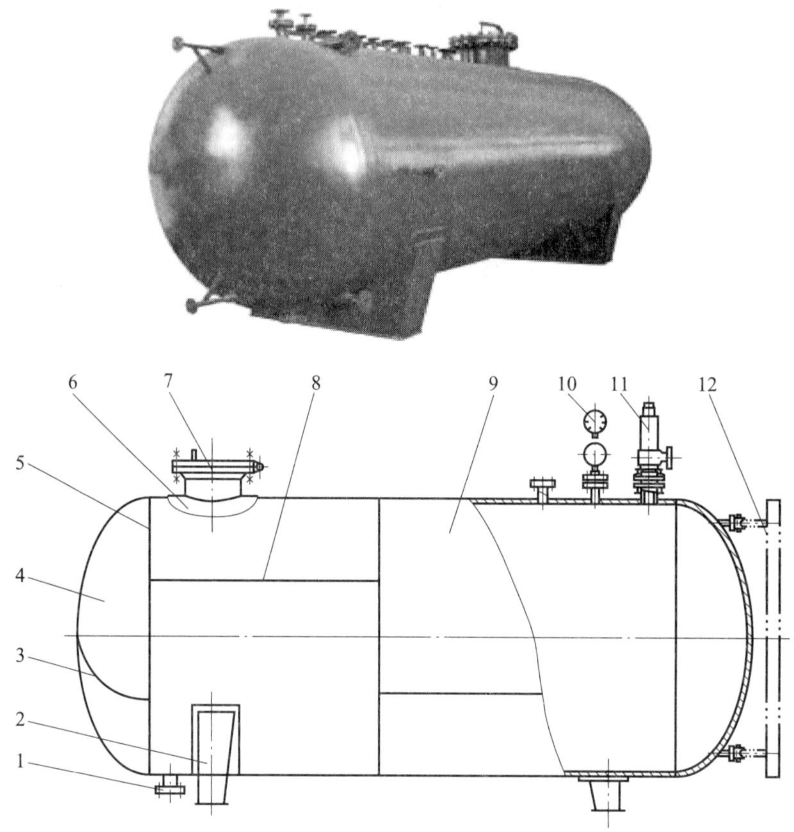

图 7－1　压力容器及其结构

1—法兰；2—支座；3—封头拼接焊缝；4—封头；5—环焊缝；6—补强圈；7—人孔；8—纵焊缝；9—筒体；10—压力表；11—安全阀；12—液面计

二、压力容器的分类

压力容器的应用十分广泛，品种很多，分类方法也很多。压力容器通常可按以下几种方式分类。

1. 按工艺用途分类

(1) 反应压力容器（代号 R）

这类压力容器主要用于完成介质的化学反应，如反应器、聚合釜、合成塔等。

(2) 换热压力容器（代号 E）

这类压力容器主要用于完成介质的热量交换，如加热器、冷却器、蒸发器、冷凝器等。

(3) 分离压力容器(代号S)

这类压力容器主要用于完成介质的流体压力平衡和气体净化分离,如分离器、过滤器、集油器、缓冲器、吸收塔等。

(4) 储存压力容器(代号C,其中球罐代号B)

这类压力容器主要用于盛装原料、半成品、成品等,如储槽、球罐、槽车等。

在一种压力容器中,若同时具备两种以上的工艺用途时,应按工艺过程中的主要用途来划分品种。

2. 按承压性质分类

压力容器按承压性质分为内压容器和外压容器。内部介质压力大于外部介质压力的容器称为内压容器,这种容器用得最多。外部压力大于内部介质压力的容器称为外压容器,如减压塔和真空容器等。带夹套的反应设备,夹套内介质压力高于容器内介质压力时,也属外压容器。

内压容器按其设计压力(P)的大小又可分为如下4种。

(1) 低压容器(代号L):$0.1\ \text{MPa} \leqslant P < 1.6\ \text{MPa}$。

(2) 中压容器(代号M):$1.6\ \text{MPa} \leqslant P < 10\ \text{MPa}$。

(3) 高压容器(代号H):$10\ \text{MPa} \leqslant P < 100\ \text{MPa}$。

(4) 超高压容器(代号U):$P \geqslant 100\ \text{MPa}$。

3. 按容器壁厚分类

按容器的外径(D_o)和内径(D_i)之比(K)的数值可将其分为薄壁容器和厚壁容器。

(1) 薄壁容器:$K = \dfrac{D_o}{D_i} \leqslant 1.2$。

(2) 厚壁容器:$K = \dfrac{D_o}{D_i} > 1.2$。

4. 按容器的工作温度(t)分类

(1) 低温容器:$t \leqslant -20\ ℃$。

(2) 常温容器:$-20\ ℃ < t \leqslant 200\ ℃$。

(3) 中温容器:$200\ ℃ < t \leqslant 450\ ℃$。

(4) 高温容器:$t > 450\ ℃$。

按工作温度分类虽然没有严格的科学依据,但其意义在于:温度对材料的性能影响较大,在不同的温度区间,在容器材料选用方面要考虑一些特殊的问题。

5. 按安全技术监察规程分类

为了区别对待安全要求不同的压力容器的技术管理和监督检查,按容器的压力等级、容积大小、介质的危害程度及在生产过程中的作用综合考虑,把压力容器分为三个类别,其中第三类压力容器最为重要,要求也最严格。这种分类方法对从事压力容器的设计、制造、安装及管理人员而言更为重要。

(1) 第一类压力容器

第一类压力容器是除第二类、第三类压力容器以外的所有的低压容器。

（2）第二类压力容器

第二类压力容器包括以下类型：

1）除第三类压力容器以外的所有中压容器。

2）易燃介质或毒性程度为中度危害介质的低压反应容器和储存容器。

3）毒性程度为极度和高度危害介质的低压容器。

4）低压管壳式余热锅炉。

5）低压搪玻璃压力容器。

（3）第三类压力容器

第三类压力容器包括以下类型：

1）毒性程度为极度和高度危害介质的中压容器，以及设计压力与容积的乘积大于或等于0.2 MPa · m^3 的低压容器。

2）易燃或毒性程度为中度危害介质，且其设计压力与容积的乘积大于或等于0.5 MPa · m^3 的中压反应容器和设计压力与容积的乘积大于或等于10 MPa · m^3 的中压储存容器。

3）高压、中压管壳式余热锅炉。

4）中压搪玻璃压力容器。

5）高压容器。

除上述常见的分类方法外，压力容器还可按材料和制造方法及安放方式等进行分类。

三、压力容器的常用材料

制造压力容器取材广泛，但目前用于化工生产的压力容器大多数为钢制。为此，以下介绍几种压力容器常用的钢材。

1. 碳钢

化工压力容器最常用的是普通碳素钢，主要用来制造压力、温度都不高的容器，如普通碳素结构钢用于制造压力容器的壳体和封头等。

2. 低合金钢

低合金钢所含合金总量不超过5%，与普通碳素钢相比，具有高强度、高韧性和良好的焊接性，被广泛用于制造各种塔器、换热器、容器、储槽和管道等。

3. 低温钢

低温钢主要用于制冷、空分和加氢设备等。低温钢除了具有足够的强度指标外，更要求具有足够韧性和其他低温力学性能，以防脆性破裂造成严重事故。

4. 不锈钢

不锈钢是指在空气、酸、水及其他强腐蚀性的介质中耐腐蚀的钢或者在高温时抗氧化抗蠕变的耐热钢。采用不锈钢制造压力容器不仅能耐腐蚀，而且强度、塑性好，在低温、高温环境下力学性能也很好，但因其价格约为碳钢的20倍，一般很少整体采用。不锈钢大部分用作设备衬里和内件或者与碳钢组成复合钢板制作容器。

四、压力容器的主要零部件

如前所述，压力容器一般由壳体，封头，法兰，接口管、凸缘和视镜，人孔或手孔，支座等组成。在我国，这类压力容器通用零部件大多已经标准化，国家相关部门制定了一系列标准，这样既增强了容器部件的互换性，又解决了加工量小、成本高、质量差等问题，更利于专业化大批量生产。容器零部件标准化的基本参数是公称直径（*DN*）和公称压力（*PN*）。

1. 壳体

压力容器的壳体是承载压力介质的主要部分，具有重要的作用和意义。在压力容器设计和使用中，需要根据承压介质的理化性质、使用压力和温度等因素，采用碳钢、低合金钢、不锈钢、铝合金、钛合金等金属材料，来保持压力容器的完整性和稳定性，承受承压介质所产生的压力，吸收外作用力，减小介质泄漏的可能性，以达到压力容器的可靠运行状态。

2. 封头

压力容器封头的种类较多，一般分为凸形封头、锥形封头和平板形封头。平板形封头在压力容器中一般作为人孔及手孔的盲板，在高压容器中采用平板封头也较多。锥形封头主要用于容器的下端，便于排放黏度较大或呈悬浮状的物料。凸形封头包括半球形封头、椭圆形封头、碟形封头和无折边球面形封头等，这些封头各有其特点且均应用较广泛。常用封头的结构、特点及应用见表 7－1。

表 7－1　　常用封头的结构、特点及应用

种类	实物图	结构图	描述	特点	应用
半球形		D_o δ R_i D_i	球形容器的一半	在同样的承压条件下应力最小，故可选用较小的壁厚，所以节省材料且强度大。半球形封头深度大，整体冲压制造较困难	常用于压力较高、直径较大的压力容器或特殊需要
椭圆形		δ h_i h_o D_i D_o	由半个椭圆球和一段高度为 h_o 的直边部分组成。长、短轴之比为 2 的称为标准椭圆封头	在椭圆形封头中，椭圆曲线是连续变化的光滑曲线，没有形状突变处，因此承压能力比较强，仅次于半球形封头	在中压、低压容器上被广泛采用

续表

种类	实物图	结构图	描述	特点	应用
碟形		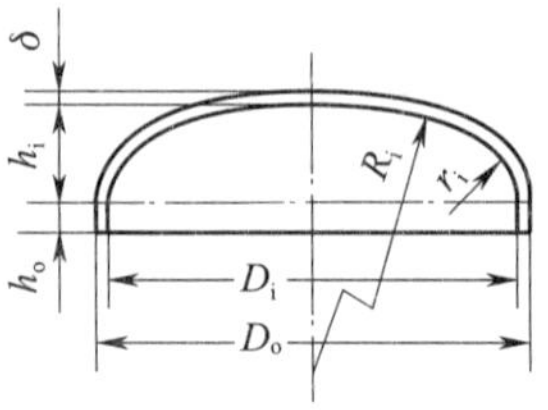	又称带折边的球面形封头。由几何形状不同的三部分组成：第一部分是以 R_i 为半径的部分球面；第二部分是高度为 h_o 的直边部分；第三部分是连接以上两部分的过渡部分，其曲率半径为 r_i	加工制造比较容易，只要有球面胎具和折边胎具就可以模压成型。最大缺点是由于过渡部分半径较小，使得封头在该区域产生较大的附加应力，因而有可能发生周向裂纹，在工程使用中不理想	目前多数工厂已不再采用，而改用椭圆形封头。只有当椭圆形封头模具加工有困难时，才以碟形封头代替
无折边球面形		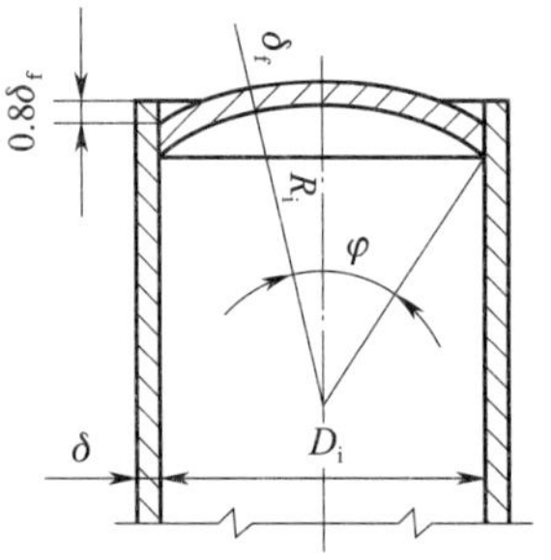	由深度较小的球面体与圆筒体直接焊接而成	结构简单，制造容易	常用于容器中两个独立受压室的中间分隔封头或用于直径较小、压力较低的容器
锥形		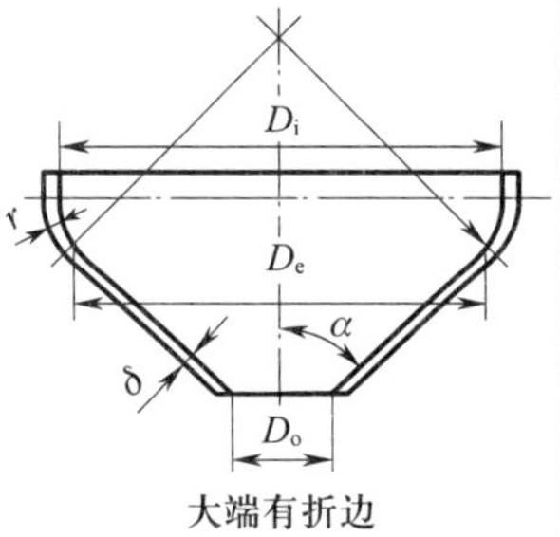 大端有折边	有两端都无折边、大端有折边而小端无折边、两端都有折边三种形状。折边锥形封头的受力情况优于无折边锥形封头，但制造困难	锥形封头在同等条件下，其承压能力比半球形封头、椭圆形封头和碟形封头都弱，在与圆筒的连接处转折更为明显，曲率半径突变，产生较大的边缘应力。从制造方面看，当厚度较薄且直径较大时制造方便。但当直径较小、厚度较大时，制造比较困难	主要用于不同直径圆筒的过渡连接和介质中含有固体颗粒或介质黏度较大时容器下部的出料口等
平板形		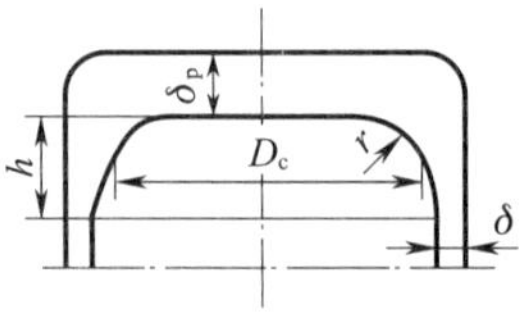	有圆形、椭圆形、矩形及正方形	各种封头中结构最简单、制造最容易的一种，但与其他类型的封头相比，其承压能力最弱，故在同等压力作用下厚度要大得多	一般用在常压或直径较小的高压容器上

3. 法兰

在石油化工生产中，为了工艺操作的需要以及设备制造、安装、检修方便，设备和管道往往采用可拆连接结构。常见的可拆连接结构有法兰连接和螺纹连接。由于法兰连接有较好的强度和密封性，适用的尺寸范围较大，在设备和管道上都可使用，所以被广泛采用。法兰连接的不足之处是不能很快地被装配与拆卸，且有些类型的法兰成本较高。法兰及法兰连接如图 7－2 所示。

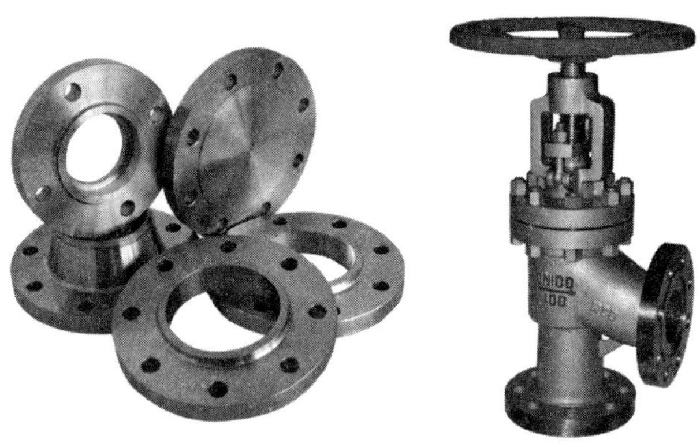

图 7－2 法兰及法兰连接

(1) 法兰连接的组成

法兰连接是由一对法兰、数个螺栓、螺母和一个垫片组成，如图 7－3 所示。当法兰与容器壳体、封头或管道连接时则形成法兰螺栓垫片连接系统，所以法兰不是独立的承载元件。法兰连接的未失效判断依据应以能防止泄漏为准则，即与系统的刚度和强度相关联。

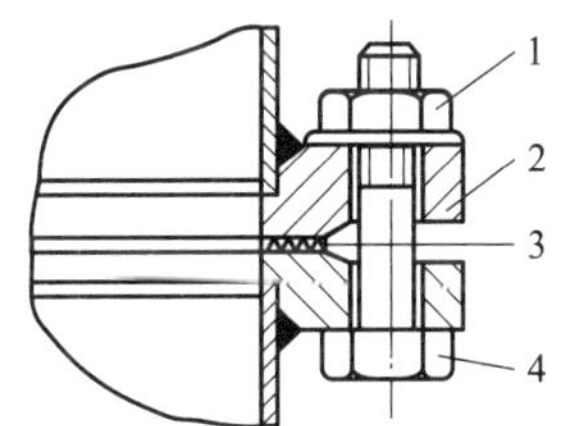

图 7－3 法兰连接的组成

1—螺母；2—法兰；3—垫片；4—螺栓

(2) 法兰的类型

法兰按其整体性程度分为整体法兰、松式法兰和任意式法兰（见图 7－4）。

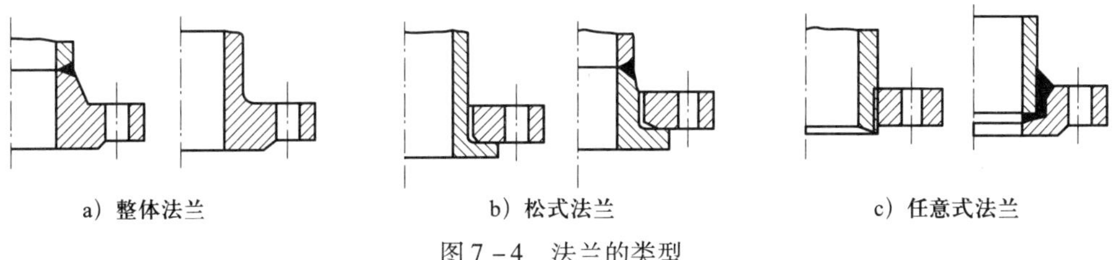

a）整体法兰　b）松式法兰　c）任意式法兰

图 7－4 法兰的类型

1）整体法兰。整体法兰的法兰盘、法兰颈部及容器或接管三者能有效地连接成整体结构，如图7－4a所示。其法兰盘与锥形截面的颈部（锥颈）锻制为整体，再与容器壳体或接管对焊在一起，故又称对焊法兰。锥颈的作用是提高法兰的强度和连接刚度。对于铸铁和铸钢设备，法兰则可直接与设备铸成整体。整体法兰适用于压力和温度较高及直径较大的设备。但由于其与容器壳体或接口管连成一体，当法兰受力后在壳体或接口管中会产生附加的弯曲应力。

2）松式法兰。松式法兰的法兰盘没有与容器或接管连成整体，如图7－4b所示。其法兰盘只是松套在凸缘或翻边上，故又称活套法兰。这种法兰受力后不会在壳体或接口管中产生附加的弯曲应力，但由于法兰刚度小，承受同样的载荷其厚度比整体式法兰大，所以大多用于压力较低的场合。对于有色金属或合金钢制的设备，采用松式法兰可用碳钢制造法兰盘，这样可节省贵重金属的使用。

3）任意式法兰。任意式法兰的整体性介于整体法兰和松式法兰之间，有的接近于松式法兰，有的接近于整体法兰，如图7－4c所示。这类法兰中，有的为螺纹法兰，法兰与接口管通过螺纹连接，两者之间既有一定的连接，又不完全形成一个整体，在接口管中产生的附加弯曲应力较小，接近于松式法兰，常用于高压管道连接。有的压力容器法兰应用的是乙型平焊法兰，有一段较厚的短管且与法兰盘全焊透连接，从而提高了法兰的刚度及壳体对法兰的支承作用，更接近于整体法兰。

按照法兰与垫片的接触面的大小可将法兰分为窄面法兰和宽面法兰。法兰与垫片接触面限于法兰螺栓孔中心圆内侧的称为窄面法兰，法兰与垫片接触面分布在法兰螺栓中心圆的内外两侧的称为宽面法兰。

另外，从使用的角度可将法兰分为压力容器法兰和管路法兰。

法兰的形状，如图7－5所示，除最常见的圆形外，还有方形和椭圆形。其中，方形法兰有利于把管子排列整齐、紧凑，椭圆形法兰则常用于阀门和小直径的高压管上。

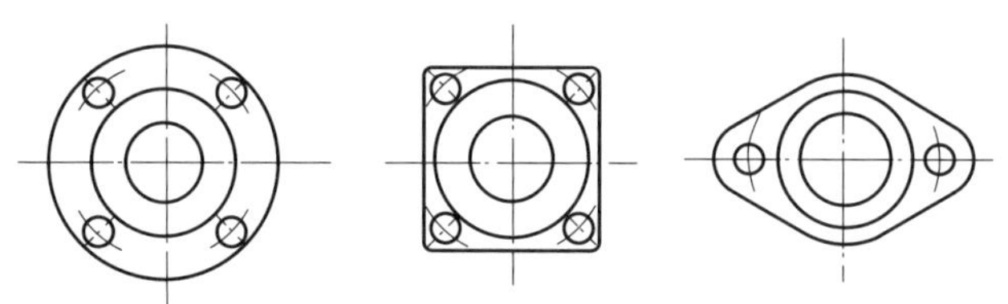

图7－5　法兰的形状

（3）法兰连接的密封

1）法兰密封机理。泄漏是法兰连接的主要失效形式。所以对于法兰连接来说，不仅要确保螺栓、螺母、垫片和法兰各零件有一定的强度，使之能在工作条件下长期使用不被破坏，更重要的是要求在工作条件下，整个连接系统有足够的刚度，将泄漏量控制在工艺和环境允许的范围内，即达到紧密而不漏。一般来说，流体在垫片处的泄漏以渗透泄漏和界面泄漏两种形式出现。渗透泄漏是流体通过垫片材料的本体毛细管的泄漏，故泄漏量的大小除了受介质压力、温度、黏度、分子结构等流体状态性能的影响外，主要与垫片的结构和材质有关；而界面泄漏是流体从垫片与法兰接触面处泄漏，泄漏量的大小主要与界面间隙尺寸有关，是法兰连接的主要泄漏形式。如图7－6所示，法兰连接的密封就是在螺栓压紧力的作

用下，使垫片产生变形填满法兰密封面（与垫片接触的面）上凹凸不平的间隙，阻止流体沿界面的泄漏，达到密封的目的。

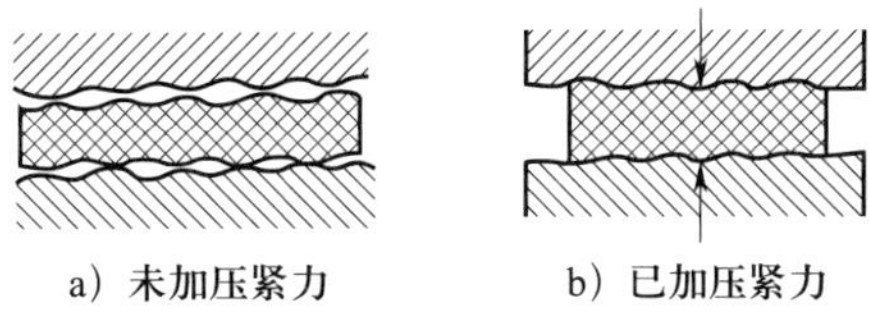

a）未加压紧力　　b）已加压紧力

图7－6　密封面与垫片之间的接触

2）影响法兰密封的主要因素。影响法兰密封的主要因素有螺栓预紧力、垫片性能（变形能力和回弹能力）、密封面的类型和表面性能、法兰刚度、操作条件等。

3）密封面的类型。法兰密封面又称压紧面，其类型与法兰连接的密封性有直接关系。密封面的类型选择既要考虑垫片的形状和材料，也要考虑介质压力的高低和设备的直径，常用法兰密封面的类型见表7－2。

表7－2　常用法兰密封面的类型

类型	结构	描述	特点	应用
平面型	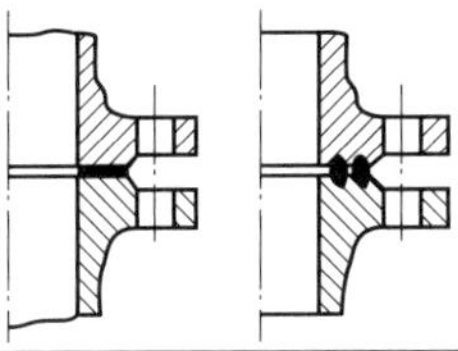	光滑的平面，有时在平面上车制2～3条环形小沟槽	结构简单、加工方便，但螺栓上紧后，垫片容易被挤到两边，不易压紧，密封性能较差且密封面较宽，所需螺栓拉力大	用于 $PN \leqslant 2.5$ MPa，且介质无毒的场合
凹凸型	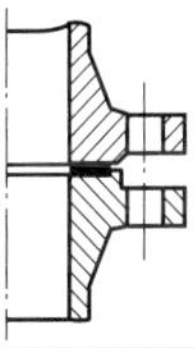	一对法兰的密封面，一面是凹面，另一面是凸面	在凹面上放置垫片，压紧时凹面外侧的挡台能阻止垫片向外挤出，且便于对准，密封性比平面型好，但其加工精度要求高，加工量大	用于 $DN \leqslant 800$ mm，$PN \leqslant 6.3$ MPa 的场合
榫槽型	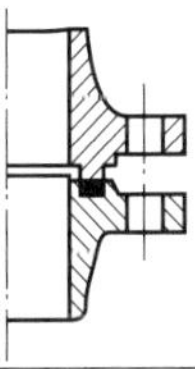	一对法兰的密封面，一面是榫面，另一面是槽面	垫片放在槽内，压紧时垫片不会被挤出，垫片较窄，压紧时所需螺栓拉力较小，垫片受力较均匀，密封可靠。但其结构复杂，制造不便，垫片更换困难	当 $DN \leqslant 800$ mm 时，PN 可达20 MPa
锥面型	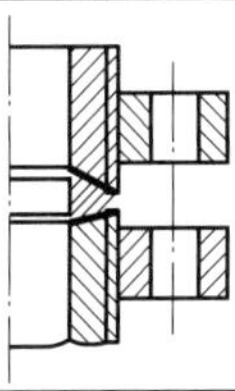	密封面为锥面，使垫片的两个球面与锥体密封面成线接触	密封性能好，锥面与球面易配合，但加工、制造困难	常用于 PN 可达100 MPa的高压管道上
梯形槽型	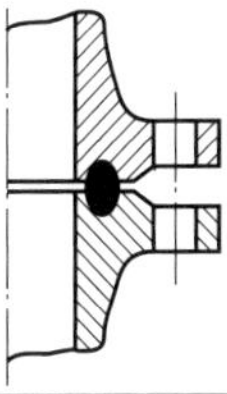	密封面为梯形槽，使槽的锥面与垫片成线（或窄面）接触	密封性能好，耐高温、高压，但加工精度要求较高	常用于温度、压力有波动，介质渗透性大的高压容器或管道上

4）垫片。垫片与介质直接接触，是法兰连接密封的核心零件，所以垫片的性能和尺寸对法兰连接密封的效果有很大影响。垫片的选择应考虑工作温度、工作压力、介质的腐蚀性，以及制造、更换成本等因素。垫片的材料要求能耐介质腐蚀，不污染被密封的介质，并要有一定的弹性和机械强度，在工作温度下不易变质硬化或软化。垫片根据其材质可分为非金属垫片、金属垫片和组合式垫片。

①非金属垫片。常用的非金属垫片有橡胶垫片、石棉橡胶垫片、聚四氟乙烯垫片、柔性石墨（又称膨胀石墨）垫片和耐酸石棉垫片等。普通橡胶垫片仅用于低压和温度低于100 ℃的水等无腐蚀的介质；合成橡胶（如硅橡胶、氟橡胶）垫片的适用温度可达 220 ~ 260 ℃；石棉橡胶垫片的使用最广，主要用于温度低于350 ℃、压力低于4.0 MPa 的水、油、蒸汽的场合；在处理腐蚀性介质时，常用聚四氟乙烯垫片和耐酸石棉垫片。

②金属垫片。当介质的压力、温度较高时，一般采用金属垫片，常用的有金属齿形垫片、金属平垫片、金属环形垫片（椭圆形垫片、八角形垫片）等，材料有软钢、软铝、铜、不锈钢等。其中金属环形垫片适用于 $PN=2.5\sim16$ MPa，齿形垫片适用于 $PN=6.3\sim16$ MPa。

③组合式垫片。常用的组合式垫片有缠绕式垫片、柔性石墨复合垫片和金属包垫片。缠绕式垫片由金属薄带（低碳钢带或合金钢带）与聚四氟乙烯带或柔性石墨带相间缠绕而成，具有多道密封作用，且回弹性好，适用较高的温度和压力范围（$t\leqslant500$ ℃，$PN\leqslant25$ MPa），并能在压力、温度波动条件下保持良好的密封，因而被广泛采用；柔性石墨复合垫片由冲齿金属芯板与柔性石墨粒子复合而成，适用的压力和温度介于石棉橡胶板垫与缠绕式垫片之间，是一种新型的垫片；金属包垫片是在石棉或其他非金属材料外包有金属板皮（白铁皮或不锈钢板）而成，适用于 $t\leqslant450$ ℃、$PN\leqslant6.3$ MPa 的场合。

（4）压力容器法兰

压力容器法兰从总体上看有三种，即甲型平焊法兰、乙型平焊法兰和长颈对焊法兰。

甲型平焊法兰是一个截面基本为矩形的圆环，这个圆环称为法兰盘，它直接与容器的壳体或封头焊接在一起。这种法兰在预紧和工作时都会在容器壁中产生附加的弯曲应力，加上法兰盘自身的刚度也较小，所以适用于压力等级较低和壳体直径较小的情况。甲型平焊法兰适用温度为 -20 ~ 300 ℃，用板材切削加工制造。

乙型平焊法兰与甲型平焊法兰相比，除法兰盘外增加了一个厚度大于筒壁的短节，这既增加了整个法兰的刚度，又使容器壁免受弯曲应力，因此适用于较高压力和较大直径壳体的场合。乙型平焊法兰适用温度为 -20 ~ 350 ℃，用钢板制造，也可用锻件加工制造。

长颈对焊法兰用根部增厚且与法兰盘为一整体的颈，取代了乙型平焊法兰中的短节，从而更有效地增大了法兰的整体刚度。由于在颈部与法兰盘之间没有焊缝，消除了可能发生的焊接变形和可能存在的焊接残余应力，而且这种法兰可以用专用型钢制造，降低了法兰的成本。长颈对焊法兰的适用温度为 -20 ~ 450 ℃，只允许用专用锻造型钢制造。

压力容器法兰目前使用的是 2012 年由国家能源局发布的系列行业标准 NB/T 47021 ~ 47027—2012，包括：①《甲型平焊法兰》（NB/T 47021—2012）；②《乙型平焊法兰》（NB/T 47022—2012）；③《长颈对焊法兰》（NB/T 47023—2012）；④《非金属软垫片》

（NB/T 47024—2012）；⑤《缠绕垫片》（NB/T 47025—2012）；⑥《金属包垫片》（NB/T 47026—2012）；⑦《压力容器法兰用紧固片》（NB/T 47027—2012）。

（5）管路法兰

管路法兰包括法兰盖共有7种类型，如图7－7所示。

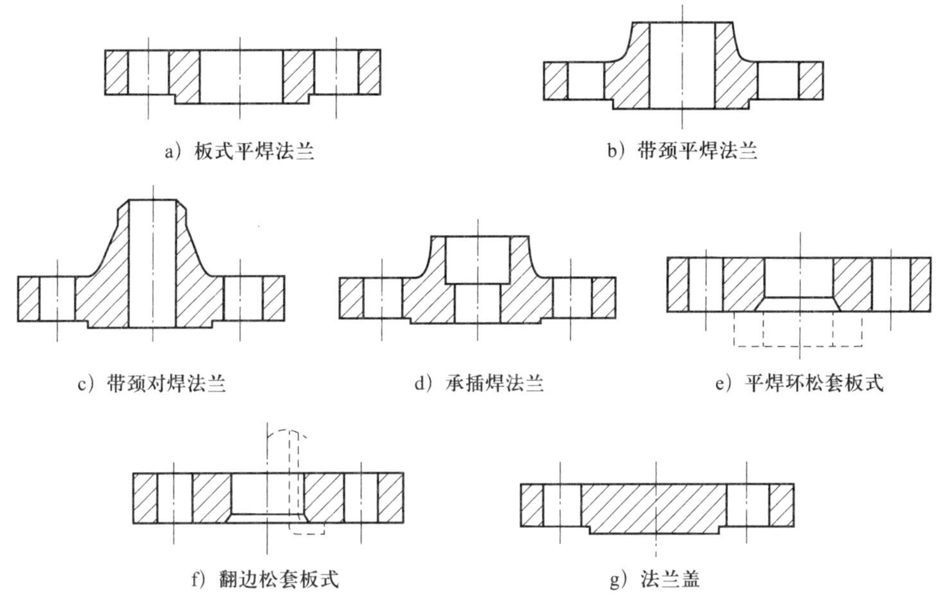

图7－7　管路法兰的类型

板式平焊法兰取材方便，但刚度较差，在螺栓力的作用下，这种法兰易变形引起介质泄漏，适用于$PN \leqslant 1.0$ MPa且介质无毒、非易燃易爆及真空度要求不高的配管系统。

带颈平焊法兰由于增加了与法兰盘为一整体的短颈，提高了法兰的刚度，改善了法兰的承压能力。

带颈对焊法兰颈部较长，故又称高颈法兰，是承压能力最好的一种管路法兰。这种法兰没有全平面密封面，是因为全平面对法兰的承载状态大有改善，没有必要使用高颈法兰。

承插焊法兰由于法兰与接口管之间为单面填角焊，故规定只用于$DN-50$ mm以下的小口径管道上。

松套法兰包括平焊松套板式法兰和翻边松套板式法兰，由于法兰盘是板式结构，所以适用的压力较低。但由于松套法兰变形不会引起密封面产生转角，所以其PN的上限较板式平焊法兰略高。这种法兰主要用于具有腐蚀性介质及有色金属管道系统。这种法兰的法兰盘可以用碳钢制造，这样可节省不锈钢或有色金属的用量，降低其制造成本。

法兰盖主要用于管道端部或作封头用，以上几种类型的法兰都有与其相配的法兰盖。但对$PN=1.0$ MPa的突面板式平焊法兰的DN最大为2 000 mm，相配的法兰盖DN最大为1 200 mm，这是由于对更大直径的法兰盖尚无可靠的计算依据。

4. 接口管、凸缘和视镜

接口管及凸缘是壳体开孔的连接结构，既可用来连接设备与输送介质的管道，又可用来装置测量、控制仪表。

（1）接口管

物料进出管直径相对较大，通过法兰连接。如图 7－8 所示为带法兰的接口管，接口管伸出长度 l（壳体外壁至法兰密封面的距离）应考虑螺栓安装方便和容器外保温层的厚度。

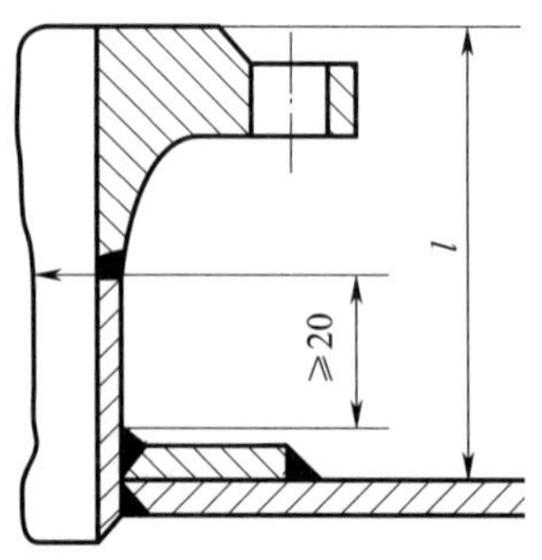

图 7－8　带法兰的接口管

对于一些较细的接口管，如果伸出长度较长，则应考虑加固。如与壳体相连的公称直径 $DN \leqslant 40$ mm 接口管，可采用如图 7－9 所示的管接口加固结构；对公称直径 $DN \leqslant 25$ mm、伸出长度 $l \geqslant 300$ mm 的任意方向的接口管均应设置支承肋板。

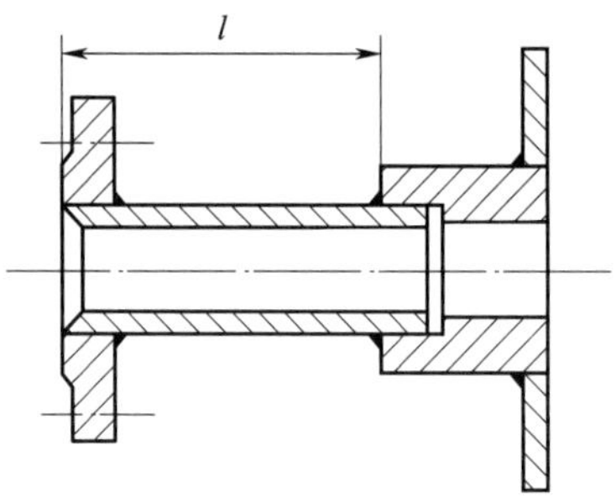

图 7－9　管接口加固结构

各种测量控制仪表接口管的公称直径一般都很小，可用如图 7－10 所示的内螺纹、外螺纹接口管连接。

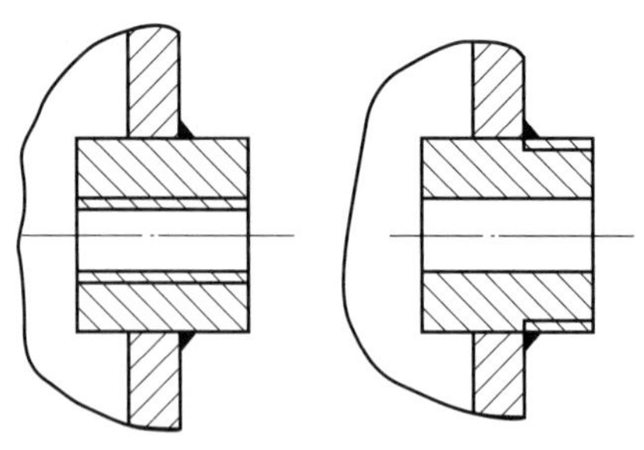

a）内螺纹接口管　　b）外螺纹接口管

图 7－10　螺纹接口管

（2）凸缘

当接口管长度必须很短时，可用凸缘（或称突出接口）来代替，如图 7－11 所示为带平面密封面的凸缘。凸缘的优点是本身具有补强的作用，不需另外补强；其缺点是螺栓折断在螺栓孔后，取出较为困难。

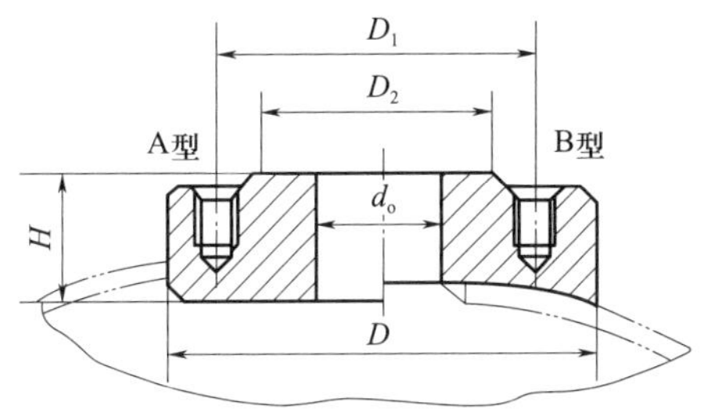

图 7－11　带平面密封面的凸缘

（3）视镜

视镜除了用于观察设备内部介质工作情况外，也可用作物料液面指示镜。最常用的圆形视镜有两种结构，即不带颈视镜和带颈视镜，如图 7－12 所示。

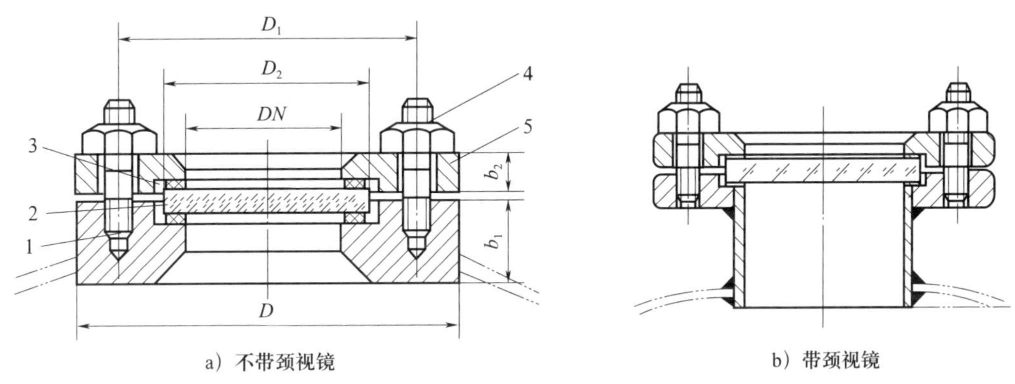

图 7－12　圆形视镜的结构

1—凸缘；2—视镜玻璃；3—密封垫片；4—螺栓；5—压紧环

不带颈视镜结构简单、不易结料、视野范围大，其标准结构的使用压力可达 2.5 MPa。

带颈视镜适用于设备直径较小或视镜需要斜装的场合。而不适用于悬浮液介质。

压力容器视镜现已有行业标准《压力容器视镜》（NB/T 47017—2011）。其使用 PN = 1～2.5 MPa，允许介质温度为 0～200 ℃，DN = 50～150 mm。压力容器视镜的玻璃材质为碳化硼硅玻璃，其耐热急变温度为 180 ℃。标准视镜用钢有碳钢和不锈钢两种。

5. 人孔或手孔

为了安装、检修、防腐、清洗的需要，常在压力容器上开设人孔或手孔。

手孔通常是在突出接口或短接管上加一盲板而构成，如图 7－13 所示为常压手孔，这种结构用于常、低压及不需经常打开的场合。需要经常打开的手孔，应设置快速压紧装置。

手孔的直径应使工人戴手套并握有工具的手能顺利通过，故其直径不宜小于 150 mm，

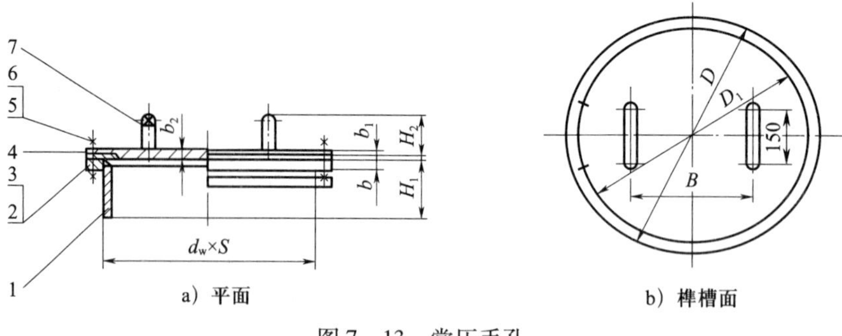

图 7－13　常压手孔

1—筒节；2—法兰；3—垫片；4—法兰盖；5—螺栓；6—螺母；7—把手

一般为 150 mm 和 250 mm。

当设备直径为 900 mm 以上时，应开设人孔。以便在检修设备时人能进入容器内部，及时发现容器内表面的腐蚀、磨损或裂缝等缺陷。人孔通常有圆形和椭圆形两种，圆形人孔制造较为方便，椭圆形人孔对器壁的削弱较少，但制造较困难，在制造时应尽量使其短轴平行于容器筒身轴线。圆形人孔的直径一般为 400 mm，当容器压力不高时，直径可以大一些，常用的是 450 mm、500 mm、600 mm。椭圆形人孔的最小尺寸为 400 mm × 300 mm。

容器在使用过程中，人孔需要经常打开时，可选用快开式人孔结构，如图 7－14 所示为回转盖快开人孔。人孔与手孔有多种定型结构，其化工行业标准为《钢制人孔和手孔的类型与技术条件》（HG/T 21514—2014）。

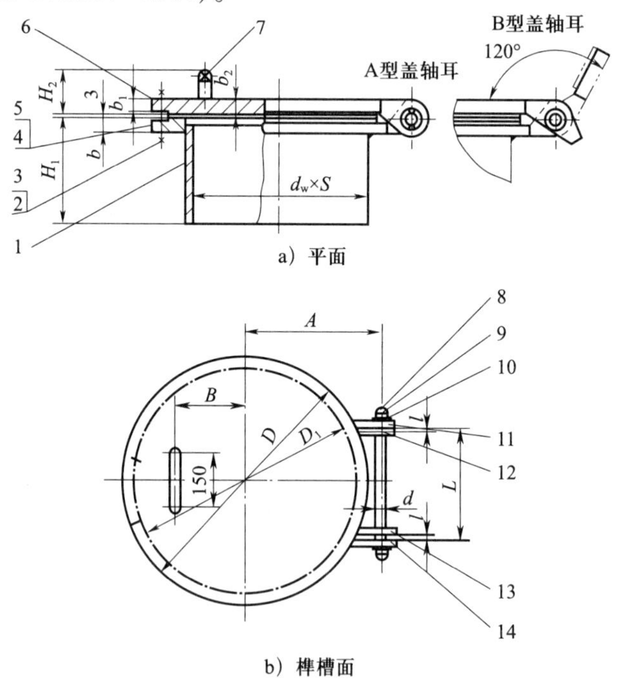

图 7－14　回转盖快开人孔

1—筒节；2—螺栓；3—螺母；4—法兰；5—垫片；6—法兰盖；7—把手；
8—轴销；9—销；10—垫圈；11、14—盖轴耳；12、13—法兰轴耳

6. 支座

各种化工容器都是通过支座固定在某一位置上的。支座除了承托化工容器的质量、固定容器位置外，在某些场合下，还要承受操作时的振动、风载荷、地震载荷、管道推力等外力。

尽管化工容器的结构和形状各不相同，但支座主要有立式容器支座、卧式容器支座和球形容器支座 3 种。

（1）立式容器支座

立式容器支座通常分为腿式支座、支承式支座、耳式（悬挂式）支座和裙式支座 4 种，如图 7－15 所示。

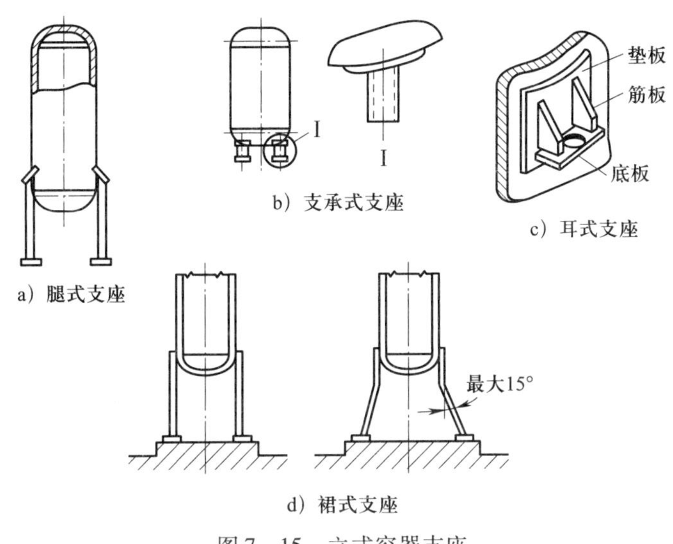

a）腿式支座　b）支承式支座　c）耳式支座　d）裙式支座

图 7－15　立式容器支座

一般中小型直立设备采用耳式支座、腿式支座或支承式支座，高大的直立设备则采用裙式支座。

（2）卧式容器支座

卧式容器支座分为鞍式支座、圈式支座和支腿式支座 3 种，如图 7－16 所示。一般小型卧式设备采用鞍式支座、支腿式支座，因自身质量可能造成严重挠曲的大直径薄壁容器采用圈式支座。

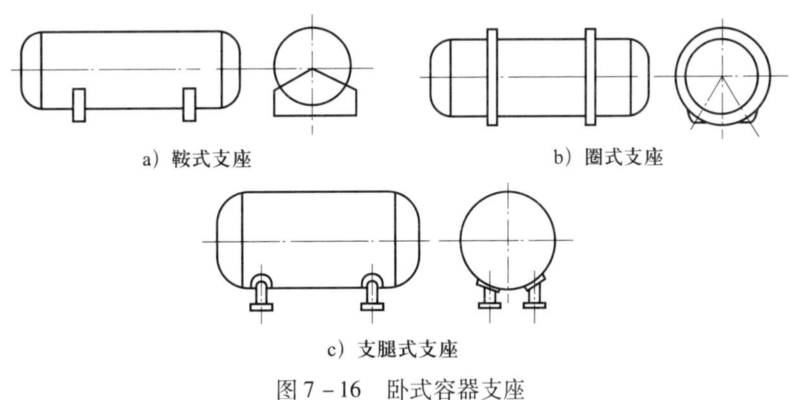
a）鞍式支座　b）圈式支座　c）支腿式支座

图 7－16　卧式容器支座

(3) 球形容器支座

球形容器支座分为柱式（又称赤道正切柱）支座、裙式支座、半埋式支座和高架式支座4种，如图7－17所示，目前大多采用柱式支座和裙式支座。

支座的类型是根据容器的质量、结构、承受载荷以及操作和维修等要求来选用的。目前容器支座采用的行业系列标准为《容器支座》（NB/T 47065.1～47065.5—2018）。

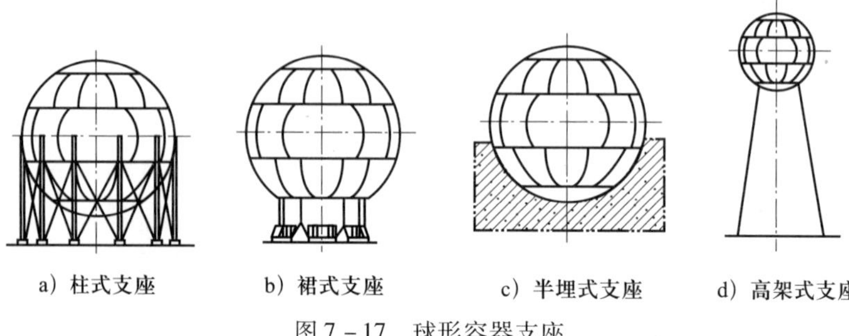

图7－17　球形容器支座

思考与练习

1. 按照《固定式压力容器安全技术监察规程》的规定，压力容器应同时具备哪些条件？
2. 压力容器由哪些部件组成？压力容器通常如何分类？
3. 压力容器封头如何分类？
4. 法兰密封面如何分类？垫片如何分类？
5. 接口管和凸缘有什么区别？
6. 支座如何分类？

§7－2　内压薄壁容器

学习目标

1. 了解常见内压薄壁容器的类型；
2. 了解容器焊缝的无损检验。

在化工生产中大量使用的中低压容器多为内压薄壁容器。内压薄壁容器的结构类型较多，除圆筒形容器和球形容器外，还有其他特殊形状的容器，如矩形、扁圆形、椭圆形等。

以下重点介绍最常用的圆筒形容器和球形容器，并介绍容器的焊缝及其无损检验。

一、圆筒形容器

在压力容器中，圆筒形容器具有易于制造、成本低，便于在内部装设工艺附件，圆筒体的长度尺寸一般比直径尺寸大，工作介质间的接触时间长，便于在内部相互作用等优点，因此被广泛用作反应、换热、分离容器。圆筒形容器主要由圆柱形的筒体和两端的封头（或端盖）组成。

圆筒形容器的筒体一般可用钢板卷焊而成，当筒体直径小于 500 mm 时，也可直接用无缝钢管制作。

圆筒形容器在内部介质压力的作用下，其筒体在轴向方向有被伸长的趋势，在周向方向直径有被增大的趋势，变形的程度随外力的增加而增加，随着外力的消除而消失。外力消除之后，压力容器不能存在塑性变形，因为它会使容器失去正常的工作能力而发生危险。

理论与实验证明，圆筒形容器周向产生的变形是轴向变形的两倍，因此，内压筒体多产生纵向裂纹而被破坏，又因焊缝强度一般较低，所以裂纹常发生在纵向焊缝处。因此，在制造圆筒形容器时，纵向焊缝质量比周向焊缝质量要求高。圆筒形容器的开孔最好避开纵向焊缝，当在筒体上开设人孔时，应开成椭圆形，且短轴与筒体轴向一致。

二、球形容器

球形容器的本体就是一个球壳。由于球形容器的直径一般都比较大，所以它大多是由许多块按一定的尺寸预先压制成形的球面板组装拼焊而成。球面板的形状不完全相同，但板厚一般都是一样的，只有一些特大型、用以储装液化气体的球形储罐，球体下部的球面板比上部稍厚一些。

球形容器的几何形状是对称（于球心）的图形，所以没有圆筒形容器那种“轴向”与“周向”之分。理论与实验证明，球形容器与圆筒形容器相比，当介质压力和直径相同时，球形容器中的最大应力只有相同壁厚的圆筒形容器的一半，因而其壁厚较圆筒形容器薄。在相同容积的情况下，球形容器的表面积较圆筒形容器的表面积小。由于表面积小，使用的板材就少，再加上所需的壁厚较薄，因而制作相同容积的容器，球形容器比圆筒形容器节省材料。

球形容器制造、安装复杂，特别是由于它的焊缝长，所以焊接工作量大，焊接质量要求高，而且作为反应或传质、传热用容器，既不便于在内部安装附件，也不便于内部存在相互作用的介质流动。因此，球形容器主要用于大型液化气体储罐。例如，丙烷、丁烷、石油液化气、天然气、乙烯等，一般采用大型球形储罐储存。

三、容器的焊缝及其无损检验

1. 容器的焊缝

薄壁容器绝大多数是用钢板卷焊而成的，焊缝的质量直接影响着容器的承载能力和使用的安全。根据实际需要可以采用不同的焊缝接头，国家标准规定的接头有对接接头、角接接头、丁字接头、搭接接头 4 种，如图 7－18 所示。其中，对接接头用得最多，且尽可能采用等厚度对接焊。搭接接头在压力容器中是应避免采用的。

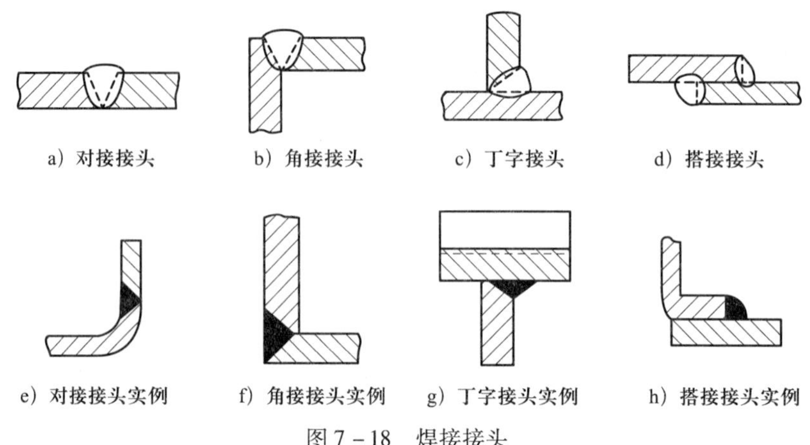

图 7－18　焊接接头

2. 焊缝的无损检验

通常采用无损探伤，检验容器焊缝质量，以排除由于焊接缺陷而造成的力学性能不合格的情况。化工容器焊缝的无损检验，是在焊缝经过外观检查合乎要求后进行的。

常用的焊缝无损检验方法有 X 射线探伤、超声波探伤、磁粉探伤等。

在压力容器的制作或运行过程中，凡经宏观检查或无损探伤发现有不允许存在的焊缝缺陷时，应及时报告技术主管部门，以便技术人员采取返修措施。

思考与练习

1. 内压薄壁圆筒形容器的筒体如何制作？
2. 在制造圆筒形容器时，纵向焊缝和周向焊缝的质量要求有何不同？
3. 球形容器的结构特点有哪些？
4. 内压薄壁容器焊接接头有哪些？
5. 常见的焊缝无损检验方法有哪些？

§7－3　外压薄壁容器

学习目标

1. 了解外压薄壁容器的稳定性及临界压力；

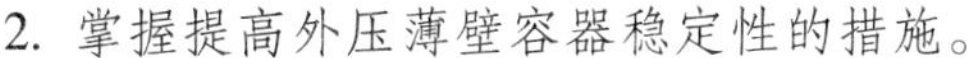

2. 掌握提高外压薄壁容器稳定性的措施。

外压薄壁容器是指外部压力大于其内部压力的薄壁容器。在化工行业中使用的压力容器，大多数承受的是内压力，但也有一些承受的是外压力，如化工原料过滤用的抽滤器、石油分馏用的减压精馏塔、多效蒸发中的真空冷凝器、真空输送设备等。还有一些容器同时承受外压力和内压力，如带夹套的反应釜等。

一、外压薄壁容器的稳定性

当容器承受外压时，壳体突然失去自身原有形状而被压扁或出现褶皱的现象，称为外压薄壁容器的失稳。例如，圆筒形外压薄壁容器失稳时，其壳体瞬间变为曲波形，其波数可能为 2、3、4、5 甚至更多，如图 7－19 所示。

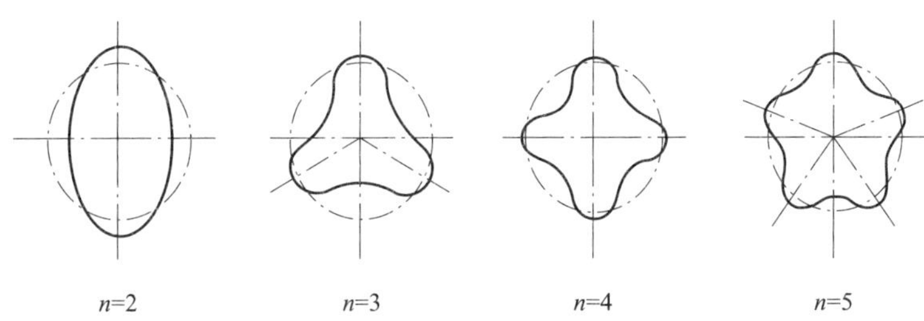

图 7－19　圆筒形外压薄壁容器失稳时的形状

外压薄壁容器的失效主要有两种形式，一种是刚度不够引起的失稳，另一种是强度不够造成的破裂。对于常用的外压薄壁容器，刚度不够引起的失稳是其主要失效形式。

外压薄壁容器的失稳不仅使设备失效，造成经济损失，甚至会导致生产和人身的安全事故。对于常用的外压薄壁容器，失稳往往是因其自身强度不能满足要求导致的。

二、临界压力

导致外压薄壁容器失稳时的最低外压力（筒体的内外压力差）称为临界压力。外压薄壁容器筒体操作时允许的工作外压力一定要小于临界压力，否则筒体就发生失稳。

由于实际的圆筒或管子的截面形状都不是绝对圆的，即存在着圆柱度偏差，因此当操作压力达到临界值的 1/3～1/2 时，它们就有可能被压扁。此外，因操作条件的变化及材料的不均匀性，也会使圆筒实际能承担的外压力比计算的临界压力小。因此，考虑到安全裕度，应取设计压力比临界压力小 m 倍（m 为稳定系数，通常取 $m=3$）。

三、提高外压薄壁容器稳定性的措施

影响临界压力的因素有很多，其中最主要的因素是筒体的厚度（δ_0）、外径（D）、长度（L）和材料的弹性模量（E）。

当 L/D 相同时，δ_0/D 大者临界压力高。而筒体的 δ_0/D 越大，筒体抵抗变形的能力也就越强。

当 δ_0/D 相同时，L/D 小者临界压力高。封头的刚度应比筒体的高，因为筒体在承受外压时，封头对筒体起着一定的支承作用，这种支承作用将随着圆筒长度的增加而减弱。因而圆筒越短，封头的刚性支承作用越明显，其临界压力也就越高。

当 δ_0/D、L/D 相同时，有加强圈者临界压力高。利用刚度较大的加强圈焊在筒体的内壁或外壁上，同样可以起到支承作用，从而提高临界压力。

筒体材料的 E 值大者临界压力高。外压筒体失稳时不是由于材料的强度不够引起的，而是因为材料的 E 值直接影响着临界压力。E 值大者，材料抵抗变形的能力强，即刚度大，临界压力就高。

此外，筒体的圆柱度偏差及材料的不均匀性，均会使其临界压力值下降。

由上面的分析可知：增加筒壁的厚度可提高临界压力，从而增强筒体的稳定性，但会浪费很多材料，特别是用不锈钢等贵重金属制造的外压容器会加大制造成本，造成不必要的浪费。同理，采用 E 值大的高强度钢也可以提高外压薄壁容器的稳定性，但是各种钢的 E 值相差不大。所以提高外压容器稳定性的最好措施是在外压薄壁容器筒体上设置加强圈，以缩短筒体的计算长度，增加筒体的刚性。

加强圈是设置在外压薄壁容器筒体内侧或外侧的具有足够刚性的环状构件。目前，加强圈通常用型钢制成，如工字钢、角钢和扁钢等，其结构如图 7－20 所示。加强圈可设置在筒体内侧或外侧，但应全部围绕在筒体的周围。

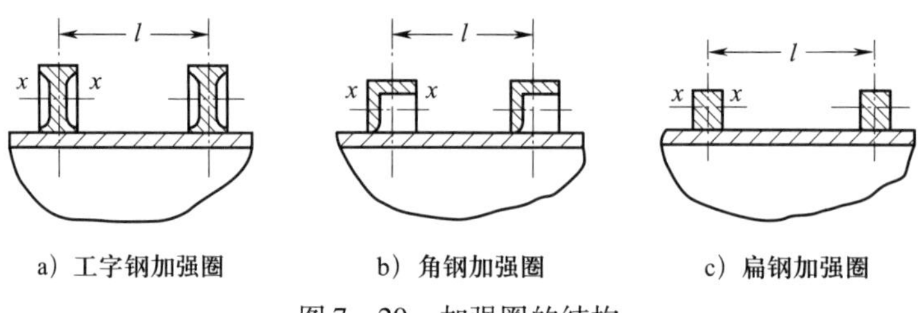

图 7－20　加强圈的结构

思考与练习

1. 什么是外压薄壁容器？
2. 外压薄壁容器的失效形式有哪两种？
3. 什么是临界压力？
4. 提高外压薄壁容器稳定性的措施有哪些？

§7-4 高压容器

学习目标

1. 了解高压容器的结构；
2. 掌握高压容器的密封方式。

随着化学工业的迅速发展，高压技术越来越重要，高压容器也得到了越来越广泛的应用。高压环境下操作可提高化学反应速度，改进热量的回收，并能缩小设备的体积等，如氨合成塔、尿素合成塔、甲醇合成塔、石油加氢裂化反应器等压力一般为 15 ~ 30 MPa，高压聚乙烯反应器的压力在 200 MPa 左右。同时，高压技术也大量用于其他领域，如水压机的蓄压器、压缩机的气缸、核反应堆及深海探测器等。

一、高压容器的结构

如图 7-21 所示，高压容器主要由筒体、筒体端部、封头、密封结构以及一些附件组成。因高压容器的工作压力高，一旦发生事故危害极大，因此，其强度及密封等就显得特别重要。

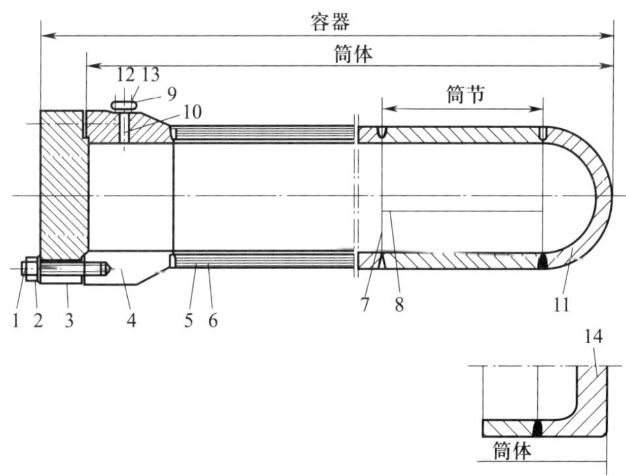

图 7-21 高压容器的结构

1—主螺栓；2—主螺母；3—平盖（顶盖或底盖）；4—筒体端部（筒体顶部或筒体底部）；5—内筒；6—层板层（或扁平钢带层）；7—环焊接接头；8—纵焊接接头；9—管路法兰；10—孔口；11—球形封头；12—管道螺栓；13—管道螺母；14—平封头

与中低压容器不同，高压容器筒体的结构类型很多，根据其加工工艺可分为整体（单层）式和组合式两大类（见图 7－22）。

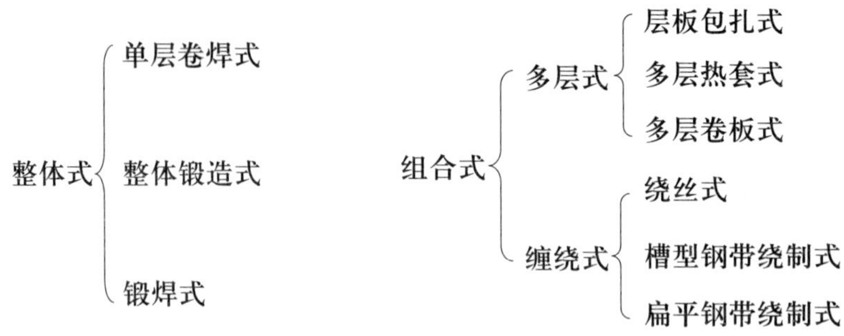

图 7－22　高压容器筒体的分类

二、高压容器的密封结构

密封结构是高压容器的一个重要组成部分，密封的可靠性是决定高压容器能否正常运行的必要条件。由于操作维修和装配等缘故，大多数高压容器及接口管均需要用可拆连接结构，采用可拆连接结构后，如何保证连接口的密封性就成为一个非常重要的问题。

高压容器的密封结构，根据工作原理可分为强制式密封、自紧式密封和半自紧式密封三大类。

1. 强制式密封

强制式密封是完全依靠连接件的密封元件被强制挤压使之变形而达到的密封，即依靠螺栓的预紧力使顶盖、密封元件和筒体端部之间有一定的接触压力，挤压密封垫来达到密封。在操作压力作用下，密封面间的压力下降使垫片回弹，若垫片有足够的回弹能力，则密封能保持良好状态。

（1）平垫密封

平垫密封的结构如图 7－23 所示。这种密封结构与薄壁容器的法兰连接密封基本相同，在连接表面间放有用软材料制成的垫片（圈）。在螺栓预紧力作用下，介质可能泄漏的间隙或孔道被挤压后塑性变形的垫片（圈）材料所填充，因而达到了密封的目的。

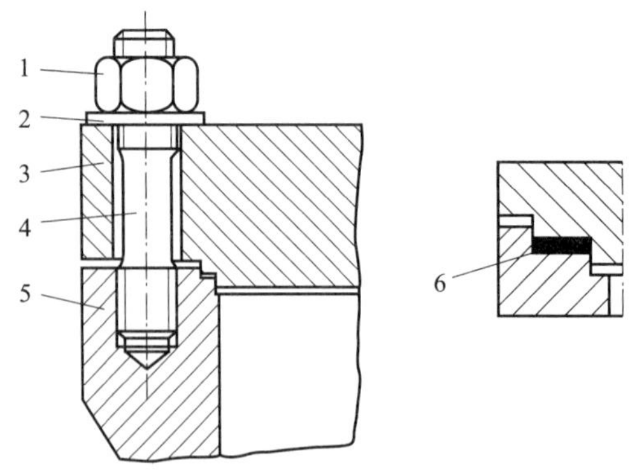

图 7－23　平垫密封的结构

1—主螺母；2—垫圈；3—平盖；4—主螺栓；5—筒体端部；6—平垫片

为了改善密封性能，减小预紧力，一般在密封面上开断面为三角形的 1 ~ 2 条圆环形沟槽，并且尽量使垫片不要过宽。过宽的垫片不仅要求预紧力大，而且密封面不易加工平整，反而影响密封效果。平垫片的位置要尽量靠近筒体内壁，这样即可减少了螺栓的直径和个数，也减小了密封结构的尺寸。为了防止垫片被压紧后向外侧塑性流动，垫片应放在顶盖与筒体端部所构成的密封腔内，如图 7 – 23 所示 6 所指的左右两侧。

平垫密封结构简单、技术成熟，垫片及密封面加工容易，在直径小、压力不高时密封性能良好。但因其所需螺栓尺寸较大，使得它的结构笨重且装拆不便，几乎每次检修都需要更换垫片。另外，平垫密封在压力、温度波动较大时，密封性能较差。

（2）卡扎里密封

卡扎里密封有外螺纹卡扎里密封、内螺纹卡扎里密封及改良卡扎里密封 3 种，其中外螺纹卡扎里密封应用广泛。

如图 7 – 24 所示，外螺纹卡扎里密封用压环和预紧螺栓将三角形垫片压紧来保证密封，密封比压的载荷都是由预紧螺栓承担的。在操作过程中，若发现预紧螺栓有松动现象，可以连续上紧，因而密封可靠。

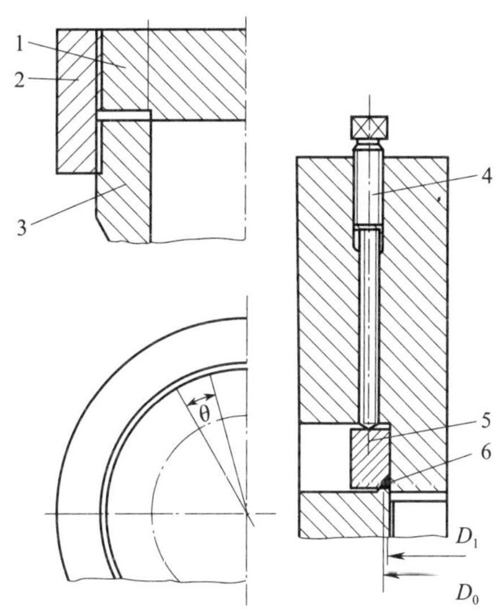

图 7 – 24　外螺纹卡扎里密封

1—平盖；2—螺纹套筒；3—筒体端部；4—预紧螺栓；5—压环；6—密封垫

外螺纹卡扎里密封的优点是装拆方便，且省去了大直径螺栓；缺点是结构较复杂，一般适用于大直径和压力较高场合（$D_i \geqslant 1\ 000$ mm、$t \leqslant 350$ ℃、$P \geqslant 30$ MPa）。

2. 自紧式密封

自紧式密封主要依靠容器内的操作压力压紧密封元件，使连接处达到密封。即密封表面间的压力是由内部介质压力所产生的，在内压力升高时密封表面间的接触压力也随之增加并压紧密封垫，使连接处达到密封，故压力越高，密封性就越好。自紧式密封的预紧螺栓仅须保证初始密封即可，因此所需的连接件比强制式密封所需的连接件小。根据介质压力产生的接触压力的方向，自紧式密封可分为径向自紧式密封和轴向自紧式密封或两者兼有的自紧式密封。

（1）塑性楔形垫密封

如图7－25所示的是一种塑性楔形垫密封，为轴向自紧式密封。其密封垫置于浮动端盖和筒体端部之间，用主螺栓通过压环压紧，密封预紧力靠拧紧主螺栓来达到。工作时，介质压力作用于浮动端盖，使密封垫更加挤紧，从而实现自紧式密封。这样压力越大，密封力也越大，密封性能也就越好。

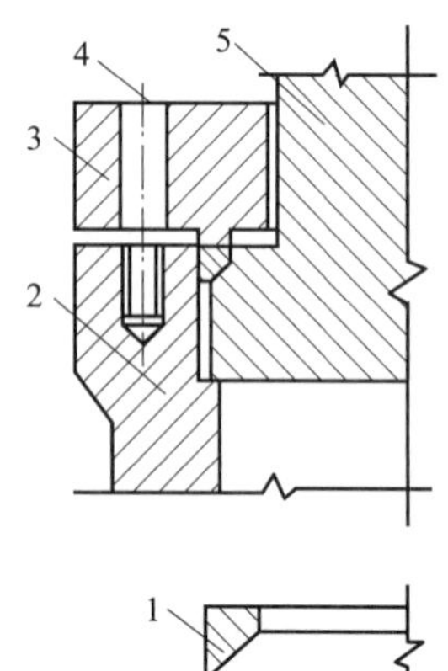

图7－25　塑性楔形垫密封

1—塑性楔形垫；2—筒体端部；3—法兰；4—主螺栓；5—浮动端盖

塑性楔形垫密封的优点是：密封可靠、螺栓预紧力较小；由于顶盖可以自由移动，在温度和压力有波动的情况下仍能保持良好的密封性能。其缺点是：塑性楔形垫在密封过程中易被挤压在顶盖和压环的间隙中，使端盖打开困难；结构较笨重，消耗金属量大；浮动端盖占有一定的高压空间。

塑性楔形垫一般采用软金属，如退火纯铜、工业纯铁、软钢等，适用于压力较高场合（$D_i \leqslant 1\ 000$ mm、$t \leqslant 350$ ℃、$P \geqslant 32$ MPa）。

（2）伍德密封

如图7－26所示为伍德密封，通过拧紧牵制螺栓使顶盖与压垫、压垫与筒体端部之间产生密封预紧力，当内压作用后，顶盖向上移动，使密封压力进一步增大，所以它属于轴向自紧式密封。压垫是用强度比较高的材料制成开有环槽的弹性体，当顶盖受压力、温度波动影响而产生微量的上下移动时，压垫可以相应地伸缩，故其密封性能良好。另外介质作用于顶盖上的轴向力，并不靠螺栓来承受，而是通过四合环作用于筒体端部，故不需要大螺栓，拆卸与安装比较方便。伍德密封的结构比较复杂，筒体端部尺寸太大，顶盖也占有不少高压空间。

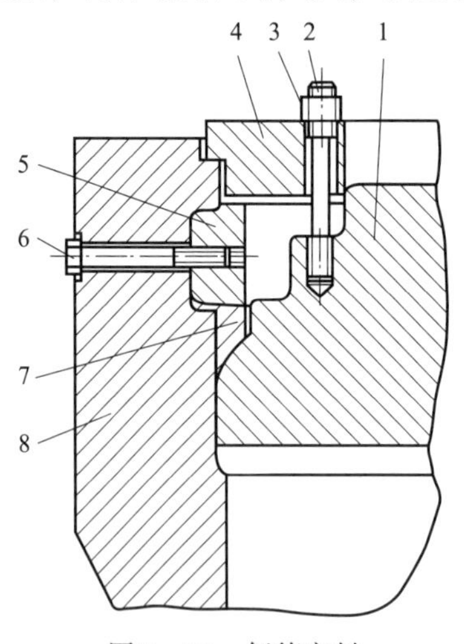

图7－26　伍德密封

1—顶盖；2—牵制螺栓；3—螺母；4—牵制环；5—四合环；6—拉紧螺栓；7—压垫；8—筒体端部

伍德密封适用于 D_i = 600 ~ 800 mm、t≤350 ℃、P≥30 MPa 的场合。

（3）C 形环密封

如图 7 – 27 所示的是一种典型的弹性垫轴向自紧式密封，又称 C 形环密封。它是依靠环的上下两个凸出的圆弧面与端盖和筒体端部的平面形成线接触而达到密封的。预紧时，C 形环受到轴向的弹性压缩，在线接触处产生预紧密封比压。当内压上升时，介质进入 C 形环的内腔，使 C 形环轴向张开，以补偿端盖的轴向位移，并使密封比压随着介质压力的上升而增大，从而达到自紧式密封的目的。

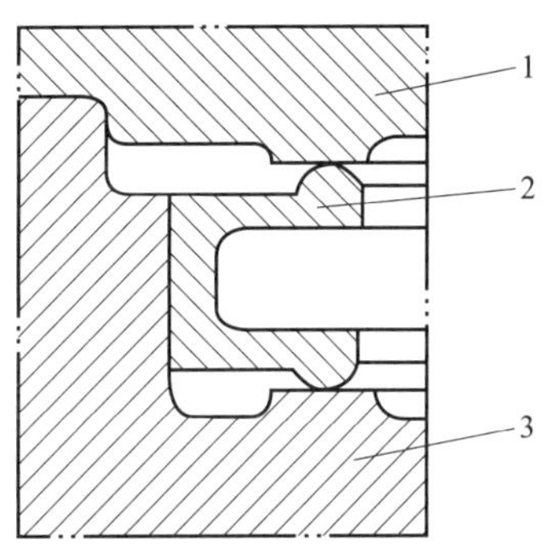

图 7 – 27　C 形环密封

1—端盖；2—C 形环；3—筒体端部

C 形环密封的优点是：预紧力小，结构简单；制造较方便；使用卡箍连接时无主螺栓，装拆方便；密封环能重复使用。其缺点是对密封环及密封槽的加工精度要求高。为了降低密封面的加工精度要求，可在环上下密封面放置软金属（如退火铝等）垫。

C 形环密封的一般使用场合为 D_i = 300 ~ 1 000 mm、t≤200 ℃、P≤32 MPa，目前国内主要用于小型化肥生产厂的主设备（如铜液洗涤塔）上。

（4）O 形环密封

O 形环密封是目前高压容器中新推出的、效果比较好的一种轴向自紧式密封，可用于高温、高压设备上。

目前所使用的金属 O 形环密封有非自紧式 O 形环密封、充气式 O 形环密封和自紧式 O 形环密封三种结构，如图 7 – 28 所示。

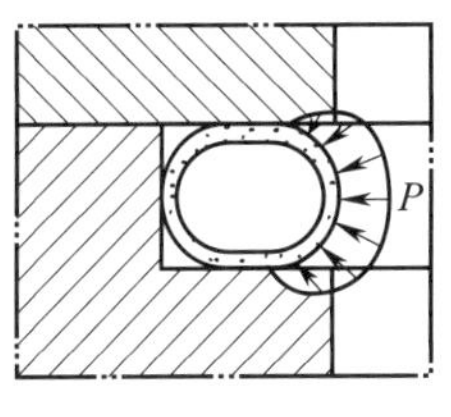

a）非自紧式O形环密封

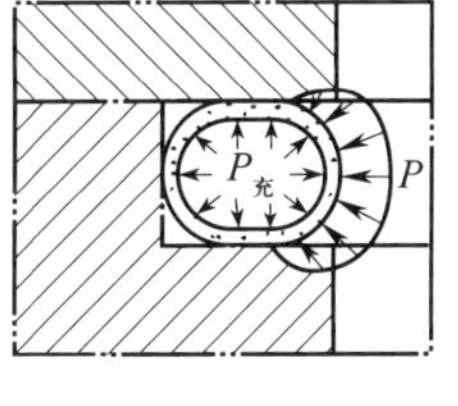

b）充气式O形环密封

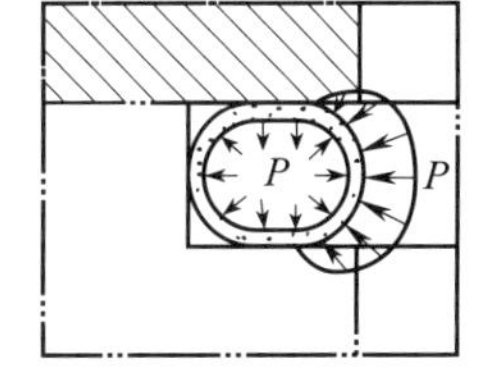

c）自紧式O形环密封

图 7 – 28　O 形环密封

1）非自紧式 O 形环密封是由金属管直接对焊而成，如图 7 – 28a 所示。其密封为线接触密封，在较小的螺栓预紧力作用下，即可达到预紧密封的要求。操作时，依靠O形密封环自身的回弹，以及在工作条件下介质压力对管子一个侧面的作用，使环张开，紧贴密封面而达到密封。非自紧式O形环密封可用于真空、压力较低及有腐蚀性的液体或气体的场合，一般用于 $P<7$ MPa 的压力容器。

2）充气式O形环密封是在环腔内充入一定压力的惰性气体，如图7－28b所示。在工作时，随着温度的升高，使环张开，贴紧法兰密封面，再依靠螺栓拉紧来达到密封的目的。环腔内惰性气体压力一般为 $P=3.5$ MPa、$P=7.4$ MPa、$P=10.5$ MPa，并根据实际情况予以增减。在高温下，金属O形密封环的强度和弹性会降低，但由于高温下环腔内气体受热膨胀获得一定的自紧效果，补偿了高温下材料强度和弹性下降带来的损失，而使密封更加可靠。它常用于高压、高温（400～600 ℃）的场合。

3）自紧式O形环密封是在环内侧钻有若干个小孔（见图7－28c），压力介质可以通入（故环腔内的压力和容器的操作压力相等，因而具有很高的回弹能力，形成良好的轴向自紧式密封），操作时依靠介质压力使环扩张开，依靠螺栓拉紧，紧贴法兰密封面达到密封。这种轴向自紧式密封是金属O形环中承压能力最高的一种结构，适用于高压及超高压场合，最高使用压力可达350 MPa甚至达700 MPa，有时也用于高真空、低温设备上。

3. 半自紧式密封

如图7－29所示的双锥密封是半自紧式密封的典型代表，也是国内外用得比较多的密封结构之一。在密封锥面上放有厚1 mm左右的金属软垫片（现在大多用铝片），当主螺栓拧紧时，软垫片便发生塑性变形，而且双锥环也被迫向内收缩，造成一定的回弹力，从而达到预紧式密封。为了增加密封的可靠性，双锥环的密封面上开有两条半径为1～1.5 mm、深1 mm的半圆形或三角形沟槽，用托环来支承双锥环，以便于装拆，托环用螺栓固定于平盖的底部。

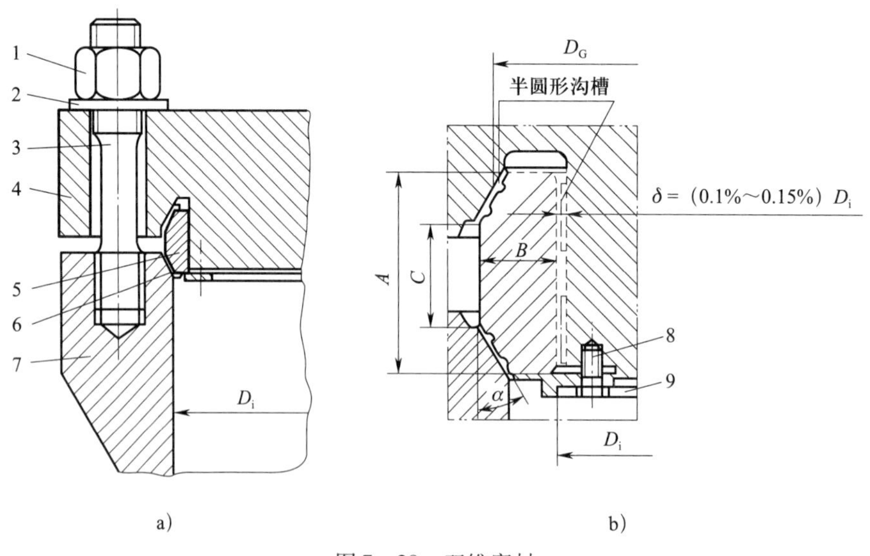

图7－29　双锥密封

1—主螺母；2—垫圈；3—主螺栓；4—平盖；5—双锥环；6—软金属垫片；7—筒体端部；8—螺栓；9—托环

平盖的圆柱面上铣有若干纵向半圆形沟槽，当内压上升时，介质进入双锥环与平盖的环形间隙中，使双锥环向外扩张，增加了密封压力，从而达到径向自紧作用。由于这种密封结构在操作时的密封压力除部分由内压的自紧作用产生外，还有一部分是由垫片的回弹力（是由螺栓预紧力产生的）产生，故称其为半自紧式密封。

双锥密封结构简单，加工精度要求不高，能在较大的压力、温度和直径范围内使用，因密封具有径向自紧作用，故在压力、温度有波动的情况下，仍能保持良好的密封效果。双锥密封所需的螺栓预紧力比平垫密封小。由于这些优点，双锥密封在高压容器中得到广泛的应用。

思考与练习

1. 根据加工工艺，高压容器筒体如何分类?
2. 根据工作原理，高压容器的密封结构的详细分类有哪些?

§7－5 压力试验和致密性试验

学习目标

1. 了解压力试验和致密性试验的目的及方法;
2. 掌握压力试验和致密性试验的过程。

压力容器制成或经检修后，在交付使用前，必须进行检验。这是因为压力容器在制造过程中，从材料选取、加工焊接、组装直到热处理，虽然对原材料和各工序都有检查和检验工序，但因检查方法及范围的局限性，可能存在材料缺陷和制造工艺缺陷。

压力容器的检验技术包括焊缝缺陷的检验、设备结构的检验、压力试验和致密性试验等，以下重点介绍压力试验和致密性试验。

一、压力试验

1. 压力试验的目的

压力试验的目的是验证在超过工作压力条件下，密封结构的严密性、焊缝的致密性以及容器的宏观强度。压力容器必须经过压力试验合格以后才能交付使用。

2. 压力试验的方法及要求

压力试验有液压试验和气压试验两种方法，一般采用液压试验，对不允许有微量残留液体及由于结构原因不能充满液体等不适宜作液压试验的容器，则采用气压试验的方法。对需要进行热处理的压力容器，必须将所有的焊接工作全部完成并经过热处理以后，才能进行压力试验。

3. 试验装置及过程

压力试验前，压力容器的各连接部位的紧固螺栓必须装配齐全、紧固妥当，必须用两个经校正的量程相同的压力表，并装在试验装置上便于观察的部位。压力表的量程为试验压力的2倍左右，但不应低于1.5倍或高于4倍的试验压力。液压试验装置如图7－30所示。

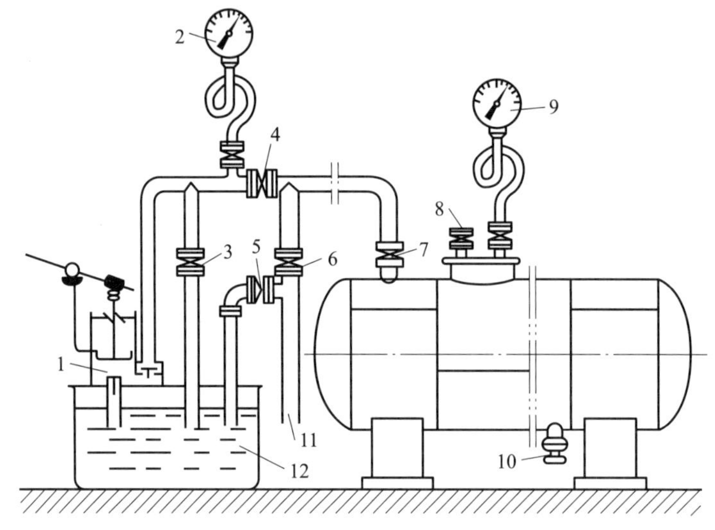

图7－30　液压试验装置

1—水压泵；2、9—压力表；3、4、5、6—阀门；7—进水阀门；8—排气阀门；10—排水阀门；11—自来水管；12—水槽

进行液压试验时，应先打开放空口，充液至放空口有液体溢出时，表明容器内空气已排尽，再关闭放空口的排气阀门。待容器壁温与液体温度接近时缓慢升压至设计压力，确认无泄漏后继续升压至规定的试验压力，保持压力不少于30 min，然后将压力降至规定试验压力的80%，并保持足够长的时间（一般不少于30 min，但不得采用连续加压以维持试验压力不变的做法，也不得带压紧固螺栓）。检查所有焊接接头及连接部位，如发现有渗漏则必须修补后重新试验。

压力容器液压试验时无渗漏、无可见的异常变形，试验过程中无异常的响声即认为合格。

进行气压试验时，应缓慢升压至规定试验压力的10%且不超过0.05 MPa，保持压力5 min后对所有焊接接头和连接部位进行初步泄漏检查，如有泄漏则修补后重新试验。初次泄漏检查合格后，再继续缓慢升压至规定试验压力的50%，然后按每级为规定试验压力的10%的级差逐渐增至规定的试验压力，保持压力10 min后将压力降至规定试验压力的87%，

并保持足够长的时间（一般不少于 30 min，但不得采用连续加压以维持试验压力不变的做法，不得在试验时紧固螺栓），再次进行泄漏检查，如有泄漏则必须修补后再按上述规定重新试验。

气压试验经肥皂液或其他检漏液检查无漏气、无可见异常变形即为合格。

二、致密性试验

致密性试验的目的是检查压力容器可拆连接结构的密封性能及焊缝是否会发生渗漏，包括气密性试验和煤油渗漏试验。

对剧毒介质和设计要求不允许有微量介质泄漏的压力容器，在液压试验合格后还要做气密性试验（气压试验合格的容器不必做气密性试验），气密性试验的试验压力可取设计压力的 1.05 倍。试验时缓慢升压至规定的试验压力后保持压力 10 min，然后降至设计压力，对所有焊接接头和连接部位进行泄漏检查，小型容器也可浸入水中检查，如有泄漏则需修补后重新进行液压试验和气密性试验。

对常压容器或不便采用其他方法检查的容器，可采用煤油渗漏试验来检验其密封性。煤油渗漏试验有时也可作为大型设备的密封性初检手段。

进行煤油渗漏试验时，先将待检面的焊缝清理干净，并涂刷白垩粉浆，待充分晾干后在另一侧面涂刷 2 ~3 次煤油，使表面得到足够的浸润。经过 30 min 后在白垩粉侧的表面如果没有油渍出现，即为实验合格；若出现油渍则说明有缺陷，待修补后重新试验。修补缺陷时，要注意防止煤油受热起火。

思考与练习

1. 什么是压力试验？压力试验的目的是什么？
2. 简述压力容器的液压试验和气压试验过程。
3. 致密性试验的目的是什么？

§7－6 压力容器的安全操作

学习目标

1. 了解压力容器的安全附件；
2. 掌握压力容器的正确使用和管理。

一、压力容器的安全附件

化工生产中使用的压力容器大多数是盛装易燃、易爆、有毒的介质，而且还常伴有化学反应，一旦发生事故，不仅容器本身遭到破坏，往往还会由于内部介质外泄引起二次爆炸、燃烧或毒气扩散等一连串恶性事故。为了保证压力容器安全可靠地运行，除了从根本上消除或减少可能引起事故的各种因素外，装设安全附件是一种有效的关键性措施。

压力容器的安全附件是指安装在压力容器适当部位，起安全保护和监控作用的构件，如超压泄放装置（安全阀、爆破片）、压力表、液面计和测温计等。

本节主要介绍超压泄放装置的作用、类型及特点。

1. 超压泄放装置的作用

压力容器在实际操作过程中，由于某些因素使容器内压力超过容器允许承受的压力，这种现象称为超压。例如：本身不产生压力的容器，由于出口被异物堵塞，或操作失误导致输入气量大于输出气量，使容器压力不断升高而超压；因减压阀失灵致使高压介质直接进入容器内导致超压；反应容器由于化学反应剧烈并失控而导致容器超压；容器装料过量、加温过高或外遇火源、冷凝设备的冷却液中断等使容器内的安全空间减小或气体显著增加造成超压。

为了确保压力容器安全运行，预防由于超压而发生事故，除了从根本上采取措施杜绝和减少可能引起超压的各种因素（如严格遵守操作规程、及时检查自控系统等）以外，还应在容器上装设超压泄放装置，如安全阀、爆破片等，其功能是：当容器在正常的工作压力下运行时，它能保持严密不泄漏；一旦容器内压力超过规定值时，它就能自动开启使容器内的介质部分或全部迅速泄出，并由于高速气流或爆破元件破裂发出较大响声而起到报警的作用。

2. 超压泄放装置的类型和特点

（1）安全阀

超压泄放装置中的安全阀是通过阀瓣的自动开启泄放出流体介质的一种特殊阀门，在压力容器中得到了广泛的应用。安全阀的作用是使压力容器内高于规定的部分压力泄出，一旦压力达到或低于规定的压力，阀瓣便自行闭合，容器仍能正常工作。由于以下原因，安全阀主要用于处理因物理过程而产生超压及允许有微量泄漏且介质黏度不太大的场合：①在安全阀阀瓣与阀座的接触面密封不好时，易产生微量的泄漏；②弹簧式安全阀的压紧弹簧有惯性作用，使阀的开启和闭合出现滞后现象，难以适应急剧化学反应迅速升压所需要的快速泄放要求；③对黏性较大或有结晶体的液体介质，阀瓣有时可能会被黏住而影响自动开启精度等。

要使安全阀经常处于良好的状态，保持其灵敏可靠性能，必须在压力容器的日常运行过程中加强维护和检查。日常维护的主要项目如下：

1）要经常保持安全阀的清洁，防止阀体弹簧等被油垢脏物等黏住或被锈蚀，对安全阀排放管应检查是否被油垢或其他异物堵塞。设置在室外的安全阀，冬季气温过低时应检查有无冻结的可能性。

2）要经常检查安全阀的铅封是否完好，检查杠杆式安全阀的重锤是否有松动、被移动以及外加重物的现象。

3）发现安全阀有渗漏迹象时，应及时进行更换或检修。禁止用增加阀瓣上载荷的方法减除阀的泄漏。

4）安全阀必须实行定期检验，包括清洗、研磨密封面，试验和校正调整等。安全阀定期检验的间隔期可以与压力容器的检验间隔期相同。

（2）爆破片

当两侧的压力差达到预定值时，爆破片就会破裂或脱落泄放出压力介质以达到预防由于压力容器超压而发生事故。爆破片装置精度高、动作迅速、泄放量大，能满足因化学反应过程导致升压爆炸的泄放要求。但由于爆破片破裂后容器操作中断，且爆破片制造质量要求高，所以这种装置一般适用于泄压要求灵敏、介质密封要求严或其他不宜装设安全阀的压力容器上。

（3）组合式超压泄放装置

如上所述，安全阀和爆破片各有优缺点，若将二者联合使用，形成组合式超压泄放装置，可综合它们的优点，弥补它们的缺点，这样既能保证超压泄放又能保证容器在短期内继续操作。具体的组合方式根据不同目的可串联使用，也可并联使用。

二、压力容器的正确使用

1. 启用压力容器，一定要检查各阀门的开关状态，压力表的数值，安全阀、爆破片和报警装置的灵敏性。

2. 在开关进出口阀门时，要核实无误后才能操作。操作要平稳，阀门的开启与关闭应缓慢进行，使容器有一个预热过程和平稳升降压过程，严防压力容器因骤冷骤热而产生较大的温差应力。

3. 压力容器不得超压、超负荷、超温运行，应定时查看压力表、流量表、温度表的读数，注意设备内的工艺参数变化，发现异常应及时调整至工艺控制指标范围以内。

4. 当压力容器的主要受压元件发生裂纹、鼓包、变形，容器近处发生火灾或相邻设备管道发生故障，安全附件失效，接口管管件断裂，紧固件损坏等情况之一时，应立即采取安保措施并及时向有关负责人报告。

三、压力容器运行中经常性检查

压力容器运行中进行经常性检查对设备的定期检修、更新起着至关重要的作用，这类检查的重点内容详见表 7－3。

表 7－3　　压力容器运行中经常性检查的重点内容

检查项目	检查方法	说明
设备操作记录	（1）观察 （2）对比 （3）分析	了解设备运行状态

续表

<table>
<tr><th colspan="2">检查项目</th><th>检查方法</th><th>说明</th></tr>
<tr><td colspan="2">压力变化</td><td>察看仪表</td><td>（1）压力上升可能是因为污垢堆积
（2）压力突然下降可能是因为介质泄漏</td></tr>
<tr><td colspan="2">温度变化</td><td>（1）触感
（2）察看仪表</td><td>（1）注意设备外壁超温和局部过热现象
（2）可能是内部耐火层损坏引起壁温升高
（3）流体出口温度变化可能是设备传热面结垢</td></tr>
<tr><td colspan="2">流量变化</td><td>察看仪表</td><td>开大阀门，流量仍不能增加说明设备可能被堵塞</td></tr>
<tr><td colspan="2">物料性质变化</td><td>（1）目视
（2）物料成分分析</td><td>产品变色、混入杂质可能是因为设备内漏或锈蚀物剥落所致</td></tr>
<tr><td rowspan="5">外观检查</td><td>保温层</td><td>目视</td><td>（1）应无裂口、脱落等现象
（2）外表防水层接口处不得有雨水侵入</td></tr>
<tr><td>防腐层</td><td>目视</td><td>涂料剥落、损坏时要注意检查壁面腐蚀情况</td></tr>
<tr><td>各连接部位的螺栓</td><td>（1）目视
（2）用扳手检查</td><td>应无腐蚀、无松动</td></tr>
<tr><td>主体、支架、附件</td><td>目视</td><td>应无腐蚀、无变形、接地良好</td></tr>
<tr><td>基础</td><td>（1）目视
（2）水平仪</td><td>应无下沉、倾斜、裂纹</td></tr>
<tr><td colspan="2">内部声响</td><td>听音棒</td><td>（1）内件固定点脱落时，常发生振动和异常声响
（2）塔类设备内件松脱或堵塞时，可引起液面变化</td></tr>
<tr><td colspan="2">外部泄漏</td><td>（1）嗅、听、目视
（2）发泡剂（肥皂水等）
（3）试纸或试剂
（4）气体检测器
（5）超声波泄漏探测器</td><td>除检查设备主体及其焊缝外，还要特别注意法兰、接口管、密封、信号孔等处的泄漏情况</td></tr>
<tr><td colspan="2">设备缺陷</td><td>超声无损探伤技术</td><td>根据所发射超声波的特点以及引起超声发射的外部条件，能够检查出发声的地点，即缺陷所在部位，不但能了解缺陷的目前状态，而且能了解缺陷的发展趋势。超声无损探伤技术可以对运行中的压力容器进行连续监视，在预测危险后应立即停止运动，确保安全</td></tr>
</table>

四、压力容器的定期检验

压力容器定期检验就是在压力容器的使用过程中每隔一定的期限，采用各种适当而有效的方法，对其各个承压部件和安全附件进行检查和必要的试验，以便尽早发现问题并予以妥善处理，防止其在运行中发生事故。压力容器的定期检验根据其检验项目、范围和期限分为外部检验、内部检验和全面检验。

1. 外部检验

压力容器的外部检验通常在运行中进行，当发现有危及安全的现象及缺陷时（如受压元件开裂、变形、严重泄漏等），应立即停车。外部检验既是检验人员的工作，也是操作人

员日常巡回检查的重要内容。压力容器的检验人员对容器外部检验应每年至少进行一次。外部检验的主要内容有以下5个方面：

（1）容器的防腐蚀层、保温层及设备铭牌是否完好。

（2）容器外表面有无裂纹、变形、局部过热等不正常现象。

（3）容器接口管焊缝、受压元件及密封结构等有无泄漏。

（4）安全附件是否齐全、灵敏、可靠。

（5）紧固螺栓是否完好，基础有无下沉、倾斜等现象。

2. 内部检验

压力容器的内部检验需要停车进行。通过内部检验，对存在的缺陷要分析原因和提出处理意见，需要检修的应由修理人员修复后再进行复验。压力容器的内部检验应每3年进行一次，但有强烈腐蚀介质、剧毒介质的压力容器检验周期应予缩短；运行中发现有严重缺陷的、制造质量差的及上次检验发现缺陷提出监控要求的，应缩短检验周期。压力容器内部检验的主要内容有以下6个方面：

（1）外部检验的全部内容。

（2）容器内外表面、开孔接口管处有无介质腐蚀或冲刷磨损等现象。

（3）容器的所有焊接接头、封头过渡区和其他应力集中的部位有无裂纹。必要时应采用超声波或射线检验焊接接头的内部质量。

（4）对有衬里的容器，发现衬里损坏有可能影响容器本体时，应去掉衬里对容器作进一步检验。

（5）对腐蚀、磨损等有怀疑的部位应测量其壁厚，并进行强度校核，对可能引起金属金相组织变化的容器，必要时应进行金相和表面硬度测定。

（6）高压、超高压容器的主要紧固螺栓，应进行外形宏观检验，并用磁粉和着色等方法检验有无裂纹。

3. 全面检验

压力容器全面检验的主要内容除了内部和外部检验的项目外，还要进行压力试验，并根据容器的特性确定对主要或全部焊接接头进行射线或超声波无损检验抽查。对压力很低、体积较小且介质为非易燃并无毒的压力容器，经宏观检查和表面检测未发现缺陷，可以不作无损检验抽查。压力容器的全面检验应每6年进行一次，通过全面检验可对设备的技术状况作出全面评价，并确定其能否继续使用。

压力容器检验结束后，检验人员及检验单位应及时整理检验资料、写出检验报告，并将资料和报告纳入被检验压力容器的技术档案。第三类压力容器及当地压力容器安全监察机构规定的其他压力容器，其检验报告还应抄报当地压力容器安全监察机构。

五、压力容器的管理

化工生产是连续性生产，为使设备长周期运转，要对压力容器做好科学管理。压力容器的管理内容主要有以下两大方面：

1. 建立、健全压力容器技术档案

如原始技术资料，使用、检修记录，技术改造、拆迁和事故记录，操作条件变化时应记录下变更日期及变更后的实际操作条件下的运行情况等。

2. 技术管理制度

如厂、车间、班组各级人员的岗位责任制，安全操作规程，事故报告制度，定期检验制度等。

思考与练习

1. 什么是压力容器的安全附件？为什么要设置安全附件？
2. 简述超压泄放装置的类型和特点。
3. 什么是压力容器定期检验？简述压力容器定期检验的内容。

第八章

换热器

在化工生产中，为了工艺流程的需要，常常把低温流体加热或把高温流体冷却，把液体汽化或把蒸汽冷凝成液体，这些工艺过程都是通过热量传递来实现的。我们把进行热量传递的设备称为换热设备，也称热交换器或换热器。换热器是广泛应用的一种化工通用工艺设备，它不仅可以独立使用，同时又是很多化工装置的组成部分。

在化工企业，换热器的投资占总投资的10%～20%，质量为设备总质量的40%左右，检修工作量为总检修工作量的60%以上。由此可见，换热器在化工生产中的应用是十分广泛的，任何化工生产工艺几乎都离不开它。在动力、原子能、冶金、制药、食品、交通、家电等行业，换热器也有着广泛的应用。

§8－1　概述

学习目标

1. 了解换热器的分类；
2. 了解混合式换热器、蓄热式换热器的特点和工作过程；
3. 掌握间壁式换热器的特点和工作过程。

换热器的种类很多，按工艺用途可分为加热器、冷却器、蒸发器、冷凝器、再沸器、废热锅炉等。按传热方式可将换热器分为混合式换热器、蓄热式换热器及间壁式换热器三大类。

一、混合式换热器

混合式换热器又称直接接触式换热器，它是将冷热流体直接接触进行热量交换而实现传热的。例如，常见的凉水塔、喷洒式冷却塔、气液混合式冷凝器等均属这类换热器。

二、蓄热式换热器

蓄热式换热器内部设有蓄热体（一般为耐火砖），操作时冷热两种流体交替通过蓄热体。当热流体通过时，蓄热体吸收了热流体的热量而升温，热流体放出了热量而降温；当冷流体通过时，蓄热体放出热量而降温，冷流体被加热而升温。这样，利用蓄热体来蓄积和释放热量而达到冷热流体换热的目的。蓄热式换热器分为连续型（回转型蓄热式换热器或“热轮”）和间歇型（固定型或阀门切换型蓄热式换热器）两种，其结构如图 8 -1所示。

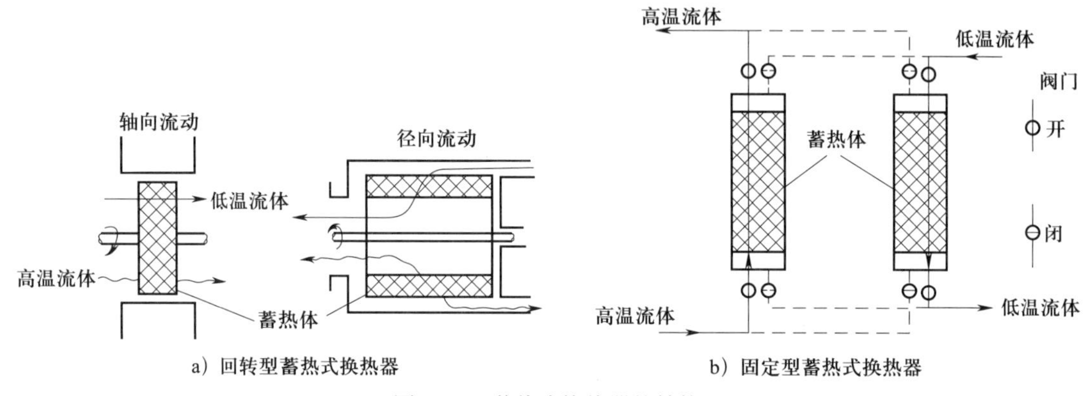

a）回转型蓄热式换热器　　b）固定型蓄热式换热器

图 8 -1　蓄热式换热器的结构

在化工生产中，蓄热式换热器主要用于原料气转化和空气预热。回转型蓄热式换热器的结构特点是连续操作，换热器中的蓄热体一般采用成型板片或金属丝网组装在扇形柜内，其外部由金属壳体密封，并以每分钟 1 ~4 转的慢速转动进行连续换热。固定型蓄热式换热器通过阀门的切换使冷热流体交替通过蓄热体，完成热量传递。

三、间壁式换热器

间壁式换热器在化工生产中应用极其广泛，亦称表面式换热器或间接式换热器。在这类换热器中，冷热两股流体被固体壁隔开，通过固体壁面的导热和对流换热进行热量的传递，参加换热的流体不会混合，传热过程连续而稳定地进行。

根据传热面和传热元件的不同，间壁式换热器又可分为管式换热器和板面式换热器两大类。管式换热器是以管子为传热面和传热元件的换热设备，常用的有列管式（管壳式）、蛇管式、螺旋管式、套管式和热管式等。这类换热器结构简单、制造工艺成熟、适用性强，但传热效率略差。板面式换热器是以平板或成型板作为传热面和传热元件，多用金属板，又称为高效紧凑式换热器，按其结构大体上分为板式换热器、螺旋板式换热器、板壳式换热器和板翅式换热器等。

思考与练习

1. 根据传热方式不同，换热器可分为哪几类?
2. 间壁式换热器是如何实现热量传递的?

§8－2 管壳式换热器

学习目标

1. 掌握管壳式换热器的类型及其结构特点；
2. 掌握管壳式换热器的工作原理；
3. 熟悉管壳式换热器的型号及其代号的含义；
4. 掌握管壳式换热器主要零部件的结构特点和作用。

管壳式换热器具有结构简单、技术成熟、制造容易、适应性强、处理量大、操作方便、运行安全可靠等优点，尤其在高温高压下较其他类型换热器更为适用。因此，管壳式换热器在化工生产中应用非常广泛。

管壳式换热器由壳体（筒体）、管箱、管板（管束）、连接法兰、支座、（管程、壳程）接管、折流板（或支承板）、隔板及波形膨胀节等组成，其结构如图8－2所示。

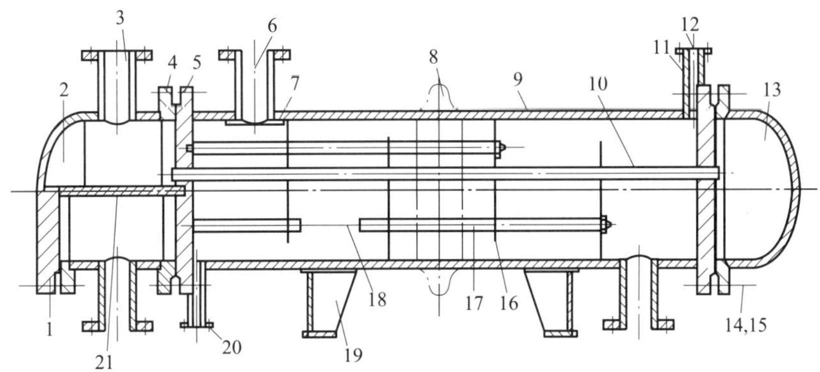

图8－2 管壳式换热器的结构

1—法兰盖；2—管箱；3—管程接管；4—连接法兰；5—管板；6—壳程接管；7—防冲板；8—波形膨胀节；9—筒体；10—换热管；11—排气口；12—垫片；13—封头；14—双头螺栓；15—螺母；16—折流板（或支承板）；17—定距管；18—拉杆；19—支座；20—排液口；21—隔板

一、管壳式换热器的类型

管壳式换热器种类很多，根据结构特点的不同可分为固定管板式换热器、浮头式换热器、填料函式换热器和 U 形管式换热器等。其中，固定管板式换热器又分为带膨胀节的和不带膨胀节的两种。

1. 固定管板式换热器

如图 8－3 所示，固定管板式换热器的换热器、固定管板、壳体刚性地连在一起，在圆柱形壳体内，装入平行的换热器和定距管管束，管束两端用焊接或胀接的方法固定在固定管板上，两块固定管板与壳体直接焊接在一起，装有进口管或出口管的顶盖用螺栓与外壳两端法兰相连接。这种换热器结构简单、紧凑、造价低。但是这种换热器的壳程清洗困难，不易进行机械清洗，特别是当管内外两种流体温差较大时，易产生较大的温差应力，且不能消除，故适用于两种流体温差不大或温差虽大但是壳程压力不高及壳程介质不易结垢的场合。

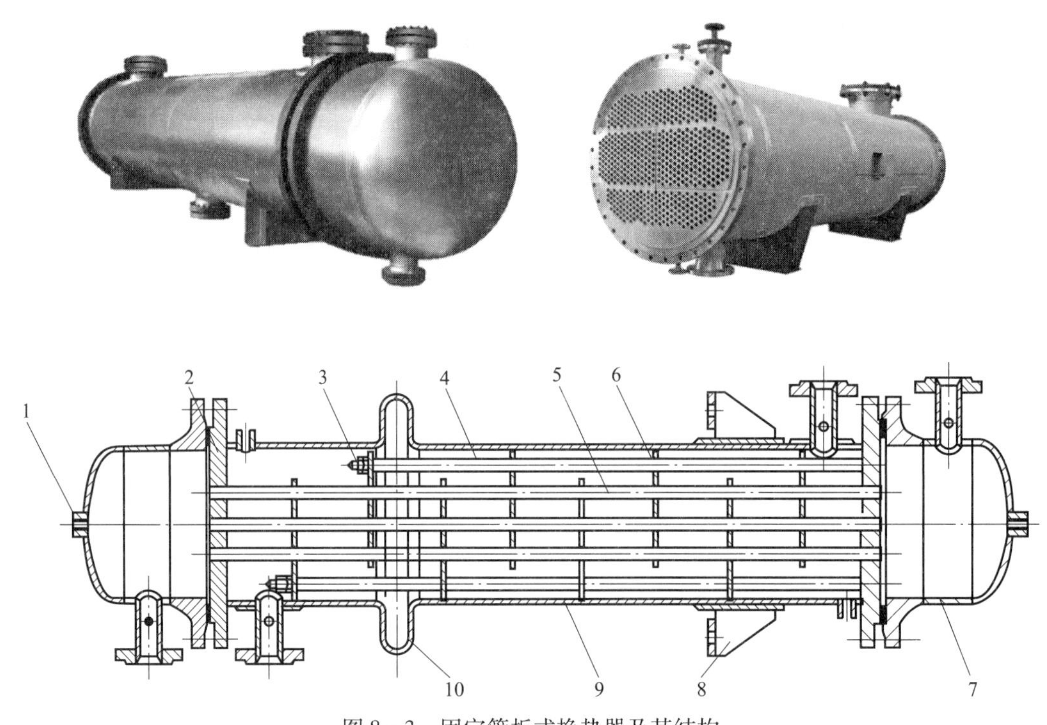

图 8－3　固定管板式换热器及其结构

1—排液孔；2—固定管板；3—拉杆；4—定距管；5—换热管；6—折流板；7—封头管箱；8—悬挂式支座；9—壳体；10—膨胀节

为了克服温差应力，当固定管板换热器的管壁与壳壁的温差大于 50 ℃时，应在换热器上设置温度补偿装置——膨胀节。但是，装有膨胀节的固定管板式换热器也只能在管壁与壳壁温差小于 60～70 ℃和壳程流体压力不高的情况下使用。一般壳程压力超过 0.6 MPa 时，由于膨胀节过厚、刚性太大、难以伸缩而失去温差补偿作用，因此应考虑其他结构的换热器。

固定管板式换热器有单管程与多管程两种结构类型。多管程可以提高管内流体的流速，增加传热效率。多管程固定管板式换热器是在换热器的一端或两端的分配室（或称管箱）内设置一个或若干个隔板，使流体每次只流过换热器中的一组管子，然后回流进入另一组管子，如此依次流过换热器中的各组管子，最后由出口处流出。流体每流过一组管子，称为一管程，流过几组管子就称为几管程。多管程固定管板式换热器的缺点是：管程数多，流体直管摩擦阻力损失和进出口的局部阻力损失都增大；隔板占去较多布管面积，构造复杂；设备的安装、拆卸和清洗比较困难。因此，多管程固定管板式换热器的管程数不能用得过多。

若在管外空间平行管子的方向安装纵向隔板，可以制成多壳程固定管板式换热器。但是由于多壳程固定管板式换热器结构复杂，故一般情况下不宜采用，常用的多为单壳程的。

2. 浮头式换热器

浮头式换热器的一端管板与壳体固定连接，另一端则不与壳体连接，而是用一个较小端盖（或管箱）单独密封，称为浮头，所以这种换热器称为浮头式换热器，其结构如图 8 – 4 所示，其实物分解如图 8 – 5 所示。浮头可在壳体内自由伸缩，不会产生温差应力，因此浮头式换热器能在较高温差和压差条件下工作。由于浮头式换热器的管束可以从壳体一端抽出，管内和管间及壳程的清洗与维修较方便，故可用于易结垢的流体。但是由于浮头式换热器的管束与壳体之间存在着较大的环隙，使得设备的紧凑性差、传热效率低。另外，由于浮头式换热器的浮头管板与浮头盖之间的结构复杂、材料消耗大，造价比相同传热面的固定管板式换热器高 20% 左右。同时因小端盖隐藏在大端盖里面，发生泄漏不易发现，故在使用浮头式换热器时要特别注意小端盖的密封，防止内漏。

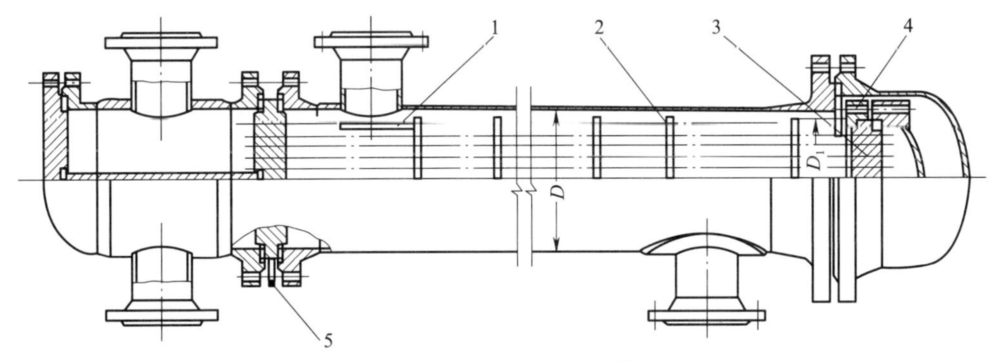

图 8 – 4 浮头式换热器的结构

1—防冲板；2—折流板；3—浮头管板；4—钩圈；5—支耳

3. 填料函式换热器

填料函式换热器是将浮头式换热器的浮头移到壳体边外，浮头与壳体之间采用填料函进行密封，其结构如图 8 – 6 所示。

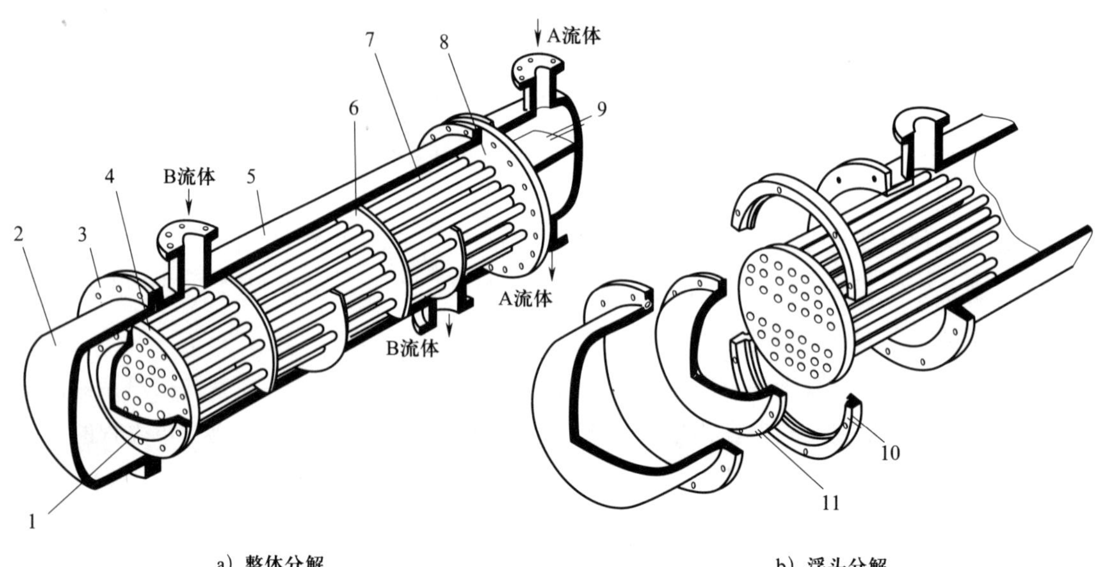

a）整体分解　　b）浮头分解

图 8－5　浮头式换热器的实物分解

1—浮头；2—管箱；3—法兰；4—浮头管板；5—壳体；6—折流板；
7—传热管；8—固定管板；9—分程隔板；10—钩圈；11—浮头盖

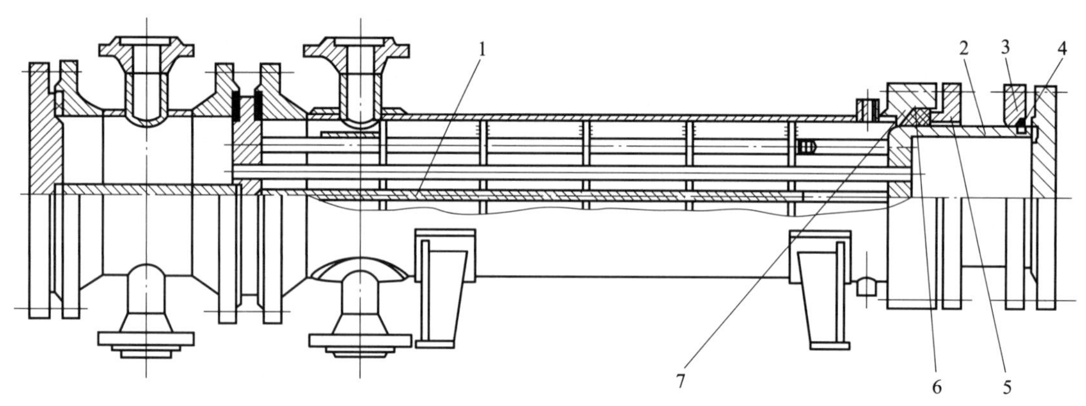

图 8－6　填料函式换热器的结构

1—纵向隔板；2—浮动管板；3—活套法兰；4—部分剪切环；5—填料压盖；6—填料；7—填料函

当管束与壳体之间的温差较大、腐蚀较严重且需经常更换管束时，采用这种结构比较合适，并且其拆卸、清洗和检修都很方便。填料函式换热器结构简单紧凑、造价低，管束可以抽出，管内外可以进行清洗，泄漏容易被发现。但其不耐压、易泄漏，壳程中不能处理易挥发、易燃、易爆、有毒的介质，只能用在低压与要求直径较小的场合，故应用并不广泛。

4. U 形管式换热器

U 形管式换热器及其结构如图 8－7 所示。它的管束弯曲成 U 形，U 形管一端固定在同一个管板上，另一端不固定，可以自由伸缩，所以没有温差应力产生。管内流体为双程，因管束中心有一部分空隙，壳程流体容易形成短路，不利于传热，为此常在壳程加一纵向中间挡板，使两流体呈完全逆流，从而提高了壳程流速。U 形管式换热器的优点是结构简单，只有一个管板和一个管箱且无浮头，节省了制造材料。其缺点是：由于管子呈 U 形，管内清洗困难；管板上排列的管子数比起直管在管板上的排列数要少，因此管束的中心存在空隙，壳程流体易形成短路，对传热不利；管束中的 U 形管一旦泄漏损坏，一般只能将该 U 形管堵上，因为只有管束外围的 U 形管才便于更换；U 形管束由于只有一块管板支承，在相同条件下管板的厚度较厚，且在流体流动中容易产生振动。

U 形管式换热器主要用于管内介质清洁不易结垢且两种介质温差较大或高温、高压的场合。

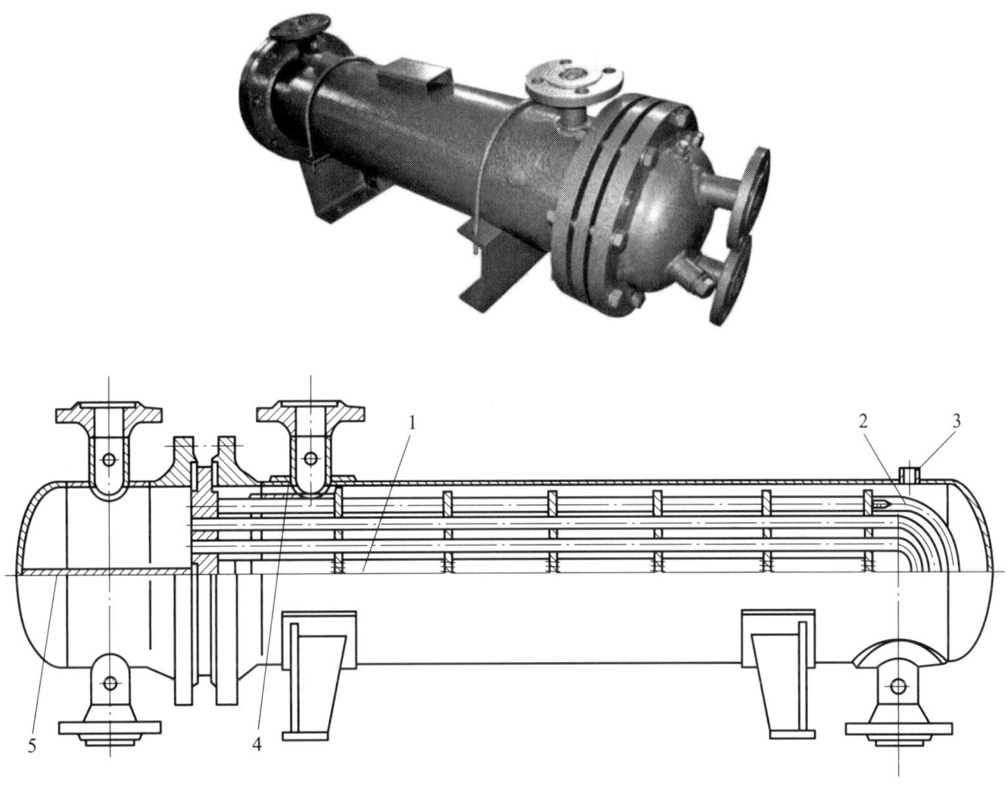

图 8－7　U 形管式换热器及其结构

1—中间挡板；2—U 形换热管；3—排蒸汽口；4—防冲板；5—分程隔板

二、管壳式换热器的型号

我国制定了换热器系列技术标准，标准里规定了各类换热器的基本参数和结构类型等内容，已有标准图纸供制造厂及有关单位使用，这反映了我国换热器设计和制造的水平。

1. 管壳式换热器主要组合部件的分类及代号

管壳式换热器主要组合部件的分类及代号见表 8－1。

表 8－1　　管壳式换热器主要组合部件的分类及代号

前端结构类型		壳体类型		后端结构类型	
A	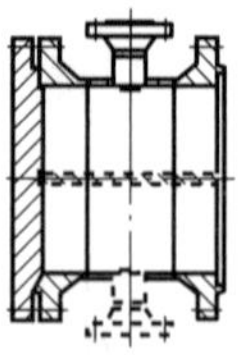 平盖管箱	E	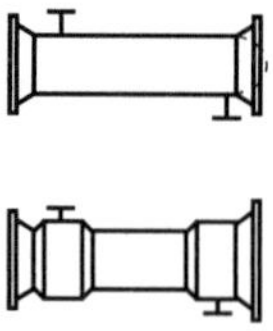 单程壳体	L	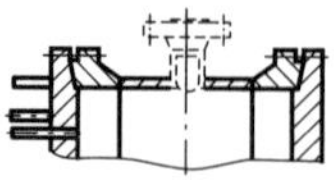 固定管板　与A相似的结构
B	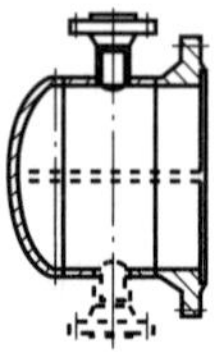 封头管箱	F	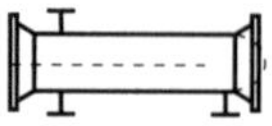 带纵向隔板的双程壳体	M	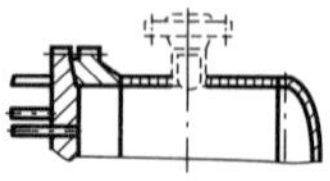 固定管板　与B相似的结构
C	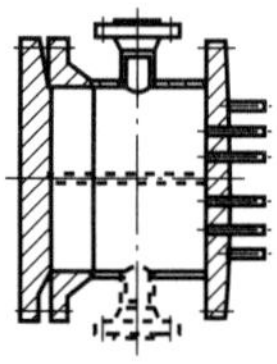 可拆管束与管板制成一体的管箱	G	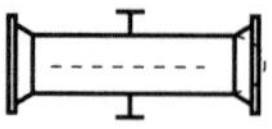 分流壳体	N	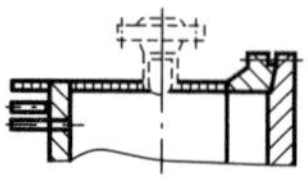 固定管板　与N相似的结构
N	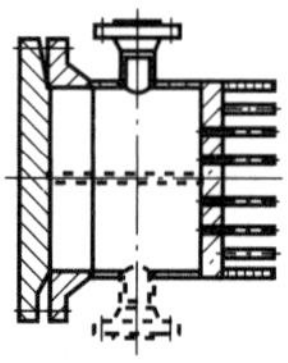 与固定管板制成一体的管箱	H	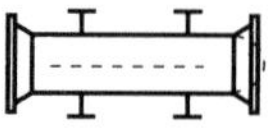 双分流壳体	P	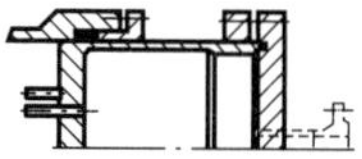 外填料函式浮头
D	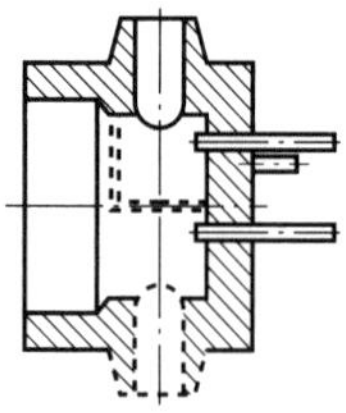 特殊高压管箱	J	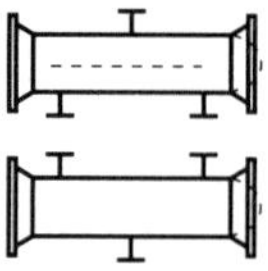 无隔板分流壳体	S	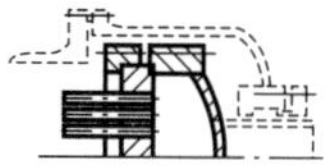 钩圈式浮头
		K	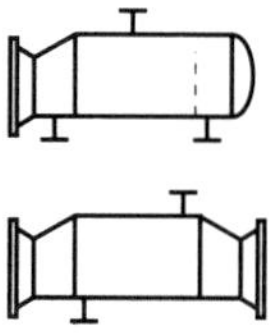 釜式重沸器壳体	T	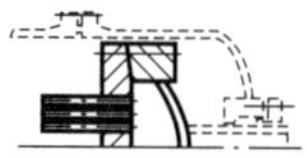 可抽式浮头
		X	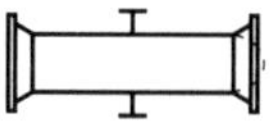 穿流壳体	U	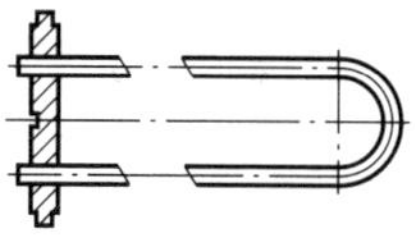 U形管束
				W	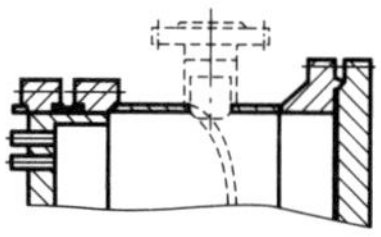 带套环填料函式浮头

2. 管壳式换热器型号

管壳式换热器型号由 7 个部分组成，各部分的含义如图 8－8 所示。

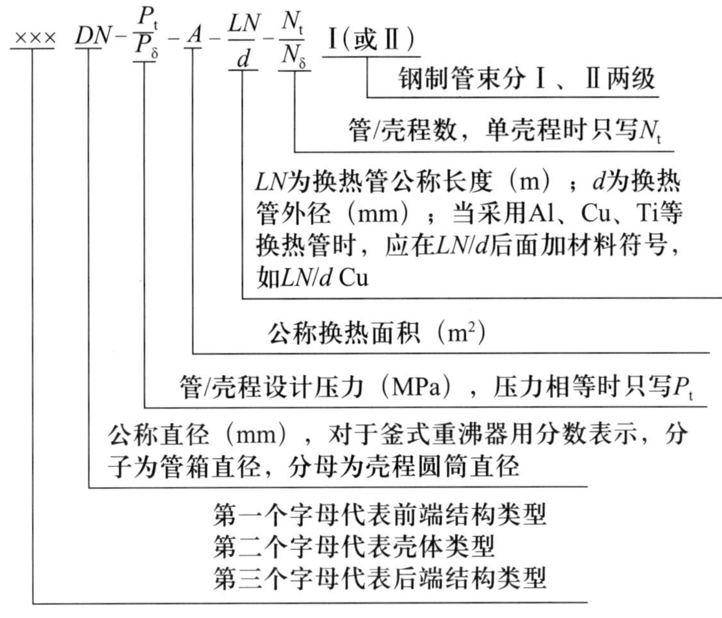

图 8－8　管壳式换热器型号表示方法

例如：

可拆封头管箱，公称直径为 700 mm，管程设计压力为 2.5 MPa，壳程设计压力为 1.6 MPa，公称换热面积为 200 m^2，公称长度为 9 m，换热管外径为 25 mm，4 管程，单壳程的固定管板式热交换器，碳素钢换热管符合 NB/T 47019 的规定，其型号为：

$$\text{BEM700}-\frac{2.5}{1.6}-200-\frac{9}{25}-4\ \text{I}$$

三、管壳式换热器的主要零部件

1. 壳体

换热器的壳体一般为长圆筒形，圆筒的 DN 以 400 mm 为基数，以 100 mm 为进级挡，根据实际情况也可采用 50 mm 为进级挡。当 $DN \leqslant 400$ mm 时，可采用无缝钢管制造。

2. 换热管及其在管板上的排列

（1）换热管

换热管构成管壳式换热器的传热面，其直径和形状对传热有很大影响。选择换热管直径要考虑换热介质在管内的流速、流量、流体的性质（黏度、污浊度）等。为了提高管程的传热效率，通常要求管内的流体呈湍流流动（一般液体流速为 0.3～2 m/s，气体流速为 8～25 m/s），故一般要求管径要小。

若管内流动的是黏度较大的介质，为了减少管内流动的阻力和输送介质的动力消耗，多采用流速较低即管径较大的设计，便于结垢后进行机械清洗。

换热器的换热管一般采用光管。光管结构简单、容易制造，但传热系数较低。为了强化传热效果，可采用异形管（见图 8－9）作为换热器的换热管，常用的有翅片管、横纹管、螺旋槽纹管等。

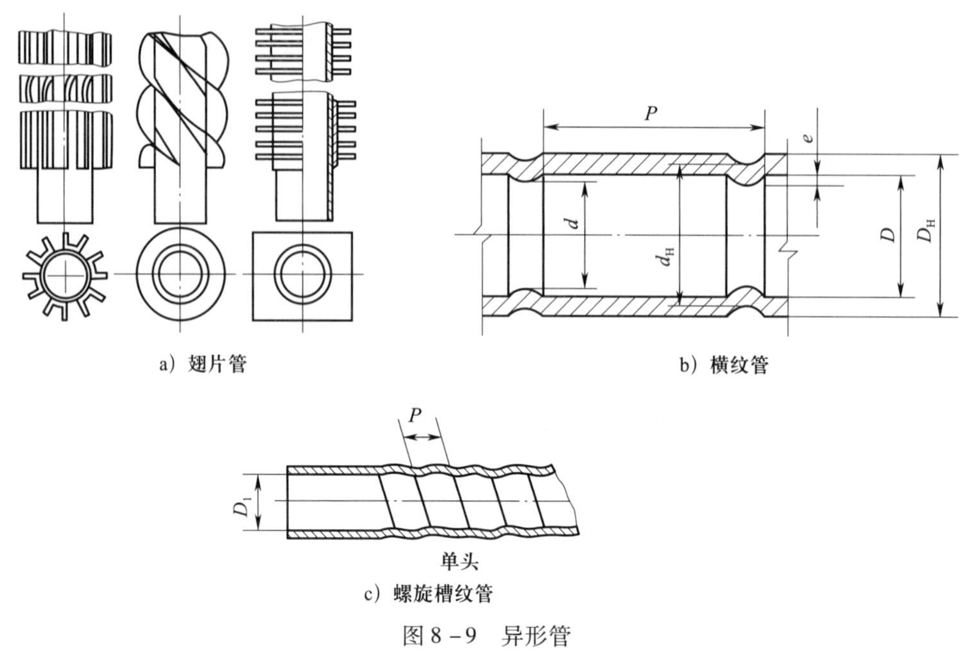

a）翅片管　b）横纹管　c）螺旋槽纹管

图 8－9　异形管

1）装于翅片管管外的翅片有轴向螺旋形或径向螺旋形，如图 8－9a 所示。采用翅片管来提高换热效率是比较经济和有效的。

2）横纹管是在管子上滚轧出与轴线成 90°的槽纹，使管壁内形成一圈圈突起的圆环，当流体经过圆环时在管壁上形成了轴向旋涡，这有利于边界层内热量的传递，如图 8－9b 所示。异形管的截面形状和大小不断发生变化，故而流体也不断改变流动状态，从而减小了边界层厚度，强化了传热效果。

3）螺旋槽纹管是在管子外表面轧出螺旋形凹槽，管内形成螺旋形的凸起，如图 8－9c 所示。流体在管内流动时靠近管壁的部分顺槽旋转，利于减薄流体边界层。另一部分流体顺壁面沿轴向运动时，螺旋形的凸起也使流体产生周期性的扰动，可加快热量传递。与普通光管比较，其传热系数约提高 34%，传热面积节约 30% 左右。

一般翅片管多用于气体的加热和冷却。螺旋槽纹管多用于油的冷却，效果很好，而且管外不易结垢，但制造较难。此外，也可以将换热管制成扁平形、椭圆形、凹凸形等，由于换热管的尺寸变化，流体也在管内不断改变流动状态，这有利于减小边界层的厚度，降低热阻，强化了传热性能。

（2）换热管在管板上的排列

管壳式换热器的换热管在管板上的排列不仅要考虑设备的紧凑性，还要考虑流体的性质、结构设计以及加工制造方面的情况。换热管在管板上排列形式有多种，常用的标准排列形式有正三角形排列、转角正三角形排列、正方形排列、转角正方形排列共 4 种，如图 8－10 所示。

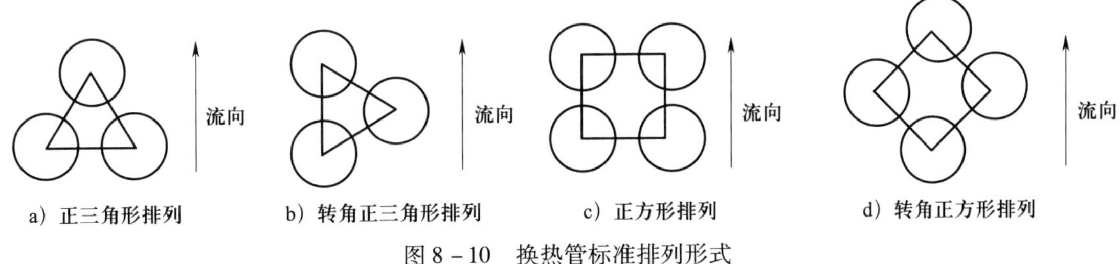

图 8－10　换热管标准排列形式

正三角形和转角正三角形排列，适用于壳程介质清洁及不需要进行机械清洗的场合。正三角形排列在一定的管板面积上可配置较多的换热管，又由于换热管间的距离都相等，在管板加工时便于划线与钻孔。

正方形和转角正方形排列适用于壳程流体浑浊、管外需要进行机械清洗的场合。这种排列形式在一定的管板面积上可排列的换热管数最少，一般在浮头式和填料函式换热器中用得较多。对于多管程换热器，常采用组合排列方法，每一管程中都采用正三角形排列，而各管程之间则常采用正方形排列，其目的是便于安排隔板位置。

3. 管板及其与换热管的连接

（1）管板

管板是管壳式换热器中的重要零部件，它的作用是固定管束，连接壳体和端盖，分隔管程、壳程空间，避免冷热流体的混合等。通用的管板结构为圆形结构。

（2）换热管与管板的连接

换热管与管板间的连接是一个比较重要的结构问题，它是换热器加工制造中的关键工序，又是防止泄漏的重点环节。因此，换热管在管板上的连接方法，必须保证换热管和管板连接牢固、密封可靠。换热管与管板常用的连接方法有胀接、焊接和胀焊结合连接等。

4. 管板与壳体的连接

管壳式换热器管板与壳体的连接结构可分为可拆式和不可拆式两大类。固定管板式换热器的管板与壳体间采用不可拆的焊接连接，而浮头式、U 形管式和填料函式换热器的管板与壳体间则采用可拆式连接。

5. 折流板

为了提高壳程内流体的流速和湍流程度，提高传热效率，在壳程内设置了折流板，可迫使流体按规定路径多次横向流过管束。另外，折流板还能起到支承换热管的作用。

折流板可分为横向折流板和纵向折流板两种。前者使流体垂直流过管束，后者与管束平行，并采用焊接或用螺栓连接的方式固定在壳体上，一般用于 U 形管式换热器上。

常见的横向折流板有弓形和圆盘—圆环形两种。

弓形折流板分为单弓形折流板和多弓形折流板，分别如图 8－11、图 8－12 所示，其中单弓形折流板用得最多。

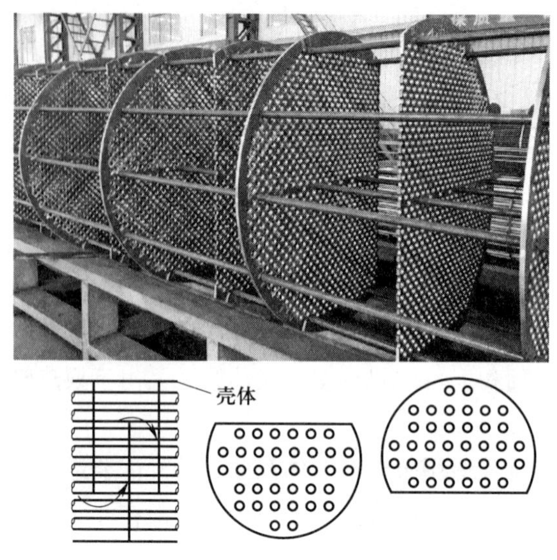

图 8-11　单弓形折流板

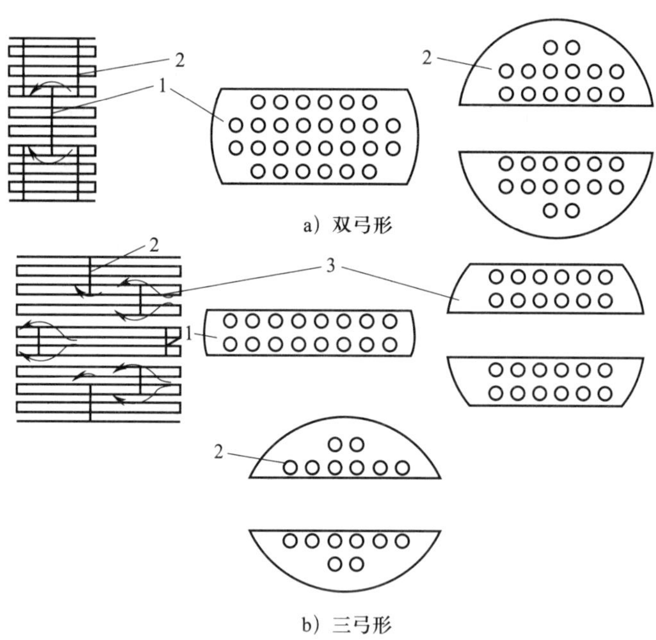

图 8-12　多弓形折流板

1—双缺口板；2—上下弓形板；3—上下半弓形板

圆盘—圆环形折流板由于结构比较复杂，不便于清洗，一般用于压力较高和介质清洁的场合，其结构如图 8-13 所示。

目前采用较多的是弓形折流板。在这种折流板中，流体只经折流板切去的圆缺部分而垂直流过管束，流动中死区较少，结构也简单。

折流板的安装、固定是通过拉杆和定距管来实现的。拉杆是一根两端带有螺纹的长杆，

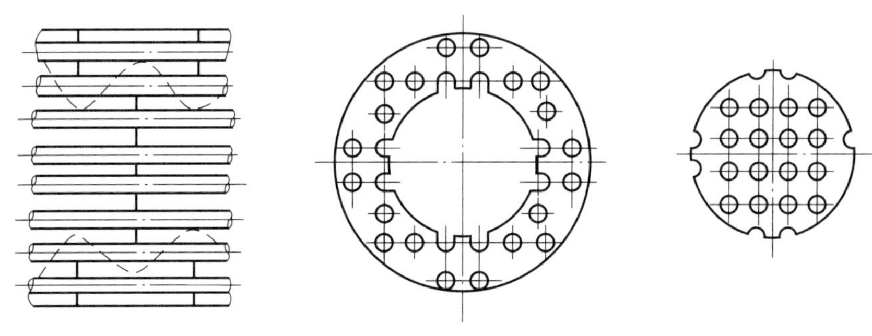

图 8－13 圆盘—圆环形折流板

一端拧入管板，应均匀布置在管束中的合适位置上。折流板就穿在拉杆上，各板之间则以套在拉杆上的定距管来保持板间距离。最后一块折流板可用螺母拧在拉杆端部固定。

6. 管箱

换热器的换热管内流体进出口的空间称为管箱（或称分配室），位于换热器的两端，作用是把从管道输送来的流体均匀地分布到各换热管中，或把管内流体汇集到一起输送出去，还兼有封头的作用。其结构主要以换热器是否需要清洗或管束是否需要分程等因素来决定。

思考与练习

1. 管壳式换热器分为哪几种类型？各有何适用条件？
2. 说明型号 BEM700 $-\frac{2.5}{1.6}-200-\frac{9}{25}-4$ Ⅰ的含义。
3. 如何选择换热管？
4. 换热管在管板上有哪几种排列形式？各用于什么场合？
5. 折流板的作用是什么？它分为哪几种？

§8－3 其他类型换热器

学习目标

1. 了解几种其他类型换热器的结构和适用条件；
2. 了解几种其他类型换热器的工作原理。

一、沉浸式换热器

沉浸式换热器又称沉浸式蛇管换热器，一般用金属管子或非金属管子按需要的形状弯曲，制成适合于不同设备形状要求的蛇管，沉浸在被加热或被冷却介质的容器中。如图 8－14 所示是沉浸式换热器及其常见蛇管的形状。蛇管的材料有钢、铜、银及其他有色金属，还有陶瓷、玻璃、石墨和塑料等非金属材料制成的管。蛇管不宜太长和太粗，否则易造成管内流体流动阻力大、消耗能量多，降低传热效果，而且加工也困难。

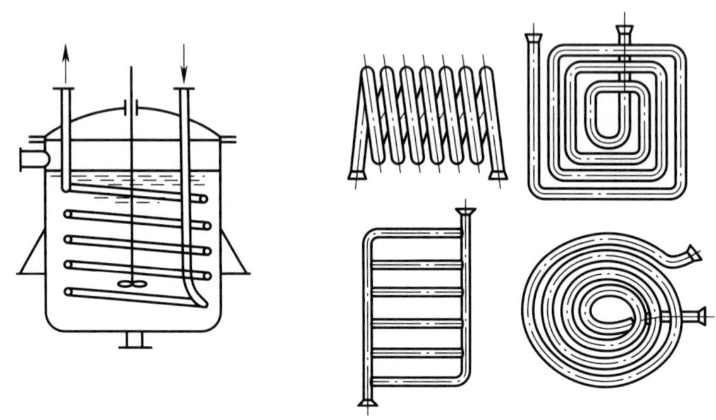

图 8－14　沉浸式换热器及其常见蛇管的形状

沉浸式蛇管换热器结构简单、价格低廉、选材广泛，蛇管可以承受高压，易于操作且便于管理。但其单位传热面金属消耗量大，每平方米传热面积约需钢材是管壳式换热器的 3 倍，加上其体积大、设备笨重，更重要的是传热效率低，故不适于制造大型换热设备。

二、夹套式换热器

夹套式换热器是在容器（反应釜）的外壁安装有夹套，夹套与器壁之间形成的密闭空间为流体的通道，冷热流体的换热是通过容器的壁面进行的，如图 8－15 所示。这种换热器结构较简单，能在物料反应的同时进行换热，省去了另设换热设备的麻烦。加热时，蒸汽由上进入，冷凝液由下管排出；冷却时，冷却水由下管进入，从上管排出。

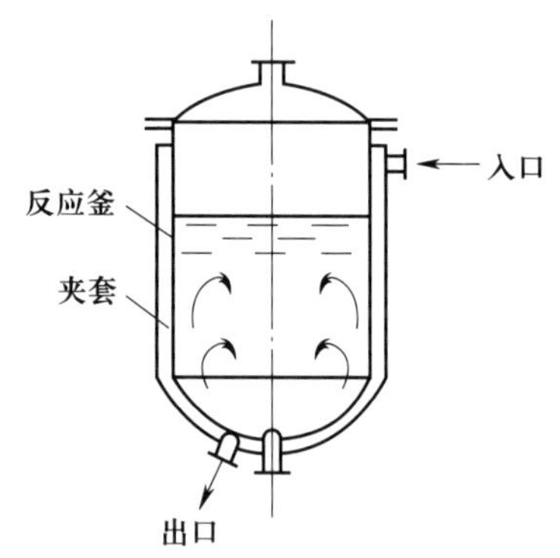

图 8－15　夹套式换热器

由于夹套传热面不大，夹套间隙较狭窄，流体流动速度不大，传热系数不高，因此这类换热器多用于反应过程的加热或冷却。

三、套管式换热器

套管式换热器（见图 8－16）是由两根直径不同的管子套在一起连接成同心圆的套管，每

一段套管称为一程，其内管用U形弯管顺次连接组成，外管之间由管路法兰连接。换热时，一种流体在内管中流动，另一种流体在套管环隙间流动，冷热流体呈逆流方式进行换热。

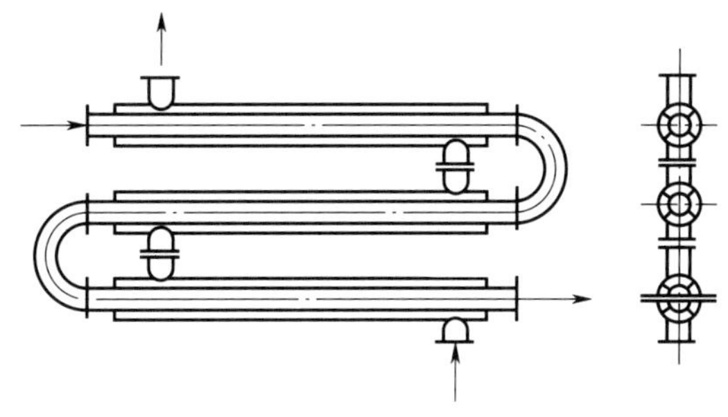

图8－16　套管式换热器

这种换热器结构简单，拆装容易；管数和程数的伸缩性很大，可根据传热需要而添加和拆除；管子能耐较高的压力且管内不易堵塞，便于清洗。又因套管的两个管径可适当选择，以使管内与环隙之间的流体呈湍流状态，故传热效果好，并减小了垢层的形成。但因其接头较多易泄漏，管的环隙清洗困难，所以环隙中的流体以水等无害低压介质为宜。另外，因这种换热器单位传热面的金属消耗量大，约为管壳式换热器的5倍，所以一般只适用于高压场合。

四、喷淋式换热器

喷淋式换热器又称喷淋式蛇管换热器，是用冷却水直接在管外喷淋，使管内流体冷却。这种换热器把若干个直管水平排列于同一垂直面上，上下相邻的管端用U形弯管连接起来，在最上面的管子上有喷淋式装置，冷却水经过喷淋装置均匀地逐管流下，最后集于底槽内排出，如图8－17所示。

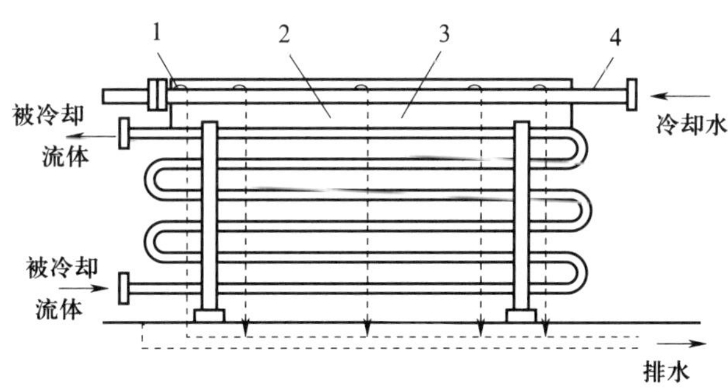

图8－17　喷淋式换热器

1—支架；2—换热管；3—淋水板；4—喷水管

喷淋式换热器一般露天放置在空气流通的位置，使空气参与冷却作用，加速冷却，在相同条件下用水量是沉浸式换热器的一半左右。该换热器结构简单、紧凑，易于制造安装，拆洗、检修都很方便，且成本低。由于其单位传热面积消耗金属量大，约为管壳式换热器材料消耗量的两倍，故而体积也较大。喷淋式换热器多用于气体的冷却或高压流体的冷却和冷凝。

五、板式换热器

板式换热器是一种新型高效换热设备，如图 8－18 所示，由许多较薄的金属板片平行排列而成，金属板片通常压制成断面形状为人字形、平直形、三角形、梯形、波浪形、S 形等多种波形，这种既增强了流体的湍动程度以强化传热，也增加了板的刚度。板的周边放置垫片，不仅起到密封作用，也使板片与板片之间形成一定间隙，从而构成流体通道。板角处的角孔起着连接通道的作用，上下导杆可保证板片定位，通过端板将板片压紧。波形板片材料一般采用不锈钢、铜、铝、铝合金、钛、镍等制造。

a）实物图

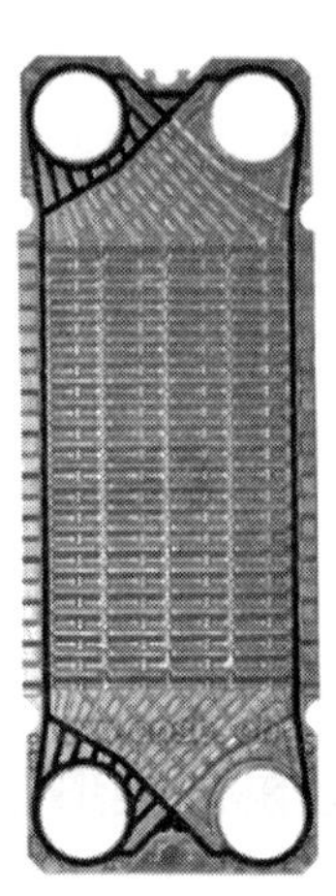

b）金属板

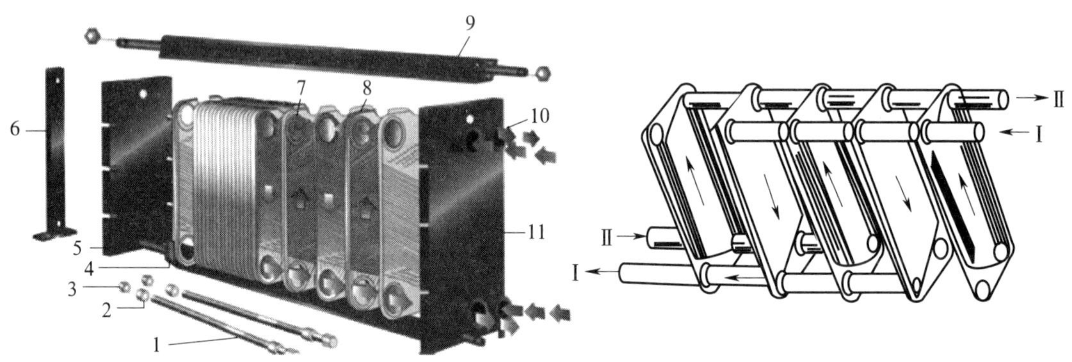

c）结构分解示意图

d）流程示意图

图 8－18　板式换热器

1—螺栓；2—垫圈；3—螺母；4—下导杆；5—活动板；6—支柱；
7—垫片；8—板片；9—上导杆；10—法兰；11—固定板

板式换热器的优点是：结构紧凑，单位体积的换热面积大，适应性强，可通过增减金属板满足所需的传热面积；由于热量损失小，可用于平均温差只有 2 ℃左右的热量回收场合；由于板片间隙小（2～8 mm），物料可以快速从薄层通过，能精确控制换热温度，不会产生过热现象，可实现瞬时加热，特别适用于卫生条件要求高，对热有敏感性或黏度较大的流体。板式换热器的缺点是：由于结构类型的限制，须采用橡胶密封垫，密封周边长而不易密封，承压能力低（≤2 MPa），使用温度（≤180 ℃）受到垫片耐温性能的限制；流道小，易堵塞；流体阻力较大，处理量一般较小。

六、螺旋板式换热器

螺旋板式换热器是用两张平行的薄钢板卷成螺旋形而成，两边用盖板焊死，形成两条互不相通的螺旋形通道，冷热两流体以螺旋板为传热面进行逆流方式换热。两板之间焊有定距柱，以维护流道间距，同时也可增加螺旋板的刚度。在换热器的中心设有中心隔板，使两个螺旋形流道分隔开。在上下两端焊有盖板（或封头）及两流体的出入口接管。这种换热器一般有一对出口设在圆周面上（接口管可分为切向的或径向的），而另一对则设在壳体的轴中心处。根据螺旋通道布置的不同及封盖类型，螺旋板式换热器可分为Ⅰ型、Ⅱ型、Ⅲ型三种结构，如图 8－19 所示。

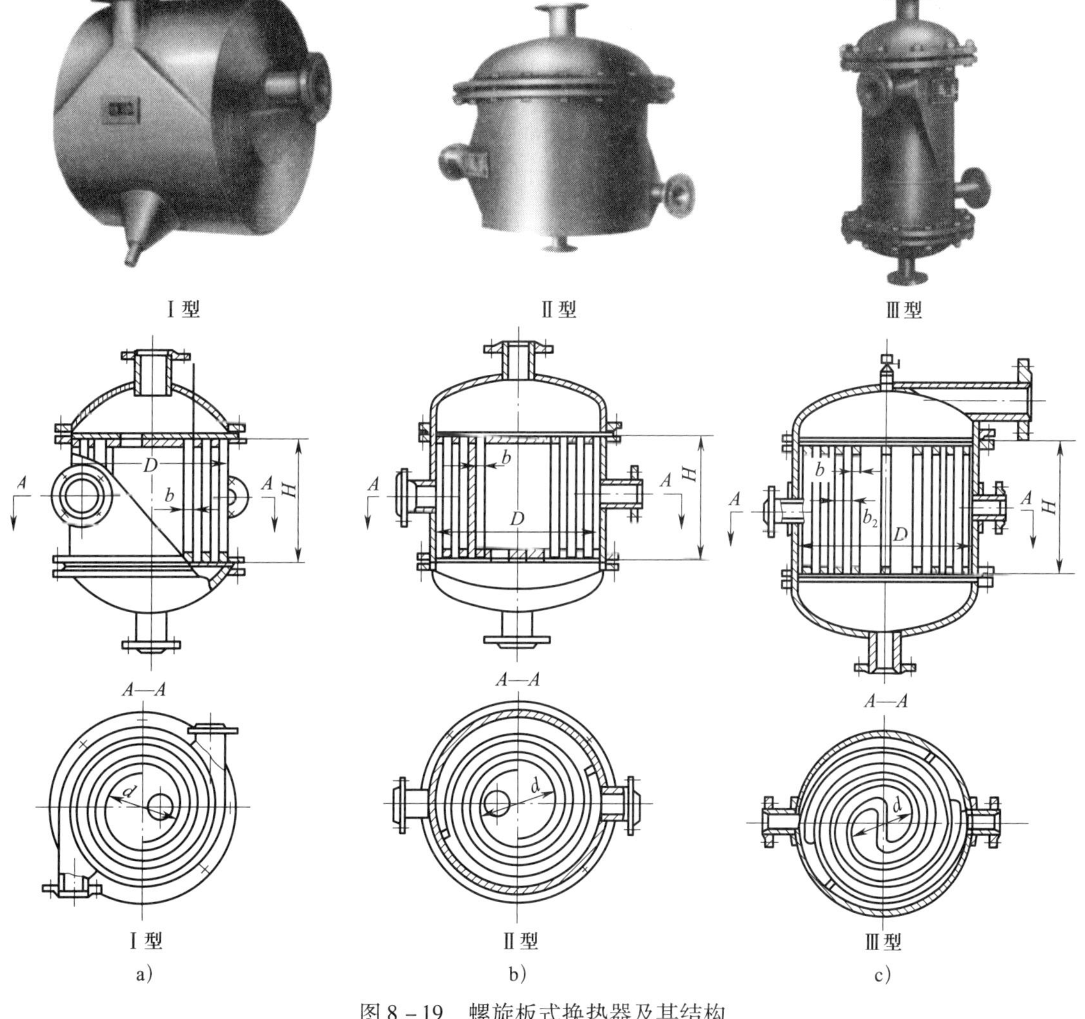

图 8－19　螺旋板式换热器及其结构

1. Ⅰ型结构

Ⅰ型结构的螺旋板式换热器如图 8－19a 所示，两个螺旋通道的两端采用全焊式的密封结构，为不可拆卸结构。两螺旋通道内的流体均在流道中作螺旋流动，通常两流体呈逆流方式流动，即冷却流体从外周流向中心，热流体从中心流到外周，由于流体是在单流道中流动，流体分布情况良好。但是因流道的两侧均被焊死，通道不能进行机械清洗，故只能用化学方法清洗污垢。这种换热器主要用于较清洁流体换热，操作压力一般小于或等于 2.5 MPa。

2. Ⅱ型结构

Ⅱ型结构的螺旋板式换热器如图 8－19b 所示，两个螺旋通道的两端交错焊死，敞开处采用垫片密封，流体在两个流道内按螺旋形流动。因为两个流道都有敞开处，只要打开顶盖即可进行清洗，故该结构为可拆卸结构。这种换热器由于螺旋流道较窄，加上有定距柱，在清洗时仍较困难，因此只用于操作压力小于或等于 1.6 MPa 的场合。

3. Ⅲ型结构

Ⅲ型结构的螺旋板式换热器如图 8－19c 所示，由 4 张平行薄金属板卷焊而成，将一个螺旋通道的两端焊死密封，另一个通道两端敞开。这样在该换热器中，一种流体呈螺旋状流动，另一种流体呈轴向流动。这种换热器适用于两流体的流量相差很大的场合，大流量的流体按轴向流动，常用于气体冷却器、冷凝器或加热器，操作压力应小于或等于 1.6 MPa。

螺旋板式换热器的传热效率高、结构紧凑、体积小，能较准确地控制出口温度，能有效地利用低温热源和流体压头能量，可靠性高、选材容易、制造简单、造价低。但其操作压力和温度不能太高，操作压力一般应小于或等于 2.0 MPa，操作温度为 300～400 ℃。因为整个换热器是卷焊的一个整体，一旦发生中间泄漏或其他故障则很难检修（甚至不能维修）。因流道长，又受定距柱和螺旋流动的影响，流体阻力较大，在污垢沉积严重的场合下不能使用。

思考与练习

1. 试述沉浸式换热器的适用条件。
2. 试述夹套式换热器的适用条件。
3. 试述板式换热器的适用条件。

第九章

塔

进行传质、传热的设备称为塔，是化工生产中必不可少的大型设备。在塔内气液或液液两相可充分接触进行相间的传质和传热，因此在生产过程中常用其进行精馏、吸收、解吸，以及气体的增湿及冷却等单元操作过程。

塔在生产过程中维持一定的压力、温度和规定的气液流量等工艺条件，为单元操作提供了外部条件。塔的性能对产品质量、产量和原材料消耗，以及“三废”处理等环境保护方面都有重要的影响。据统计，一般塔的投资费用占化工装备投资总费用的25%～35%，有时高达50%，钢材消耗占全厂设备总重量的25%～30%。

塔的分类方法很多，如根据单元操作的功能可将其分为吸收塔、解吸塔、精馏塔和萃取塔等，根据操作压力可将其分为减压塔、常压塔和加压塔。目前，最常用的分类是根据塔的内件结构将其分为填料塔和板式塔。

§9－1　填料塔

学习目标

1. 掌握填料塔的总体结构；
2. 熟悉填料的种类和特性；
3. 理解液体分布装置和再分布装置的作用。

填料塔的内部装填有一定高度的填料，液体自塔的上部沿填料表面向下流动，气体作为连续相自塔底向上流动，与液体进行逆流传质，气液两相的组分浓度沿塔高连续变化，即填料塔属连续型的传质设备。填料塔造价低、阻力小，具有良好的耐腐蚀性能。

一、填料塔的总体结构

填料塔由塔体（圆筒、端盖）、内件（填料、支承装置、液体分布装置）、支座（裙座）、附件（人孔、手孔、连接法兰、接管、扶梯、平台和保温层）等部分组成，如图 9-1 所示。

填料塔的塔体是由钢、陶瓷或塑料等材质制成的圆筒，塔内放置有一定高度的填料层，其下部有栅板支承着填料，填料上方放置填料压板以防止填料受气流冲击震动而破碎。为保证液体喷淋均匀，在液体进口处装有液体分布装置。当填料层过高时，可将填料层分段安装，在段与段之间应设液体再分布装置。

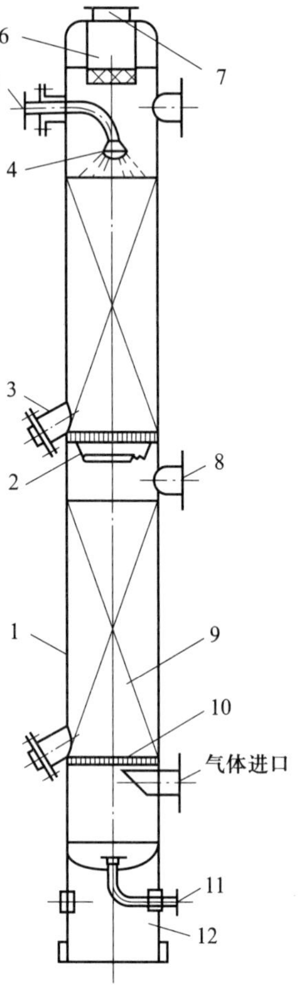

图 9-1　填料塔的总体结构
1—塔体；2—液体再分布装置；3—卸料口；4—液体分布装置；5—液体进口；6—除沫装置；7—气体出口；8—人孔；9—填料；10—支承栅板；11—液体出口；12—支座

二、填料的种类及特性

填料的分类方法很多，常用的分类方法是按填料的堆放形式将其分为散堆填料和规整填料两大类。

1. 散堆填料

散堆填料也称乱堆填料，是具有一定几何形状和尺寸的颗粒体，在塔内以散堆的方式堆积。散堆填料可分为环形、鞍形、环鞍形等。

早期的散堆填料是在塔中填充的碎石、焦炭等不定型物。1914 年瓷拉西环填料的出现，标志着填料的研究和应用进入科学发展时期，人们不断改进填料的形状和结构，以期改进流体力学性能，提高传质效率。散堆填料大体上经历了三代产品的更新换代。

第一代是以几何形状为代表的简单填料，如拉西环填料、弧鞍环填料等。它们是近代散堆填料的原形，已逐渐被各种新型散堆填料取代。

第二代是以鲍尔环填料为典型代表的填料，现在正广泛应用于各种化工分离过程中。

第三代是 20 世纪 70 年代后期开发的各种新型散堆填料，以金属矩鞍环填料为代表，目前正在大力推广应用。

（1）环形填料

1）拉西环及其改进型填料（见图 9-2）。这类环形填料主要包括以下 3 种。

①拉西环填料。如图 9-2a 所示为拉西环填料，是最早开发的一种定型颗粒填料，常用的是外径与高度相等的薄壁圆环。拉西环填料可用金属、塑料、陶瓷、石墨等制成，由于其

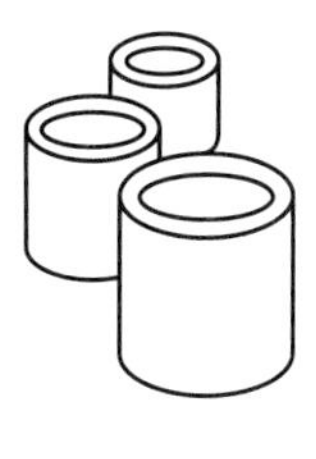

a）拉西环填料

b）θ环填料

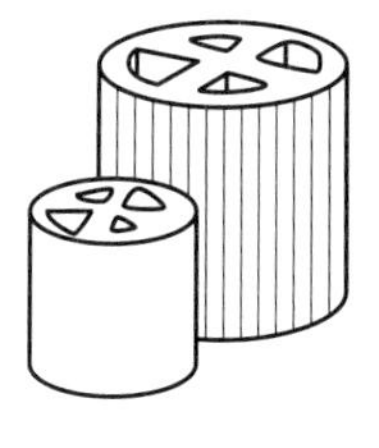

c）十字环填料

d）螺旋环填料

图 9－2 拉西环及其改进型填料

在乱堆填充时填料间容易产生架桥、空穴等现象，影响了填料层液体的流动，从而造成填料层内液体的偏流、沟流、股流甚至严重的壁流现象，恶化了填料层的操作工况，因此目前在生产中已基本被淘汰。

②θ 环填料、十字环填料、螺旋环填料。这类属于拉西环改型，采用增大填料比表面积的办法来提高它的分离效率。如 θ 环填料（见图 9－2b），又称勒辛环填料，是在拉西环填料内加了一个竖直隔板；十字环填料（见图 9－2c）是在拉西环填料内加一个十字形隔板；螺旋环填料（见图 9－2d）是在拉西环填料内加单头、双头或三头螺旋形隔板。以上改进型填料总体性能与拉西环填料相比并没有显著的改善，目前一般很少使用。

③短拉西环填料。这属于拉西环填料的另一种改进型，采用减小高径比的形式。短拉西环填料高径之比为 1∶2，与同直径的拉西环填料相比具有较小的压降和较高的分离效率，但因其综合性能没有超过当时已经发展起来的其他更新型的填料，因此未能得到推广使用。

2）鲍尔环填料。鲍尔环填料于 20 世纪 50 年代在欧洲开始应用，如图 9－3 所示，是针对拉西环填料的一些缺点进行改进而得到的。鲍尔环的周壁开有两层长方形槽，每层有 5 个槽，每槽的叶片一端与环壁相连，另一端弯向环中心，5 个叶片于环中心相搭，上下两层槽孔交错排列，开槽面积占整个环壁面积的 35% 左右。鲍尔环填料的生产材料有金属、塑料和陶瓷等。

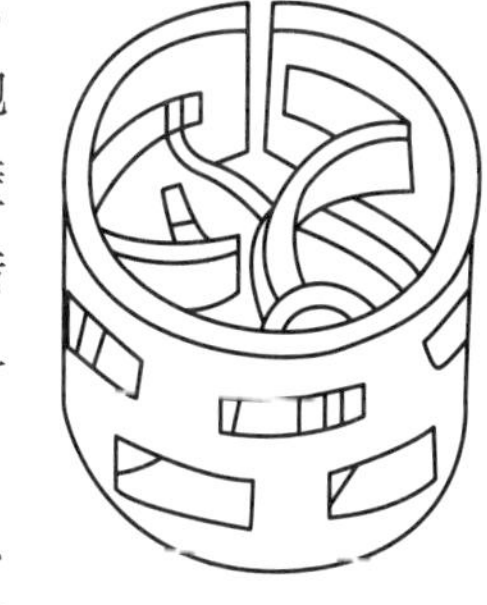

图 9－3 鲍尔环填料

同样材料、同样尺寸的鲍尔环填料与拉西环填料的几何外形尺寸、空隙率、比表面积几乎完全相同，但由于鲍尔环填料在环壁上开有许多窗口，使气液两相能够从窗口自由通过，气液两相的分布较拉西环填料有较大改善；填料环内表面容易被液体润湿，使得内外表面得以充分利用。因此，与同型号的拉西环填料相比，鲍尔环填料不但具有较大的通过能力和较低的压降，而且分离效率明显提高、操作弹性明显增大；一般在同样的压降下，处理能力增加 50% 以上；在同样的处理量下，压降低约 50%。所以，鲍尔环填料的性能全面优于相同尺寸的拉西环填料。

3）阶梯环填料。阶梯环填料是 20 世纪 70 年代初期由英国传质公司开发的一种改进的开孔环形填料，如图 9－4 所示。阶梯环填料从形状上来看，一端为鲍尔环，圆筒部分高度仅为直径的一半，另一端则为喇叭口形。其用材有塑料、金属、陶瓷等。

由于阶梯环填料的侧端增加了翻边，不但可以增加填料环的机械强度，而且由于破坏了

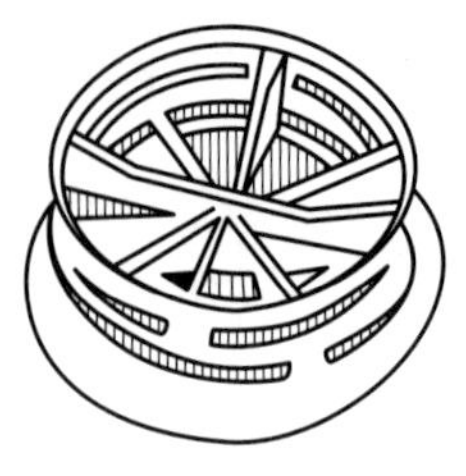
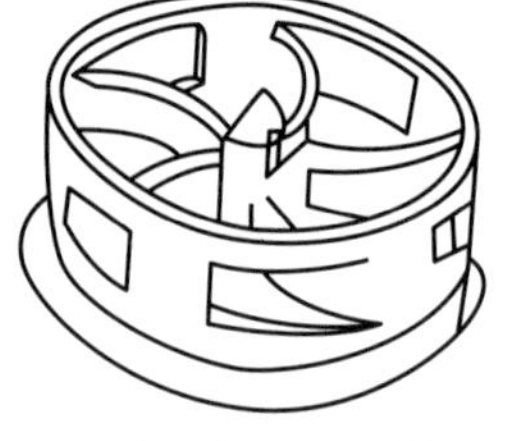

a）金属阶梯环填料　　b）塑料阶梯环填料

图 9－4　阶梯环填料

填料结构的轴对称性，因而增加了填料装放时的定向概率。又由于翻边的影响，使得填料在堆积时，填料环隙之间的接触由以线性接触为主变为以点接触为主。这样，不但增加了填料颗粒之间的间隙、减小气流穿过填料层的阻力，还提高了传质效率。因此，阶梯环填料的性能比鲍尔环填料有了进一步提高。

（2）鞍形填料

1）弧鞍形填料。鞍形填料（见图 9－5）类似马鞍形状，最早出现的为瓷质马鞍形，称为弧鞍形填料，如图 9－5a 所示。这种填料的弧形面使液体易于分散、均匀成膜，故其性能优于拉西环填料。由于其结构对称，装填时容易出现套叠、架桥现象，而套叠会使其一部分表面不能被润湿，架桥容易产生沟流，从而导致填料层中气液流动状况不佳，因此弧鞍形填料已逐渐被矩鞍形填料代替，现已很少应用。

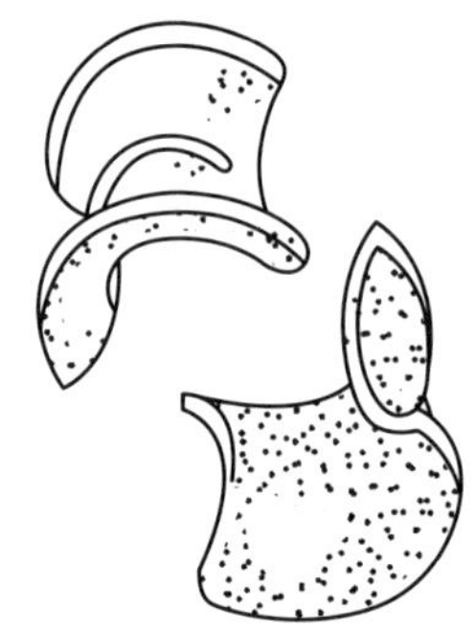

a）弧鞍形填料　　b）矩鞍形填料

图 9－5　鞍形填料

2）矩鞍形填料。矩鞍形填料是在弧鞍形填料基础上发展的一种形状更加敞开的鞍形填料，如图 9－5b 所示。矩鞍形填料与弧鞍形填料相比，主要区别在于其两端为矩形而非圆弧形，上下两面不对称。由于这种不对称性，克服了弧鞍形填料容易套叠的缺点，具有较大的窄隙率，减少了阻力，液体分布均匀。矩鞍形填料可由金属、陶瓷或塑料制成，其中瓷质矩鞍形填料在生产时采用连续挤压成型，造价低，目前在处理腐蚀性介质填料塔中被广泛采用。

（3）环鞍形填料

环鞍形填料是环形填料与鞍形填料的结合体，它巧妙地将开孔环形填料和鞍形填料的优点结合起来，使散堆填料技术进行了又一次突破性发展。环鞍形填料基本分为两大类：一类是以鞍形为基础的结构，如金属矩鞍环填料、纳特环填料、共轭环填料等；另一类是以环形为基础的结构，如半环形填料等。

1）金属矩鞍环填料。1977 年美国诺顿公司开发出了金属矩鞍环填料，如图 9－6 所示，是介于开孔环形填料与矩鞍形填料之间的一种散堆填料。它综合了开孔环形填料和一般矩鞍形填料的结构特点，既有类似开孔环形填料的圆环、环壁开孔和内伸的舌片，又有类似矩鞍形填料的圆弧形通道。

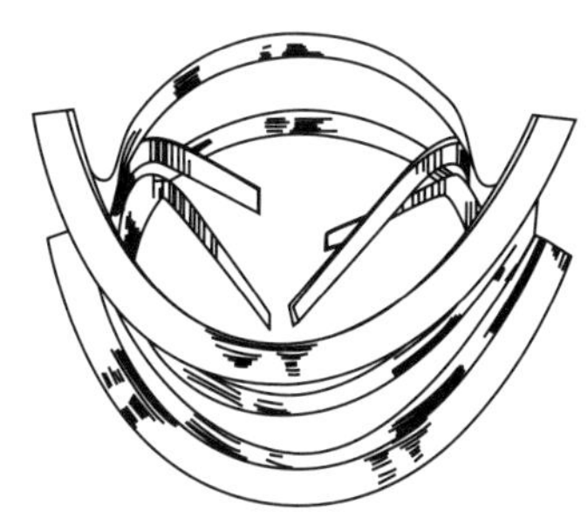

图 9－6　金属矩鞍环填料

金属矩鞍环填料鞍形两侧的翻边结构增加了填料的机械强度与刚度，同时由冲压制成的环形圈也对填料起到了加强筋的作用，整体结构和材质使得它比矩鞍和鲍尔环填料有更高的强度。

金属矩鞍环填料是散堆填料技术发展中的一次突破，具有低压降、高通量、液体分布性能好、传质效率高、操作弹性大等优良的综合性能，在现有散堆填料的使用量上占有明显优势。

2）纳特环填料。纳特环填料是美国纳特公司研究开发的一种环鞍形散堆填料，如图 9－7 所示。这种填料采用薄板冲压制成侧壁开孔的环鞍形，在鞍的背部有一个开有数个圆孔的凸缘加强筋，在加强筋的两侧有两个与鞍反向的半圆环，半圆环的直径一个大、一个小，在鞍的两个侧面各有一个翻边。鞍背的加强筋及两侧的翻边，不仅增加了填料的刚性，而且可以使用较薄的材料制成，减轻了填料的质量。又由于两个反向半环的直径不同，可避免填料堆积过程中的套叠，有利于填料层内液体的横向扩散和液膜的表面更新，可以使填料具有较高的表面利用率，有利于填料层的传质和传热，具有压降低、效率高、通量大等优点。

图 9－7　纳特环填料

3）共轭环填料。共轭环填料是我国华南理工大学研制开发的一种新型散堆填料，如图 9－8 所示。这种填料结合了鞍形填料和环形填料的优点，且结构更加紧凑对称。它相当于将阶梯环填料沿轴向对半剖开，然后将其中的一半倒转 180°连接而成，其中每个半圆形构件中间又有一个半环形筋片。筋片的作用是增大传质表面积，改善传质性能，防止填料堆积过程中的套叠。由于这种填料的内筋呈共轭环状，对称性较高，不会产生沿轴向的重叠现象，在塔内堆放时很均匀，故液体在填料表面能达到均匀分布，促进了气液接触的表面更新，使其具有优良的流体力学性能和传质性能。共轭环填料的流体力学性能和传质性能优于同型号的鲍尔环和阶梯环。

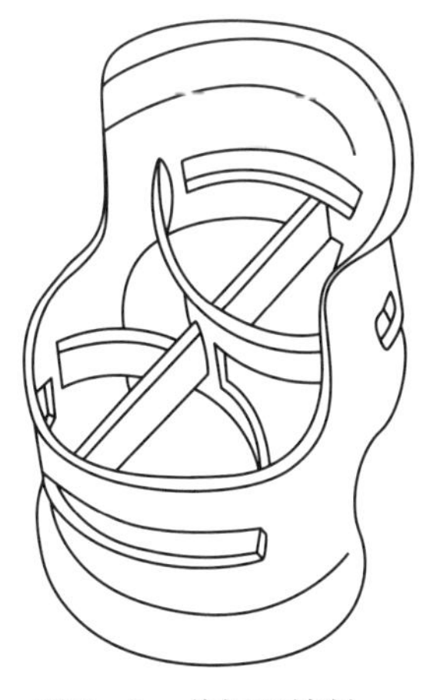

图 9－8　共轭环填料

2. 规整填料

规整填料也称结构填料，是由丝网、薄板或栅格等构件制成的具有一定几何形状的单元体，在塔内规则、整齐地排放。

规整填料是在塔内按均匀几何图形排列、整齐堆砌的填料，它人为规定了气液流路，克服了散堆填料堆放的随机性，减少了沟流和壁流现象，大大改善了填料层内气液两相流体的分布状况，从而具有更为优越的流体力学性能和传质性能。规整填料种类很多，分类方法也很多，根据几何形状可以分为波纹填料、格栅填料、脉冲填料等；根据结构特点可以分为板波纹填料、丝网波纹填料、板网波纹填料等；也可以根据气液流动接触方式分类。规整填料以波纹填料应用最为广泛，其材质有金属、陶瓷、塑料、碳纤维等。以下重点介绍板波纹填料和丝网波纹填料。

（1）板波纹填料

如图 9－9 所示为板波纹填料，这种填料是由若干平行直立放置的薄片波纹组成的填料盘，各层薄片波纹成 30°或 45°角。填料盘的直径略小于塔的内径以便于安装，装填入塔后上下两个盘状填料成 90°角放置，以利于液体重新分布和气液接触。

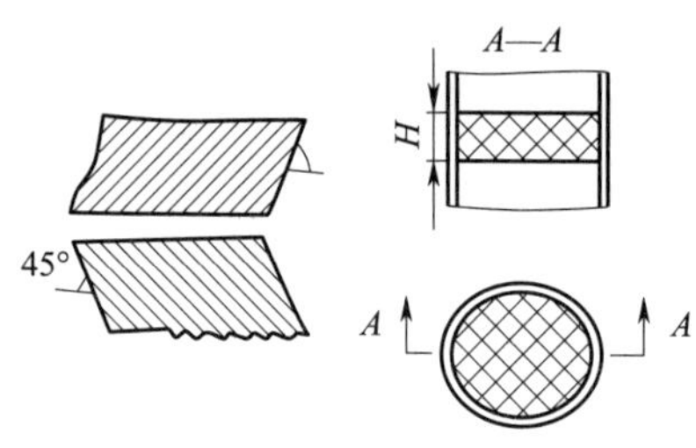

图 9－9　板波纹填料

板波纹填料结构紧凑、比表面积大，压力降较乱堆填料的低，传质效率较高，可用于大型填料塔。其中，直径小于 1 500 mm 的塔可用整体填料盘；直径大于 1 500 mm 的塔采用分块式填料，由人孔运入塔内，然后在塔内组装成盘。填料盘高度一般为 150 ~ 250 mm。根据塔的操作温度和介质的腐蚀情况，波纹板可采用铅、不锈钢、黄铜、蒙乃尔合金、塑料、碳钢等材料制成。

当操作系统有固体析出容易结痂，流体黏度大或不易清洗时，不宜选用板波纹填料。

（2）丝网波纹填料

丝网波纹填料（见图 9－10）与板波纹填料的结构基本相同，不同的是它用丝网代替薄板，比板波纹填料的空隙率和比表面积大，因此其气通量更大，传质效率更高，同时压力降较低、操作弹性大，其丝网波纹可用金属丝或塑料丝制成。目前使用的金属丝网的材质有不锈钢、黄铜、锡青铜、镍、碳钢、蒙乃尔合金等，塑料丝网的材质有聚丙烯、聚四氟乙烯、聚丙烯腈等。金属丝网可制成 θ 形网状（见图 9－10a）和鞍形网状（见图 9－10b）。

a）θ形金属丝网波纹填料

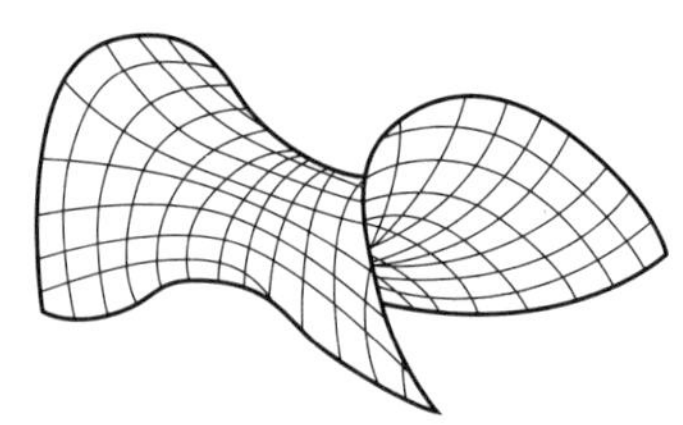
b）鞍形金属丝网波纹填料

图 9－10　丝网波纹填料

丝网波纹填料塔为难分离物体、热敏系物质及高纯度产品的精馏提供了有效的手段，特别适用于精密精馏和高真空精馏操作。

三、液体分布装置和液体再分布装置

1. 液体分布装置

液体分布装置又被称为液体分布器，是向填料层均匀分配液体，使填料表面能全部润湿的一种装置。它应满足以下要求：能均匀分散流体；不易被堵塞；尽可能过流阻力小；结构简单，制造和检修方便等。液体分布装置通常安装在塔顶填料层表面以上 150 ~ 300 mm 处，以便留出足够的空间，让气体受约束地穿过。目前，常用的液体分布装置可分为喷洒型、溢流型和冲击型。

2. 液体再分布装置

液体沿填料向下流动时，由于向上的气流速度不均匀，中心气流速度大，靠近塔壁处流速小，使液体流向塔壁形成壁流，这样会导致液体分布不均匀，降低了填料塔的传质效率。随着填料层的增高，壁流现象加剧，严重时会使塔中心的填料不能被润湿而形成干锥。为了提高塔的效率，填料必须分层，并在结构上采取设置液体再分布装置的措施，使液体流经一段距离后再重新均匀分布。

液体再分布装置的自由截面积，要与填料的自由截面积相当，结构要简单可靠，既能承受气液两相流体的冲击，又能便于装拆。液体再分布装置的设计原理与喷淋装置相同，但在结构上，液体再分布装置比喷淋装置多一个液体收集装置。常用的液体再分布装置可分为分配锥式、边圈槽式、斜板复合式等。

思考与练习

1. 填料塔由哪些部分组成?
2. 简述填料塔的工作原理。
3. 常用的填料有哪些类型?
4. 液体再分布装置的作用是什么?

§9－2　板式塔

学习目标

1. 熟悉板式塔的总体结构和分类；

2. 掌握板式塔主要零部件及其作用;
3. 理解泡罩塔、浮阀塔、筛板塔的工作原理。

板式塔的内部装有一定数量的塔盘，气体自塔底向上以鼓泡或喷射的形式穿过塔盘上的液层，使气液两相充分接触进行传质，气液两相的组分浓度呈阶梯式变化。这说明板式塔属分级接触型的传质设备。板式塔单位时间处理量大、分离效率高、质量轻、造价低、清理检修方便。在化工生产中，当生产量较大时，一般都采用板式塔。

一、板式塔的总体结构

板式塔由塔体（圆筒、端盖、连接法兰）、内件（塔盘、降液管、溢流堰）、支座（裙座、耳架、支承脚）、附件（人孔、手孔、接口管、操作平台、吊柱、保温层）等部分组成，如图 9－11 所示。

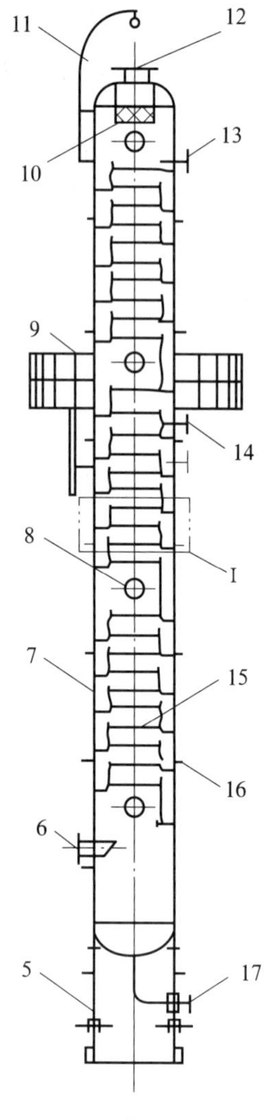

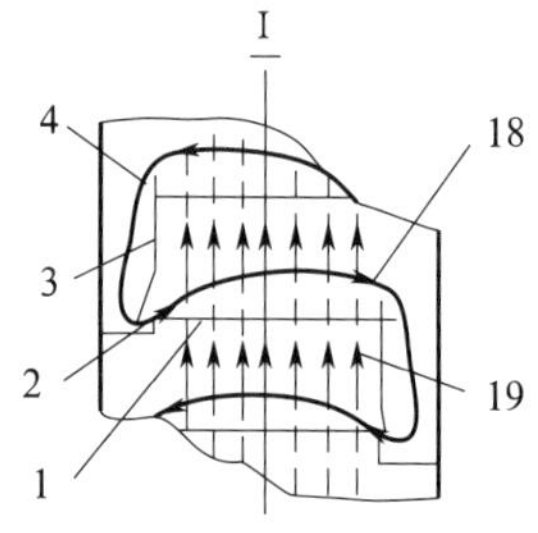

图 9－11　板式塔的总体结构
1—塔板；2—受液盘；3—降液管；4—溢流堰；5—裙座；6—气体入口管；7—塔体；8—人孔；9—扶梯平台；10—除沫器；11—吊柱；12—气体出口管；13—回流管；14—进料管；15—塔盘；16—保温圈；17—出料管；18—液流；19—气流

二、板式塔的分类

根据结构特点，板式塔可分为泡罩塔、筛板塔、浮阀塔、网孔板塔、斜孔塔、垂直筛板塔和旋流塔等。

根据气液两相在塔板上分散与接触状态，可将板式塔分为以下两大类型。

（1）鼓泡型（也称气相分散型）

这种类型的板式塔，气体通过塔板后以小气泡的形式均匀地分散到液层中，气体为分散相，液体为连续相，气速在逐渐增加的过程中，气液两相在鼓泡或泡沫状态下进行物质交换。如泡罩塔、筛板塔、浮阀塔等都属于这一类型。

（2）喷射型（也称液相分散型）

这种类型的板式塔，当塔板处于高气速的操作条件下时，气体为连续相，液体为分散相。受气流动能的作用，液体被喷溅成大量细小的液滴，气液两相在喷射状态下进行接触，传质面积大为增加，也提高了处理量。如垂直筛板塔、旋流塔等都属于这一类型。

三、板式塔的主要零部件

1. 塔盘

塔盘是板式塔完成传质、传热过程的主要部件，根据气液两相在塔板上的分散与接触状态，板式塔的塔盘分为溢流式和穿流式两类。溢流式塔盘有降液管，塔盘上的液层高度可通过改变溢流堰的高度进行调节，操作弹性较大，能保证一定的效率。穿流式塔盘上的气液两相同时通过塔盘上的孔道流动，处理能力较大，压力降小，但是操作弹性和效率较差。本教材只介绍溢流式塔盘的结构。

根据塔盘的结构，塔盘可分为整块式和分块式两种。将塔径用 D_i 表示，当 $D_i \leqslant 800$ mm 时，采用整块式塔盘；当 $D_i \geqslant 900$ mm 时，因人可进入塔内安装、检修，可采用分块式塔盘；当 $D_i = 800 \sim 900$ mm时，可根据制造、安装的具体情况，选择两种之一。

对于不同类型的板式塔，塔盘结构有所差别。一般而言，溢流式塔盘由装有泡罩、浮阀或开有筛孔、网孔的塔盘板（塔板）、降液管、受液盘、溢流堰、支承圈和支承梁等组成。两块塔盘之间的距离是由工艺计算出来的雾沫夹带量、气液相负荷量等参数来确定的。塔盘之间的距离要适当，太小易产生液泛与雾沫夹带，太大则使塔高增加。在塔的上部，第一块塔盘与塔顶之间要留有较大空间，以利于气液分离或安装除沫器。在塔的下部，最下一块塔板与塔底之间也要留下足够空间储存液体或安装加热管（或隔板）等。对于开有人孔，装有进料管或出料管处的两块塔盘之间，应留有较大空间以便安装和检修。

（1）整块式塔盘

采用整块式塔盘的板式塔由若干个塔节组成，每个塔节中安装若干层塔盘，塔节之间用法兰和螺栓连接，如图 9－12 所示。

整块式塔盘由整块式塔板、塔盘圈和带溢流堰的降液管等组成。

（2）分块式塔盘

对于直径较大的板式塔，为了增加塔盘刚度，方便塔盘的制造、安装和清洗，可采用分块式塔盘。对丁安装分块式塔盘的板式塔，塔身不分塔节，为焊制的整体圆筒，塔板分成数块，通过人孔送入塔内，装在塔盘固定件上。

分块式塔盘根据塔径大小，又分为单溢流型塔盘和双溢流型塔盘。当 $D_i = 800 \sim 2\,400$ mm 时，采用单溢流型塔盘；当 $D_i > 2\,400$ mm 时，采用双溢流型塔盘。

分块式塔盘的塔板根据装配位置和作用不同，分为矩形板、通道板和弓形板。两块弓形板靠近塔壁，通道板设置在塔盘中间，便于安装和维修，其他的为矩形板。

矩形板有自身梁式和槽式两种。通道板为平板结构无自身梁，通常放置在矩形板和弓形板上，从拆卸方便的角度考虑，每

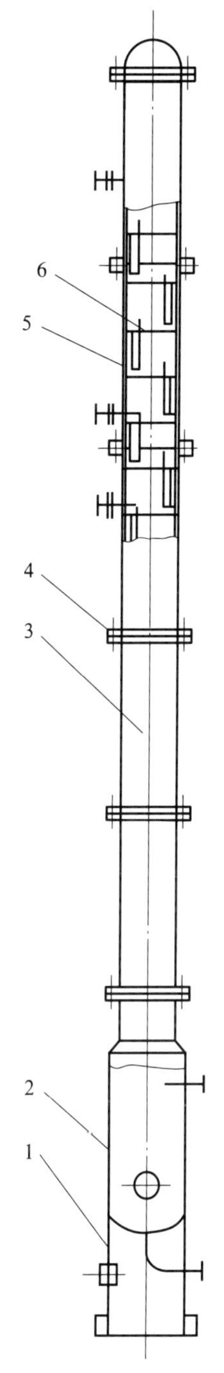

图 9－12　带有整块式塔盘的板式塔的总体结构

1—裙座；2—塔釜；3—塔节；4—法兰；5—筒节；6—整块式塔盘

块通道板不宜超过 30 kg；为了便于采光和通风，各层通道板最好设置在同一垂直位置，如果不设通道板，也可用一块矩形板代替。弓形板的弦边可作为自身梁，其长度与矩形板相同，弧边直径与塔径和弧边至塔壁的间隙有关。

2. 降液管

降液管（见图 9－13）的作用是将进入其内的含有气泡的液体进行气液分离，使清液进入下一层塔盘。常见的降液管有圆形和弓形两种。圆形降液管如图 9－13a 所示，常用于小塔，特别是负荷小的场合；弓形降液管如图 9－13b 所示，适用于大液量及大直径的塔；对于用整块式塔盘的小直径塔，也可采用固定在塔盘板上的弓形降液管，如图 9－13c 所示。

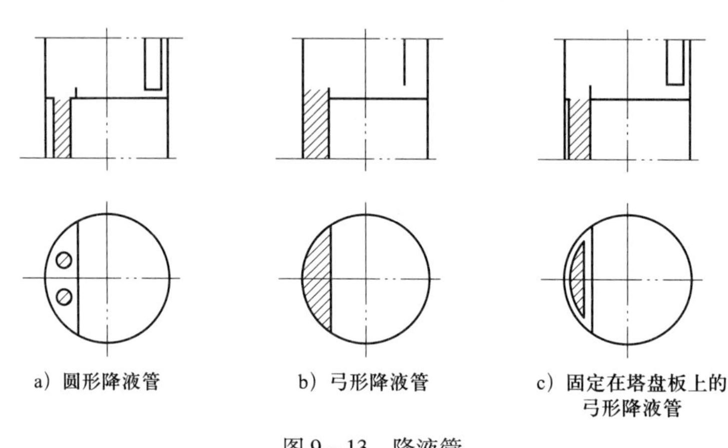

图 9－13　降液管

3. 受液盘

受液盘的作用是保证降液管出口处的液封，有平形和凹形两种。

（1）平形受液盘

平形受液盘（见图 9－14）结构简单，便于制造与安装，适用于易结焦和易聚合的物料，可避免塔盘上形成死角。

（2）凹形受液盘

凹形受液盘（见图 9－15）具有减缓液体冲击、防止液体飞溅、液封效果好、能使液体均匀流过塔盘的鼓泡区的优点，目前得到较广泛的应用。凹形受液盘的深度一般为塔盘间距的 1/3。

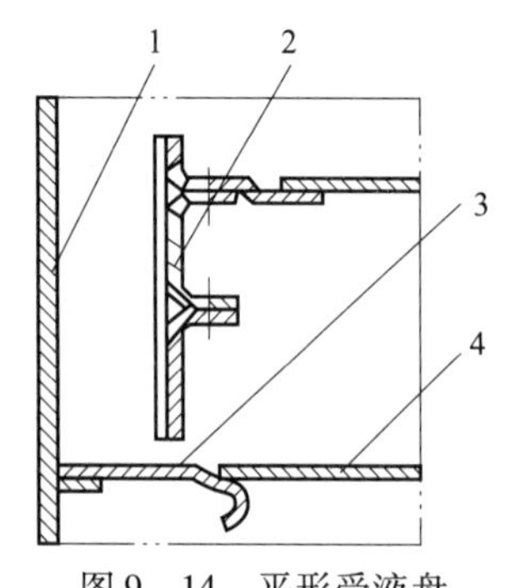

图 9－14　平形受液盘

1—塔体；2—降液管；3—受液盘；4—塔板

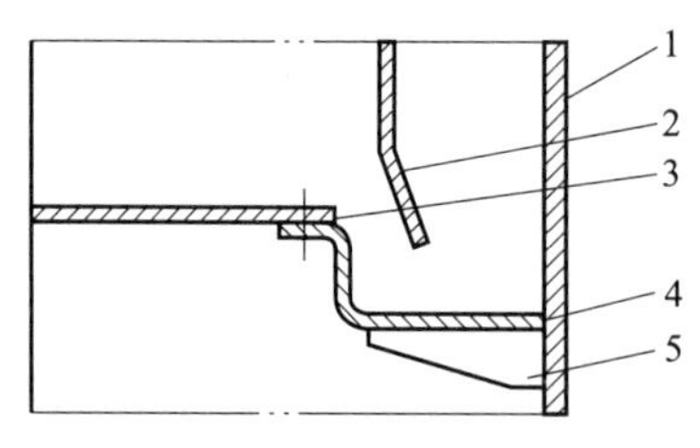

图 9－15　凹形受液盘

1—塔体；2—降液管；3—塔板；4—受液盘；5—支架

4. 入口堰和溢流堰

（1）入口堰

在平形受液盘上，为了保证降液管的液封，使从降液管下来的液体能在塔板上均匀分布，也为了减小入口处液体的水平冲击力，一般均设置入口堰。如图 9－16 所示为入口堰与溢流堰的设置，在通常条件下，溢流堰高度 h_w 大于降液管底部间隙尺寸 h_0，入口堰与降液管的水平距离 h_1 应大于 h_0。

筛板塔、浮阀塔等可不在塔盘上设置入口堰，可以采用操作液封。因此，塔板结构也得以简化。

（2）溢流堰

设置溢流堰是为了能在塔板上保持一定高度的液层并促使液体均匀分布，如图 9－16 所示。最常用的溢流堰是平堰，但在液体流量小时，或者塔径较大而难以保证堰的水平度时，为了使液流均匀，可以改用齿形溢流堰，如图 9－17 所示，其齿深一般不大于 15 mm。

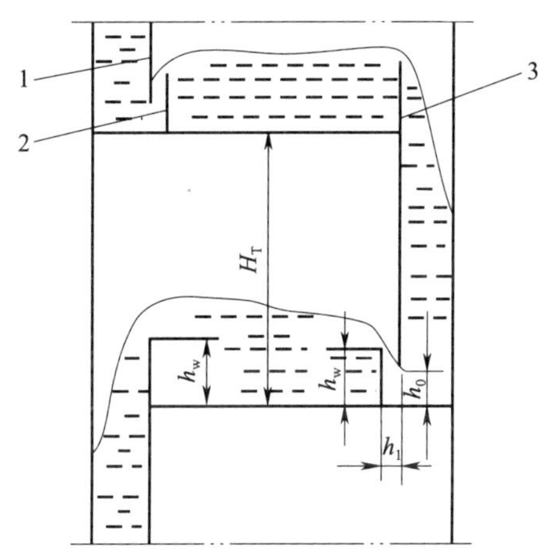

图 9－16　入口堰与溢流堰的设置

1—降液管；2—入口堰；3—溢流堰

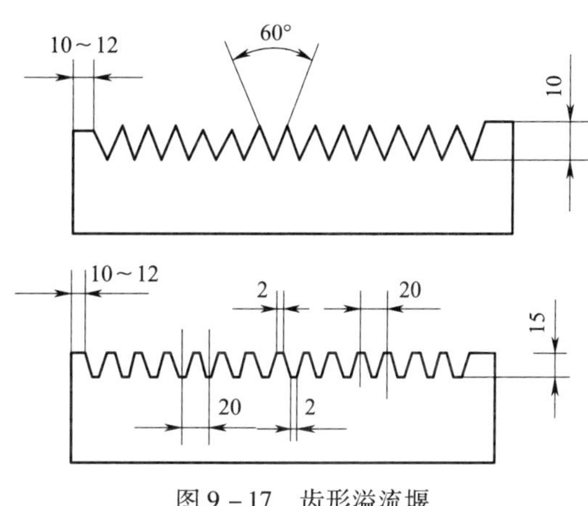

图 9－17　齿形溢流堰

5. 除沫器

除沫器的作用是分离塔顶出口气体中所夹带的液滴，保证传质效率和改善后续设备的操作。除沫器装在塔顶的最上一块塔盘之上，与塔盘之间的距离一般略大于两块相邻塔盘的间距。目前使用的有丝网除沫器和离心分离除沫器两种类型。

（1）丝网除沫器

丝网除沫器被若干层平铺的丝网夹在上下格栅之间形成一套组合件，如图 9－18 所示。丝网除沫器直径为 300 ~ 600 mm 时，组合件为盘形；直径大于 600 mm 时，便制作成块形。丝网由合成纤

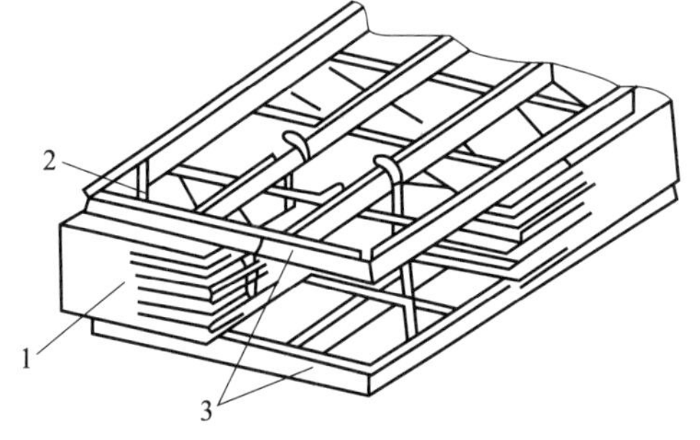

图 9－18　丝网除沫器组合件

1—丝网；2—定距杆；3—格栅

维或耐腐蚀金属材料丝编织而成。

丝网除沫器具有比表面积大、单位体积质量小、使用方便、除沫效率高、流体阻力小等优点，用于分离直径大于 5 mm 的液滴，效率可达 99%。但是，丝网除沫器不适用于处理不洁净的气体，如果被分离的气液混合物中含有固体物质，则易堵塞丝网。

（2）离心分离除沫器

离心分离除沫器如图 9－19 所示，一般用金属材料制成，通常用于分离含有较大液滴或颗粒的气液混合物，除沫效率不如丝网除沫器高。

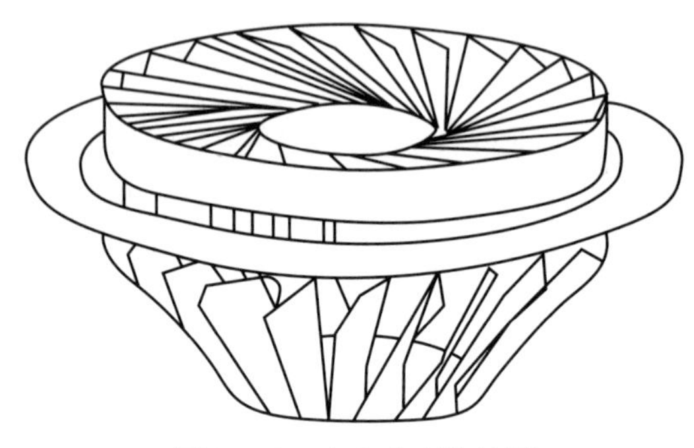

图 9－19　离心分离除沫器

四、化工生产常用的板式塔

板式塔发展至今已有 200 多年的历史，最早出现的是泡罩塔（1813 年），而后是筛板塔（1832 年），当时主要用于食品与医药工业。20 世纪 20—40 年代，在炼油工业中，泡罩塔占主导地位，当时筛板塔因严重漏液、操作难以稳定而未能广泛使用。20 世纪 50 年代开始，炼油与石油化工快速发展，需要大量的塔设备。筛板塔的设计方法与操作技术经改进后更趋合理，应用便日益增多。相比之下，原有的泡罩塔则显得较为落后，但也迫使其在结构上进行了更新。除此之外，还出现了如浮阀塔、舌形塔等新的塔型。20 世纪 60 年代以后，塔向大型化设备发展，大通量、低压降的塔更受到重视，如垂直筛板等喷射型塔呈现出良好的发展前景。

目前，板式塔的类型已有 100 多种，在化工生产中最广泛应用的是泡罩塔、浮阀塔及筛板塔，现简介如下，同时也介绍几种新型的板式塔。

1. 泡罩塔

泡罩塔（见图 9－20）是工业上最早使用的，尽管由于近几十年来发展出现了新型塔，但是泡罩塔仍被广泛应用于精馏、吸收、解吸等传质过程中。

泡罩塔塔盘是由带有泡罩和升气管的塔板、降液管、溢流堰等组成，其工作原理如图 9－21 所示。蒸气从下层塔盘上升，进入泡罩的升气管，通过环形通道，再经泡罩的齿缝分散到泡罩间的液层中。气体从齿缝中流出时，搅动了塔盘上的液体，使液层上部变成泡沫层。这样，蒸气在从下层塔盘进入上层塔盘的液层并继续上升的过程中，通过泡罩齿缝鼓泡与液体充分接触达到了传质目的。

图 9－20　泡罩塔

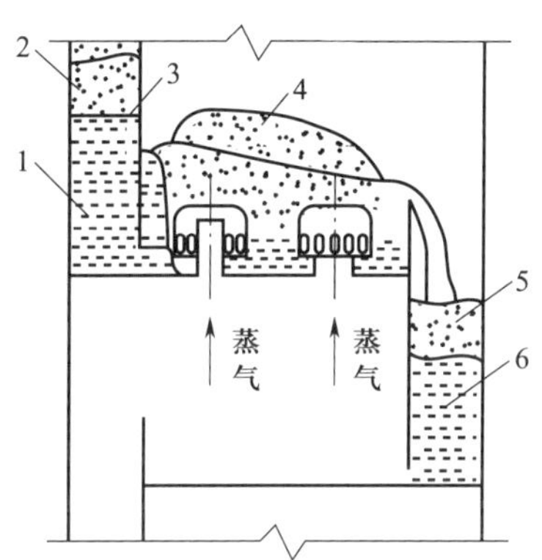

图 9－21　泡罩塔的工作原理

1—清液；2—降液管；3—降液挡板；4—气液接触区；5—充气液体；6—清液

塔板上的泡罩主要有圆形、伞形与条形三种。圆形泡罩在泡罩塔中应用最为普遍，它是由升气管与泡罩组成的。为了使气体分散成细股气流，有利于气液间密切接触，沿泡罩下部周边开有齿缝，其形状可为三角形、矩形或梯形。我国常用的是制造比较方便的矩形齿缝，在国外用得较为普遍的是梯形齿缝。梯形齿缝的优点是：当气体负荷低时，仍有较大的齿缝开度。

为了简化设计与便于成批生产，国内外均推荐应用标准泡罩，我国现采用行业标准《板式塔内件技术规范》（NB/T 10557—2021）。泡罩所用的材料有两种，即碳钢与不锈钢，尺寸有 3 种，即 *DN* 分别为 80 mm、100 mm、150 mm。

与其他类型塔相比，泡罩塔的优点有：气液接触充分；操作弹性大，即气液比变化范围较大；不易堵塞，传质面积较大；适用于多种介质；有较高的生产能力，适用于大型生产。它的主要缺点是：结构复杂、造价较高、塔板压力降较大、安装维修麻烦，所以使用范围受到了限制。

2. 浮阀塔

浮阀塔出现于 20 世纪 50 年代初，60 年代中期在我国开始研究并很快得到推广应用。

在加压、减压或常压下的精馏、吸收和解吸等单元的操作过程，通常在浮阀塔内进行。目前，工业生产中使用的大型浮阀塔，直径可达 10 m，塔高可达 83 m，塔板数有数百块。浮阀塔是目前应用最广泛的一种板式塔。

浮阀塔塔板的结构与泡罩塔塔板相似，只是用浮阀代替了升气管和泡罩，浮阀装在塔板的阀孔上。操作时，气体通过阀孔使阀上升，随后穿过环形缝隙，并从水平方向吹入液层，形成泡沫，浮阀随着气速的增减在相当宽的气速范围内自由升降。因此，浮阀的开启程度可随气体负荷的大小自行调整：当气流速度较大时，浮阀开启的距离大；气流速度较小时，浮阀升起的距离小。这样，当气体负荷在一个较大的范围内变动时，浮阀只发生缝隙开度的相应变化，而缝隙中的气流速度几乎保持不变，从而可以始终保持操作的稳定性和较高的效率。

浮阀的类型有很多，按形状可分为圆盘形与条形两类，常用的是盘形浮阀，我国最常用的是 F1 型浮阀，如图 9－22 所示。

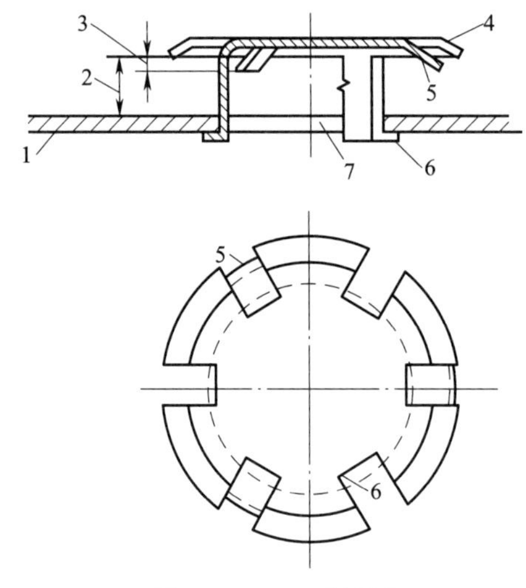

图 9－22　F1 型浮阀

1—塔盘；2—最大开度；3—最小开度；4—门件；5—起始定距片；6—阀腿；7—阀孔

在我国，F1 型浮阀已标准化，详见行业标准《板式塔内件技术规范》（NB/T 10557—2021）。F1 型浮阀有轻型（代号 Q）和重型（代号 Z）两种，它们均是用钢板冲压而成，轻型浮阀厚度为 1.5 mm、质量约为 25 g，重型浮阀厚度为 2 mm、质量约为 33 g。

浮阀在塔板上的布置一般按正三角形排列（见图 9－23），也可以按等腰三角形排列，中心距为 75 mm、100 mm、125 mm、150 mm 等。在正三角形排列中又有顺排（见图 9－23a）和叉排（见图 9－23b）两种，因叉排时相邻两阀容易被吹开、液面梯度小、鼓泡均匀，故应用广泛。

浮阀塔的优点是：操作弹性大、生产能力大（比同塔径的泡罩塔大 20%～40%）；气液两相接触充分，塔板效率比泡罩塔高 15% 左右；气体沿阀片周边上升时，只经一次收缩、转弯和膨胀，因此比泡罩塔的塔板压力小；结构简单，制造、安装容易，检修方便；制造费用仅为泡罩塔的60% ~80%，使用周期长。因此，它是目前使用较多的精馏设备。浮阀塔的缺点是：浮阀必须有较好的耐蚀性，以防止其锈死在塔板上，为此一般用不锈钢制造，造价较高；在处理黏度较大的物料时，不如泡罩塔可靠。

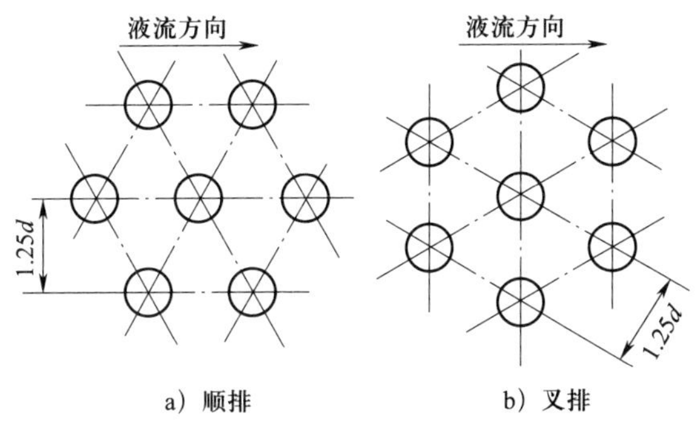

图 9－23 浮阀的正三角形排列

3. 筛板塔

筛板塔早在 19 世纪已经应用于化工生产中。筛板塔的结构（见图 9－24）和浮阀塔相似，不同之处是其塔板上不是开设装置浮阀的阀孔，而是开设许多直径为 3 ~8 mm 的筛孔，并以正三角形排列。塔盘上分为筛孔区、无孔区、溢流堰及降液管等几部分，中间部分为开有筛孔的鼓泡区，塔内上升蒸气通过筛孔而分散成许多细股的气流，从液层中鼓泡而出，此过程起传热、传质作用。塔板左右两边的弓形面积不开孔，一边用来装设溢流堰和降液管称为降液面积，另一边接受从上层塔板流下的液体称为受液盘。由于溢流堰的作用，板上能维持一定的液层高度，在正常操作下，气流从筛孔中通过，阻止液体从筛孔漏下，全部液体沿降液管下流。在溢流堰和鼓泡区之间的区域也不开孔，目的是将塔板装在塔体内的支承圈上，其宽度为 25 ~50 mm。

筛板塔与泡罩塔相比有如下优点：同塔径下生产能力大 10% ~15%；效率提高 15% 左右；塔板压力降低 30% 左右；结构简单，制造、安装和检修都较容易，金属消耗量少，故造价低 40% 左右。筛板塔的缺点是：筛孔易生锈和堵塞，操作弹性小，安装质量要求高。

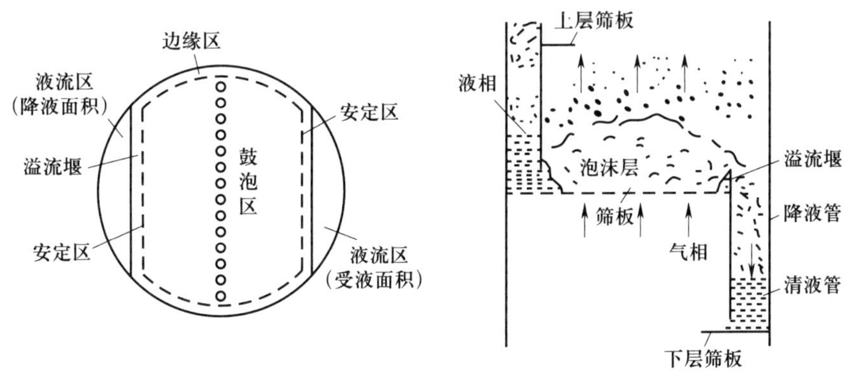

图 9－24 筛板塔的结构

4. 舌形塔和浮动舌形塔

舌形塔于20世纪60年代开始应用，是在鼓泡和喷射状态之间操作的塔。如图9－25所示，舌形塔的塔盘上开有舌形孔，气体经舌形孔流出，其沿水平方向的分速度促进了液体流动，即使液体处理量大也不会出现大的液面落差。因气液两相是并流流动，所以雾沫夹带量大大减少，当通过舌孔气速提高到某一数值时，塔盘上液体受气流喷射而形成片状和滴状，加大了气液接触的面积。

与泡罩塔板相比，舌形塔处理能力可提高20%～35%，阻力可下降13%～50%，金属消耗量可减少50%，投资费用可节约12%～45%，而且便于制造、安装与检修。但舌形塔操作弹性小，塔板效率不高，这使其使用范围受到了一定限制。

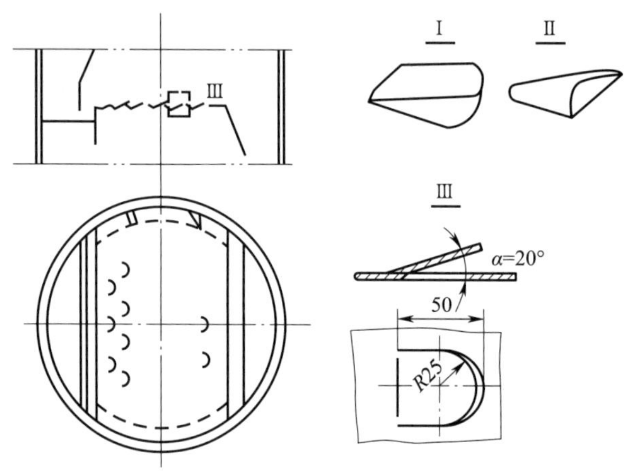

图9－25　舌形塔的塔盘

浮动舌形塔是舌形塔的改进型，其塔盘如图9－26所示，它综合了固定舌形塔的塔盘和浮阀的结构特点。浮动舌形塔既具有舌形塔的塔板压力降低、生产处理量大、雾沫夹带量小等优点，又具有浮阀效率高、稳定性强及操作弹性大的优点，但其塔盘易损坏。

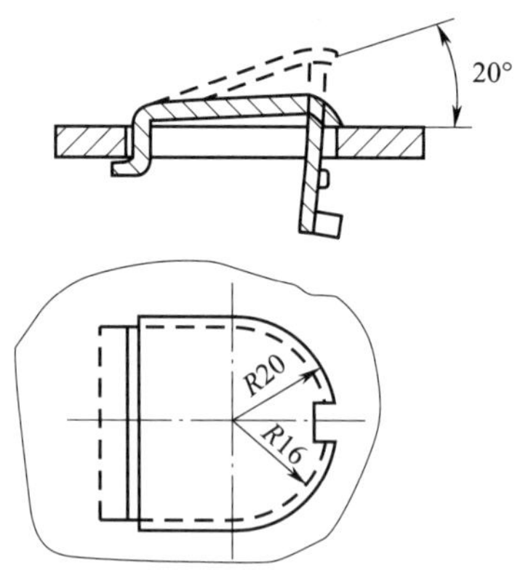

图9－26　浮动舌形塔的塔盘

5. 垂直筛板塔

垂直筛板塔是1963年由日本开发的，经不断改进于1968年提出效果更好的新型垂直筛板塔。这种塔型的特点是在喷射状态下操作，使传质过程大为强化，还能避免过量的雾沫夹带。其气液接触的主要部件是安装在塔板上的帽罩（见图 9－27）。帽罩为圆筒形，用碳钢或不锈钢制成，无腐蚀情况下可用碳钢。帽罩直径有 80 mm、100 mm、120 mm、150 mm、200 mm 等，高为 180 mm、200 mm、220 mm、250 mm 等，上部为雾沫分离段，侧面开有孔或缝。其中，开圆孔的称为 S 型，孔径为 3～12 mm 或更大，开栅缝的称为 C 型。一般情况下用 S 型，当处理腐蚀严重污浊液体时，则选用 C 型。

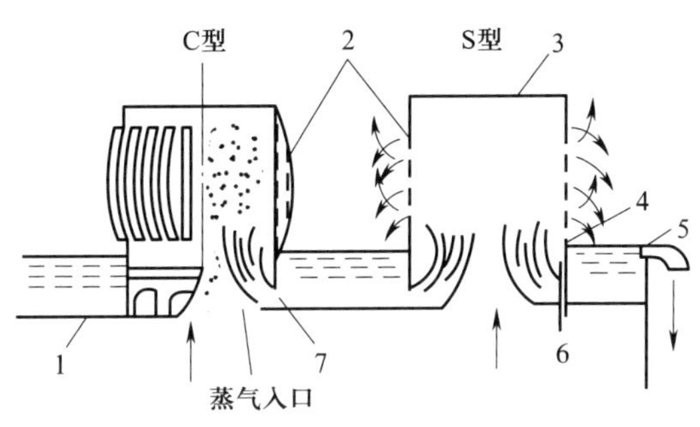

图 9－27　帽罩

1—塔板；2—雾沫分离孔；3—盖板；4—裙部；5—溢流堰；6—帽罩底；7—隙缝

操作时，塔板上的液体由帽罩下部的隙缝处进入内侧空间，与上升的气体并流接触进行动量交换，液体先被拉成不稳定的液膜，随即又被分裂成大量的液滴与雾沫。在帽罩内，气液混合流在湍流状态下进行激烈的热、质交换。当流经帽罩的雾沫分离段后，液滴得到分离，气相升至上一层塔板，液相回落入原塔板，一部分又进入帽罩进行再循环，另一部分则随液流去到下一排帽罩，继续与上升的气流接触，最后经溢流堰、降液管流到下一层塔板。

垂直筛板塔的优点有：气体负荷为筛板、浮阀塔板的 1.5～2 倍；因气体是沿水平或向下的方向离开雾沫分离段的，故雾沫夹带量很小；塔板间距可较小，一般为 300～400 mm；操作弹性与塔板效率和浮阀塔板持平或稍高；塔板适应性很强，在真空、高压以及低液气比等条件下都能适用，而且不易堵塞、操作简便、稳定可靠。我国自 1980 年以来不断地对垂直筛板塔的结构与性能进行研究并已成功地在工业上得到推广使用。

塔的类型还有很多，例如旋流塔、网孔板塔、导向筛板塔、穿流式栅板塔等，如需了解可参阅有关资料。

思考与练习

1. 简述板式塔的工作原理和分类。
2. 板式塔和填料塔比较有什么不同？各有何优缺点？
3. 简述降液管、受液盘的作用及结构。
4. 除沫装置的作用是什么？有哪几种类型？

第十章

反应器

为化学反应提供反应空间和反应条件的装置，称为反应设备或反应器。在化工生产中常要进行磺化、硝化、氯化、裂化、聚合以及合成等化学过程，这些以化学反应为主的过程都是在反应器中进行的。例如，氨的合成反应就是经过造气、精制，得到一定比例、纯度的氮氢混合气后，在反应器（俗称氨合成塔）中以一定的压力、温度及催化剂的作用下进行化学反应得到氨气。反应器大多为化工生产中的关键设备，对产品的产量和质量起着决定性的作用。

§10－1　反应器的分类

学习目标

1. 了解反应器的分类；
2. 熟悉固定床反应器的结构特点和功能；
3. 熟悉流化床反应器的结构特点和功能；
4. 熟悉搅拌式反应器的结构特点和功能。

工业用反应器的类型有很多，按操作方式分为间歇反应器、连续反应器和半连续（或半间歇）反应器等；按反应器的结构可分为固定床反应器、流化床反应器及搅拌式反应器等。

一、固定床反应器

固定床反应器属非均相物料反应器，多用于气态反应物通过静止的催化剂颗粒构成的床

层进行气固相催化反应，也可用于液固相催化反应或气固、液固相非催化反应。参加反应的物料以预定的方向运动，流体间不会产生沿流动方向的混合，反应流体的组成沿流动方向而变化。当反应要求保持一定温度时，则可通过管壁进行热交换。固定床反应器的结构主要因传热要求和传热方式的不同而不同，如图 10－1 所示为其中常用的绝热式固定床反应器和对外传热式固定床反应器，如合成氨工业中广泛采用的瓶式结构氨合成塔即为中间冷激三段绝热式固定床反应器。

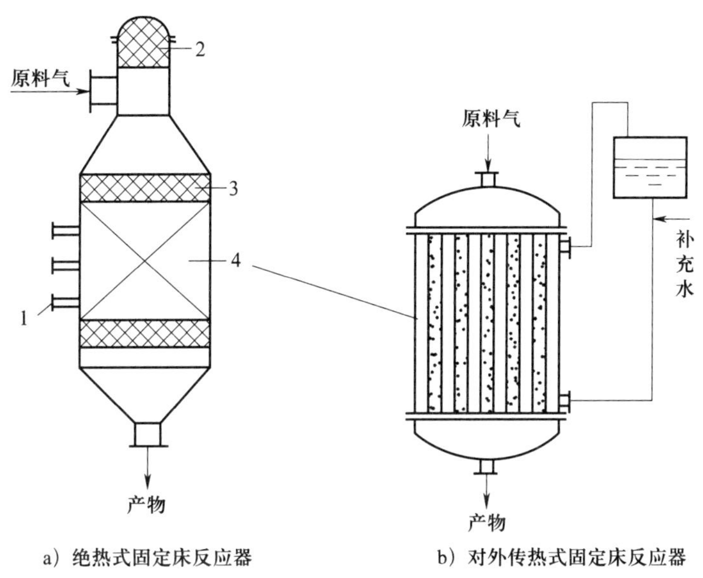

图 10－1　固定床反应器

1—测温口；2—矿渣棉；3—瓷环；4—催化剂

二、流化床反应器

流化床反应器多用于固体和气体参与的反应。在这类反应器中，参加反应的颗粒状固体物料装填在一个垂直的圆筒形容器的多孔板上，气体则通过多孔板以足够大的速度使固体颗粒呈悬浮沸腾状态（但流速也不宜过高，以防止固体颗粒被气体夹带出去），如图 10－2 所示。颗粒快速运动的结果使床层温度非常均匀，因而避免了固定床反应器中可能出现的过热现象，这对绝热条件下进行的反应过程是一个很大的优点。流化床反应器的温度决定于反应热，为保持反应温度而需要移走热量时，可设置冷却管。这类反应器传热好、温度均匀、易控制，但固体颗粒因磨损易造成损失，且排出气体中会存在粉尘。

三、搅拌式反应器

搅拌式反应器又称釜式反应釜，是工业生产中广泛采用的反应器类型，适用于各种相态物料的反应。这类反应器的主要特征是搅拌。搅拌可以使参加反应的物料混合均匀，使气体在液相中很好地分散，使固体粒子在液相中均匀悬浮，使液液相保持悬浮或乳化，强化相间的传热和传质。搅拌反应器既可以间歇操作也可以连续操作或半连续操作，既可单釜操作又可以多釜串联操作，操作弹性大、适应性强，其内部清洗和维修较方便。在合成橡胶、塑料及化纤三大合成材料的生产中，搅拌反应器约占反应设备总数的90%。

除了上述3种常用的反应器外，针对不同的工艺要求，还有一些其他类型的反应器。

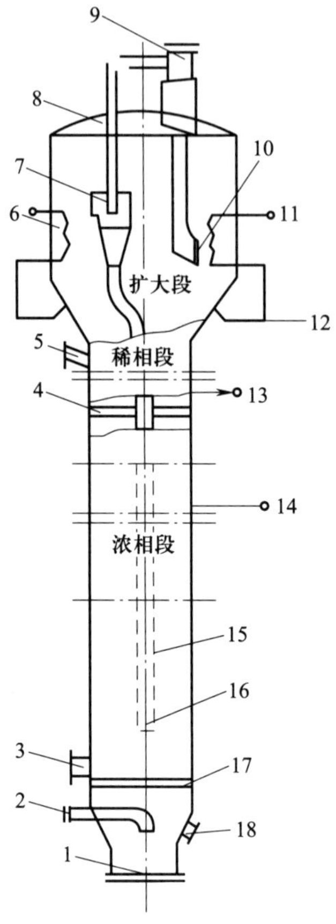

图10－2　流化床反应器

1—放空口；2—原料混合器进口；3—催化剂出口；4—导向挡板；5—催化剂入口；6—冷却水管；7—内旋风器；8—壳体；9—外旋风器；10—翼阀；11—稀相段蒸汽出口；12—稀相段冷却水出口；13—浓相段蒸汽出口；14—浓相段冷却水出口；15—料腿；16—堵头；17—气体分布器；18—防爆口

思考与练习

1. 常见的反应器有哪几种？各有什么特点？
2. 固定床反应器的特点是什么？常用的有哪两种？
3. 流化床反应器的特点是什么？与固定床反应器有何区别？
4. 搅拌式反应器的主要特点是什么？

§10－2 搅拌式反应器

学习目标

1. 了解搅拌式反应器的总体结构；
2. 掌握搅拌式反应器主要零部件的结构特点和功能。

随着科技的发展，一些新型高效的反应设备还在不断出现。本节重点介绍在工业生产中应用广泛的搅拌式反应器。

一、搅拌式反应器的总体结构

搅拌式反应器通常由釜体（罐体）、搅拌器、轴封、内部辅件和传动部件等组成。搅拌式反应器及其结构如图10－3所示。

二、搅拌式反应器的主要零部件

1. 釜体

釜体包括筒体、上下封头、夹套及接管等部件。

根据反应器操作压力、操作温度及反应介质的不同，筒体的结构和用材也有所不同。中低压反应容器筒体为单层结构的薄壁容器。高压或超高压反应容器筒体为单层结构或多层结构的厚壁容器，相应的上下封头可选用成型封头或将上封头改为平盖。

夹套是搅拌式反应器常用的传热构件，是套在反应器筒外面能形成密封空间的容器。

2. 搅拌器

为加快反应效率，增强混合及强化传质或传热效果，反应器一般都装有搅拌器。它能强化罐内物料的传质和传热效果，促进化学反应，改善操作情况。对于放热反应可使反应放出的热量通过夹套的冷却剂带走，对于吸热反应，同样可通过夹套的载热体供热。当反应器里的液体含有悬浮的固体时，如不进行搅拌，这些悬浮的固体就会沉降下来，通过搅拌可使这些悬浮的固体均匀分布，使操作正常进行。也有一些聚合过程，反应的结果会产生一些黏稠的物料，这些物料会黏附在筒壁上，叫作挂料。挂料对器壁的传热有不利影响，因此也要进行搅拌以防止或减少挂料现象的发生。

搅拌器的类型很多，通常是以形状命名的，常用的有推进式、桨式、齿片式、框式、锚式、螺杆式、螺带式等，如图10－4所示。

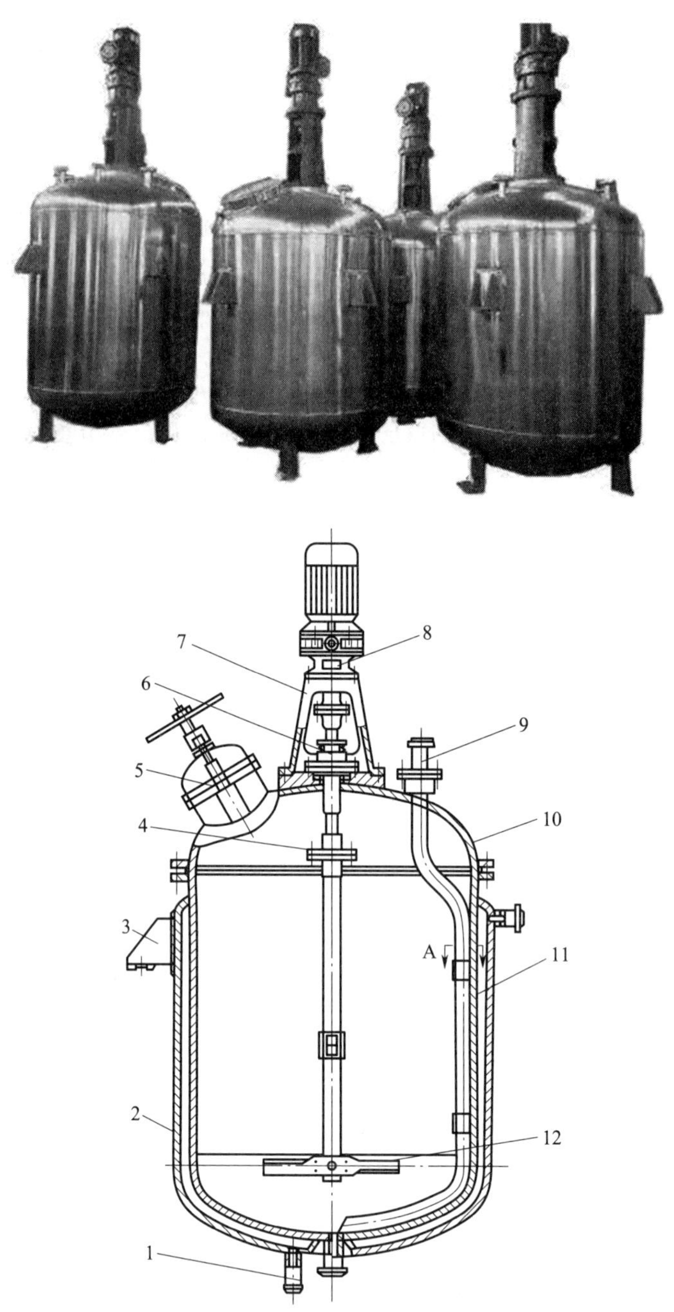

图 10－3　搅拌式反应器及其结构

1—蒸汽接管；2—夹套；3—支座；4—联轴器；5—人孔；6—密封装置；7—减速机支架；8—传动装置；9—工艺接管；10—釜盖；11—釜体；12—搅拌装置

3. 传动装置

搅拌反应器的传动装置通常设置在反应器的顶盖上，一般采用立式布置。电动机经减速器将转速减至工艺要求的搅拌转速，再通过联轴器带动搅拌轴旋转，从而带动搅拌器转动。

图 10－4　搅拌器的类型

电动机往往与减速器配套使用。减速器下设一机座，由于考虑到传动装置与轴封装置安装时要求保持一定的同轴度以及装卸检修的方便，常在顶盖上焊一底座，整个传动装置连机座及轴封装置都一起安装在底座上，如图 10－5 所示。

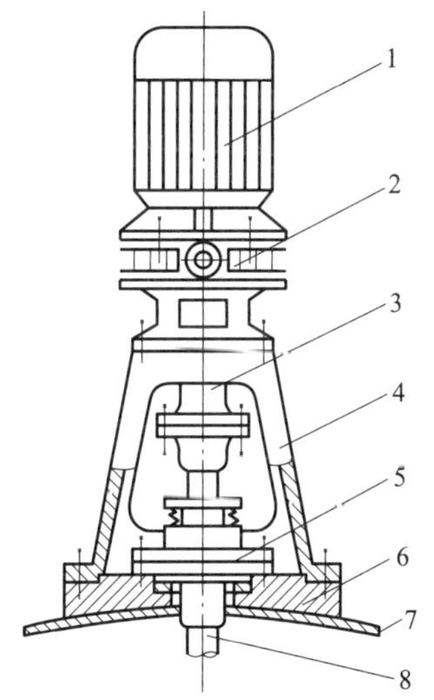

图 10－5　搅拌反应器的传动装置

1—电动机；2—减速器；3—联轴器；4—机座；5—轴封装置；6—底座；7—封头；8—搅拌轴

4. 轴封装置

由于搅拌轴是旋转运动的，而顶盖是固定静止的，所以搅拌轴与顶盖之间的密封为动密封。对动密封的基本要求是结构简单、装拆方便、密封可靠、使用寿命长。搅拌反应器中使用最普遍的动密封有填料密封和机械密封两种，目前后者使用较普遍。

5. 换热装置

为了使搅拌式反应器内的物料在最适宜的温度下进行反应，常常对物料进行加热或冷却。搅拌反应器的换热装置最常用的有夹套式和蛇管式两种。

思考与练习

1. 搅拌式反应器主要由哪几部分组成？
2. 搅拌式反应器各组成部分的作用是什么？
3. 搅拌式反应器的作用是什么？
4. 试描述搅拌式反应器传动装置是如何工作的。